钢铁产品缺陷与失效
实例分析图谱

龚桂仙　　陈士华
浦绍康　　吴立新　　主编

北　京
冶金工业出版社
2019

内 容 提 要

　　本图谱由武汉钢铁(集团)公司研究院长期从事钢铁产品研究和材料分析测试工作的技术人员共同编著。图谱由 4 个章节组成,共收集、整理了近年来工作中涉及的板材、线材、型材、连铸坯缺陷和失效分析实例 206 个。对每种缺陷或失效实例,分别用图片和文字表述了它们的宏、微观特征,对缺陷的形成原因或造成产品失效的主要因素进行了深入分析,部分分析实例还结合生产工艺流程提出了改进意见。为便于读者使用,配有缺陷与失效分析实例索引。

　　图谱中的分析实例可为钢铁产品生产现场或质检部门分析判断各类缺陷提供参考,进而为改进生产工艺、处理产品质量异议提供依据。本图谱也可供从事钢铁材料研究及检测工作的有关人员参考。

图书在版编目(CIP)数据

　　钢铁产品缺陷与失效实例分析图谱/龚桂仙,陈士华,浦绍康,吴立新主编 . —北京:冶金工业出版社,2012.7(2019.7 重印)
　　ISBN 978- 7- 5024- 5434- 0

　　Ⅰ. ① 钢… Ⅱ. ① 龚… ② 陈… ③ 浦… ④ 吴… Ⅲ. ① 钢铁工业—工业产品—缺陷—图谱 ② 钢铁工业—工业产品—失效分析—图谱 Ⅳ. ① TF4-64

　　中国版本图书馆 CIP 数据核字(2011)第 020709 号

出　版　人　谭学余
地　　　址　北京市东城区嵩祝院北巷 39 号　邮编　100009　电话　(010)64027926
网　　　址　www. cnmip. com. cn　电子信箱　yjcbs@ cnmip. com. cn
责任编辑　李培禄　于昕蕾　美术编辑　李　新　版式设计　孙跃红
责任校对　王永欣　责任印制　牛晓波
ISBN 978- 7- 5024- 5434- 0
冶金工业出版社出版发行;各地新华书店经销;三河市双峰印刷装订有限公司印刷
2012 年 7 月第 1 版,2019 年 7 月第 2 次印刷
787mm×1092mm　1/16;20 印张;535 千字;309 页
180. 00 元
冶金工业出版社　投稿电话　(010)64027932　投稿信箱　tougao@ cnmip. com. cn
冶金工业出版社营销中心　电话　(010)64044283　传真　(010)64027893
冶金工业出版社天猫旗舰店　yjgycbs. tmall. com
(本书如有印装质量问题,本社营销中心负责退换)

序

　　钢铁物理冶金学及金属材料学理论表明,钢铁材料的成分、冶炼轧制工艺以及热处理过程等,共同决定了其微观组织结构,钢材基体组织的不同必然带来宏观性能的差异。反之,有缺陷的钢铁产品或失效的钢铁构件,其内部微观组织必然和正常的理论目标组织存在某种差异,这种差异的产生也一定是由某种工艺(成分、轧制、热处理过程等)偏差所导致。那么,从缺陷部位或失效产品的微观组织结构及成分的差异可分析导致缺陷产生或失效的工艺环节,进而提出相应的工艺改进措施,以消除缺陷或避免失效的发生。

　　武钢研究院从事材料研究和分析测试工作的科技人员,系统收集了近年来一些钢铁产品或材料典型的缺陷和失效实例,应用光学显微镜技术、扫描电子显微镜分析技术、高分辨透射电镜分析技术和电子探针分析技术等先进微观组织分析测试技术对缺陷及材料进行了深入分析和研究,对缺陷的形成原因进行了综合分析和判断,有的还结合生产工艺提出了改进意见。在对大量缺陷与失效分析实例进行了分类整理的基础上,形成了《钢铁产品缺陷与失效实例分析图谱》。

　　该图谱与钢铁生产实际紧密结合,缺陷或失效分析图片清晰,文字精练,论据科学,在分析的广度和深度上也较其他类图谱有突出的进步。图谱中的分析实例可为钢铁产品的生产提供参考和借鉴,以利于提高产品质量,提高成材率和降低成本,还可作为产品质量异议处理和质量分析的参考和依据。愿这本图谱能发挥作用,把从事钢铁产品质量分析检验工作的科技人员和从事产品开发及生产的科技人员联系起来,不断总结、探讨,减少产品缺陷,共同推动我国钢铁产品质量不断提升。

中国工程院院士

2012 年 3 月

前　言

钢铁产品生产过程中,由于炼钢及轧制过程中的一些原因,造成钢材出现各种各样的缺陷,如线材表面线状缺陷、疤状缺陷,板材裂纹、黑线、亮线、重皮,铸坯星裂等。在用户的使用过程中,由缺陷导致产品断裂及失效的现象也时常发生,如线材拉拔笔尖状断裂、套管坯裂纹和冲压件开裂等。这些缺陷的出现,不但影响了钢材产品质量,而且还降低了钢材产品的成材率,给企业造成经济损失。

为了检查判断钢材产品的缺陷,近年来国内外曾编辑出版过部分钢材产品的缺陷图谱,如《中厚板外观缺陷的种类、形态及成因》、《热轧、冷轧、热镀、电镀金属薄板的表面缺陷图谱》等,这些图谱对控制和改进钢材产品质量起到了重要作用。另外,有些钢厂已采用表面检测系统在线自动检验来确保钢材产品的质量,效果也很显著。

上述图谱和在线自动检验系统均是通过缺陷的宏观特征来判断缺陷的类型和产生的工序,对一般的产品缺陷可作为判断的依据;但对成因复杂的缺陷,尤其是跨厂、多工序产生的产品缺陷,仅从宏观特征尚不能作出准确判断。由于无法及时、准确地判断缺陷产生的原因和工序,从而延误了生产工艺的调整和改进,造成较大的经济损失;另外在产品使用过程中出现失效问题时,由于不能准确判断是产品本身的质量问题还是使用中的问题,导致钢材制造商与用户之间发生质量异议,影响了企业产品的信誉和市场竞争力。

随着科学技术的发展,应用微观组织分析测试技术(如金相显微镜技术、扫描电镜分析技术和电子探针微区成分分析技术等)对缺陷进行微观分析可更为准确地判断缺陷的产生原因。因此,为了正确分析和判断钢铁产品缺陷或失效产生原因,进而改进生产工艺,提高产品质量,我们在总结多年钢铁产品缺陷与失效检测分析工作的基础上,编辑、整理了这本《钢铁产品缺陷与失效实例分析图谱》,以期对钢铁生产及科研工作有所裨益。

本图谱共分为4章,其中第1章为板材及产品缺陷;第2章为线材和型材缺陷与失效;第3章为部分连铸方坯和板坯缺陷;第4章为钢铁构件与零部件失效分析。

第1章板材及产品缺陷,按照产生缺陷的工序环节将其划分为热轧板、冷轧板、后续加工或应用中出现的缺陷等三节。同一工序出现的缺陷又按其形态细分,如1.1节中热轧板缺陷细分为钢板裂纹、疤状缺陷、线状缺陷等。由于某些产品缺陷在宏观形态上相同,但是产生原因却不同,为此,对细分缺陷中的实例名称按宏观特征以及产生原因命名,如钢板裂纹中的实例名称为:铜富集引起的板面微裂纹;砷富集引起的板面微裂纹;磷、硫偏析引起的裂纹等。此章共整理出缺陷实例93例。

第2章线材和型材缺陷与失效,按照产生缺陷与失效的工序环节将其划分为热轧线材缺陷、冷拔线材缺陷、后续加工或应用中出现的缺陷、型材缺陷等四节。共整理出缺陷或失效实例73例。

第3章部分连铸方坯和板坯缺陷,包含板坯裂纹、方坯表面残留物、铸坯断裂等实例8例。

第4章收集了近几年钢铁构件与零部件失效实例32例。

本图谱共收集了板材、线材和型材、部分连铸坯缺陷以及钢铁构件与零部件失效实例206例。对每种缺陷实例,分别用文字和图片描述了它们的宏、微观特征,对其形成原因进行了分析,有的还提出了改进意见。

本图谱可供从事钢铁产品生产、研发和质检的工作者使用,亦适合使用钢铁材料的相关行业工作者以及大学材料、冶金专业的师生阅读参考。

除编委会成员工作外,武钢研究院张彦文、姚中海、杨志婷、许竹桃、关云、覃之光、郭斌、罗德信、桂美文等同志参与了相关试验及分析、讨论工作;武钢科技创新部王德城教授、武钢股份公司制造部程方武教授、武汉科技大学袁泽喜教授、武钢研究院叶仲超教授、高文芳教授、彭涛教授等对本书提出了宝贵的修改意见。本书编著过程中得到了武钢研究院、武钢科技创新部、武钢股份制造部等单位领导和技术人员的关心、支持和帮助;武汉钢铁(集团)公司原总工程师张寿荣院士热情为本书作序,使作者深受鼓舞和鞭策,在此一并表示衷心的感谢!本书在编写过程中参阅了相关公开发表的文献资料,在此也向文献作者致以谢意。本书的顺利出版还要感谢冶金工业出版社的鼎力支持和辛勤工作。

由于编著者水平有限,书中不当之处敬请专家和广大读者批评指正。

作者

2012年3月

目　录

第1章 板材及产品缺陷

1.1 热轧板缺陷

1.1.1 钢板裂纹

实例1：铜富集引起的板面微裂纹

材料名称： 16Mn

情况说明：

采用无镀层铜制结晶器生产的16Mn连铸板坯，轧制成中厚板后，板面经常出现一种微裂纹，裂纹具有沿轧向变形压扁的网络状特征(图1-1)。在裂纹部位取样，浅磨板面且抛光后，裂纹呈网络状分布的特征更加明显(图1-2)。

为了弄清这种表面裂纹是在哪个工序产生的，对同一炉16Mn钢的68块铸坯中的10块进行了表面修磨，另外58块不修磨，在同一种加热和轧制工艺下进行对比试验。试验结果表明：58块未修磨试样只有18块表面无裂纹，其余40块均存在不同程度的表面微裂纹；10块修磨试样表面无裂纹。说明裂纹不是加热过程中产生的，而是由铸坯带来的。

微观特征：

用金相显微镜观察板面抛光面，裂纹呈网络状分布，其内嵌有氧化铁，周围有细密的高温氧化圆点。试样经3%硝酸酒精试剂浸蚀后，裂纹附近和延伸处可观察到一种浮凸的棕黄色富集相，这种富集相具有沿原奥氏体晶界分布特征，见图1-3。

裂纹在纵截面表层具有沿变形最大方向压扁的网络状特征，其附近和延伸处有明显的棕黄色富集相，见图1-4。

用电子探针对上述试样上的棕黄色富集相进行成分(质量分数，%)分析，富集相含有铜元素，定量分析点中$w(Cu)$为2.00%～44.26%，而钢板正常部位分析点中却无铜元素的聚集，铜元素分布特征见图1-5和图1-6。

分析判断：

从16Mn钢板裂纹的微观特征以及铸坯表面修磨对比试验结果可以看出，板面微裂纹与Cu富集相相关。Cu的来源是铜结晶器被铸坯表面磨损所致。

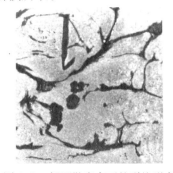

图1-1 板面裂纹宏观形貌　　　　图1-2 板面抛光态下的裂纹形态

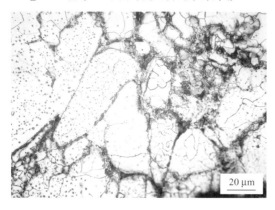

图1-3　板面裂纹及富集相

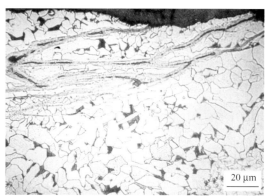

图1-4　截面表层裂纹及富集相

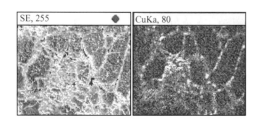

图1-5　板面铜元素分布形态

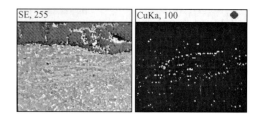

图1-6　截面表层铜元素分布形态

实例2:砷富集引起的板面微裂纹

材料名称: 高强度船板钢

情况说明:

　　板厚20mm的ABS船板钢(美国标准),在进行拉伸试验时,试样表面出现微裂纹,裂纹形状不规则,宏观特征见图1-7和图1-8。用1:1盐酸水溶液对原钢板表面进行酸洗后,发现板面亦有较多的微裂纹,可见拉伸试样表面的裂纹是由钢板带来的。

微观特征:

　　浅磨板面后观察,裂纹附近有明显的高温氧化特征。试样经硝酸酒精试剂浸蚀后,调动显微镜焦距可观察到裂纹附近有一种灰白色浮凸相(图1-9)。

　　取截面试样观察,裂纹深度为1.0~1.3mm,其附近及延伸处也有灰白色的浮凸相(图1-10)。

　　用电子探针分析仪对金相试样上的灰白色浮凸相进行微区成分分析,浮凸相$w(As)$高达7.22%。砷元素分布形态见图1-11、图1-12。而钢板正常部位$w(As)=0.028\%$,与正常部位相比,裂纹附近的砷明显富集。

原料矿石的调查结果:

　　调查发现,烧结用硫酸渣和部分铁粉中砷含量超标。例如,随机抽查的两个硫酸渣样$w(As)$分别为0.24%和0.20%,个别供货商的铁粉中$w(As)$甚至达到0.419%,明显超过供货合同中规定的$w(As)\leqslant0.05\%$的要求。

分析判断：

裂纹附近存在明显的砷富集相,说明钢板表面裂纹的形成与该富集相有关。

对原料矿石的调查结果表明,矿石中的砷含量超标。砷的熔点为800℃左右,含有这类低熔点元素的钢在高温氧化气氛中加热时,由于选择性的氧化作用,在氧化铁皮下形成一层低熔点的砷富集层,这一富集层呈熔融状态沿奥氏体晶界渗透,导致晶界高温强度降低,热轧时在钢板表面产生热脆裂纹。

为避免钢板表面产生热脆裂纹,要加强对铁矿石质量的检查,制定相应的验收标准。缩短钢坯在砷富集相熔融区域的加热时间,以减少这类富集相沿奥氏体晶界渗透。

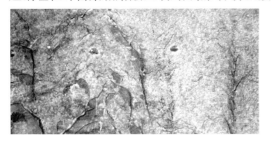

图 1-7　板面裂纹特征之一

图 1-8　板面裂纹特征之二

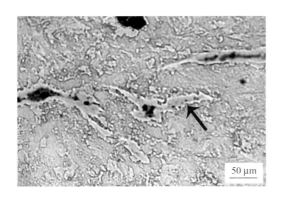

图 1-9　板面裂纹附近浮凸相(箭头所示)

图 1-10　截面裂纹附近浮凸相(箭头所示)

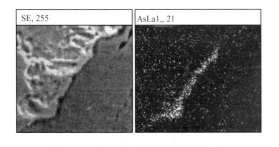

图 1-11　裂纹附近砷元素分布形态

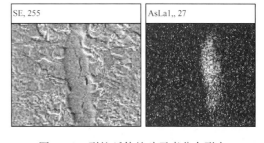

图 1-12　裂纹延伸处砷元素分布形态

实例3：磷、硫偏析引起的裂纹

材料名称：Q235B

情况说明：

板厚40 mm的Q235B钢板,加工成圆形拉伸试样,在拉伸试验过程中试样表面出现小裂纹（图 1-13）。

微观特征：

　　取金相试样观察，裂纹出现在铁素体偏析区，该区域存在大量聚集分布的夹杂物，见图 1-14 和图 1-15。

　　经电子探针分析，裂纹区域夹杂物为 MnS（图 1-16），在该区域还存在磷的偏析（$w(P)$ 达 0.085%），而正常部位无磷的偏析。

图 1-13　Q235B 拉伸试样表面小裂纹

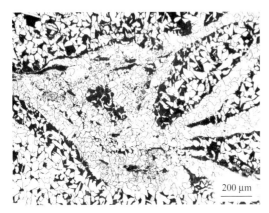

图 1-14　裂纹区域组织特征

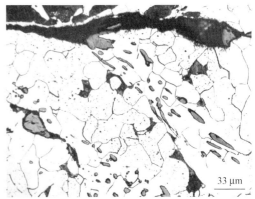

图 1-15　裂纹区域聚集分布的夹杂物

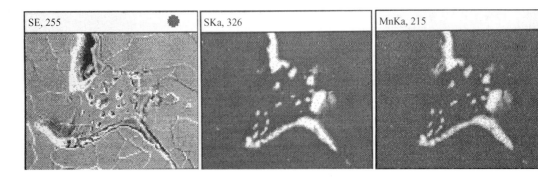

图 1-16　夹杂物元素分布形态

分析判断：

由于铁素体偏析区有磷元素的偏析和聚集分布的 MnS 夹杂，相对于正常部位组织，其强度和延塑性低，抗变形能力差，在拉伸时，这种不协调的形变导致偏析区产生裂纹。

实例 4：稀土氧化物夹杂引起的裂纹

材料名称： DB685

情况说明：

厚度为 40 mm 的 DB685 热轧钢板，板面出现数量较多的小裂纹（图 1-17）。

化学成分：

取钢板裂纹试样作化学成分（质量分数，%）分析，结果见表 1-1。

表 1-1　钢板化学成分（w/%）

元　素	C	Si	Mn	P	S	Cu	Re
实测值	0.044	0.305	1.641	0.015	0.004	0.362	0.016

微观特征：

用金相显微镜观察钢板纵截面试样，裂纹分布在试样表层，多呈树枝状沿变形最大方向扩展，裂纹处除氧化铁外，还存在大量聚集分布的灰色颗粒状夹杂物，见图 1-18 和图 1-19。

用电子探针背散射电子像观察，裂纹处的夹杂物呈白色颗粒，能谱仪分析结果表明，夹杂物为镧（$w(La)=33.30\%$）和铈（$w(Ce)=52.03\%$）的氧化物，见图 1-20 和图 1-21。

分析判断：

钢板表层存在大量聚集分布的稀土（Le、Ce）氧化物，这些夹杂物破坏了钢的连续性，导致钢板热轧时表面产生裂纹。

钢中加入稀土的作用是净化钢液、夹杂物变性、微合金化等。通过结晶器喂稀土丝的方式加入。当稀土加入量相对过高及加入方式不当时，致使稀土金属富余，富余的稀土金属在高温过程中会被氧化，形成高熔点的聚集分布的稀土氧化物夹杂。

图 1-17　钢板表面裂纹宏观特征

图 1-18 钢板表层树枝状裂纹及夹杂物　　图 1-19 聚集分布的灰色颗粒状夹杂物

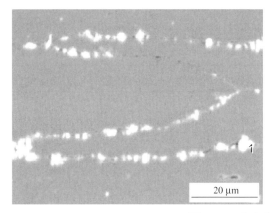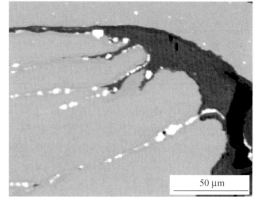

图 1-20 夹杂物背散射电子像

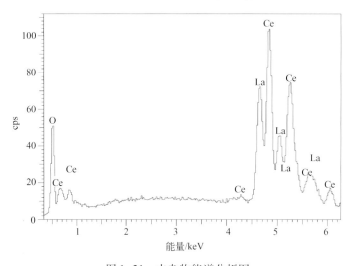

图 1-21 夹杂物能谱分析图

实例 5：铸坯缺陷引起的板面蛛网状裂纹

材料名称： Q345A

情况说明：

板厚为 50 mm 的 Q345A 热轧板，距板边 20 mm 处的板面出现蛛网状裂纹，裂纹宏观特征见图 1-22。

微观特征：

　　沿板厚方向取截面金相试样观察，裂纹根部粗，尾端细，由表面向内深入钢基，附近及其尾部延伸处有大量密集分布的氧化圆点，且伴有组织脱碳，见图 1-23 和图 1-24。

　　用电子探针能谱仪对裂纹附近的氧化圆点进行分析，结果表明，这些氧化圆点成分含有 Fe、Mn 和 Si。

分析判断：

　　裂纹附近存在大量含有 Fe、Mn、Si 的氧化圆点，这些氧化圆点是裂纹附近钢基经高温加热内氧化的产物，即高温加热条件下由裂纹进入钢中的氧与强氧化元素 Si、Mn 结合生成富集 Si、Mn 的氧化物颗粒。

　　由上述特征可以判断，钢板边部出现的蛛网状裂纹来源于连铸板坯表面裂纹缺陷。

图 1-22　板面蛛网状裂纹宏观特征

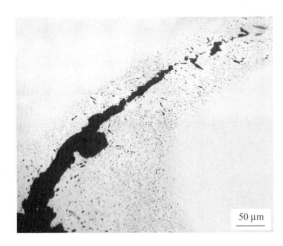

图 1-23　裂纹附近氧化圆点

图 1-24　裂纹附近组织脱碳

实例 6：铸坯中间裂纹引起的板面横裂

材料名称：50 号钢

情况说明：

　　一批 50 号钢连铸板坯（坯厚 250 mm），轧制成厚度为 85 mm 的钢板后，在钢板的下板面

(即原铸坯的上表面)出现大量长短不一的横向裂缝,裂缝几乎布满整个板面,宏观特征见图 1-25 和图 1-26。

酸蚀检验:

取钢板纵截面低倍试样作热酸蚀检验,钢板内部有严重的裂纹,裂纹位于板面与中心之间,形状不规则,多呈曲线状,其中靠近下板面一侧的裂纹距板面较近,有的已暴露,见图 1-27。另外,从酸蚀面上还可以看到钢板枝晶较发达。

微观特征:

取截面金相试样进行显微观察,主裂纹附近有一些呈网络状分布的细裂纹、孔隙及 MnS 夹杂物(图 1-28)。

试样用 3% 硝酸酒精溶液浸蚀后,正常部位组织为珠光体和网状铁素体,与之相比,裂纹区域珠光体量多且组织粗大,裂纹和孔隙多沿原奥氏体晶界分布,见图 1-29。根据组织特征判断,裂纹区域碳含量偏高(接近 0.7%)。

试样经磷偏析试剂(即奥勃氏试剂)浸蚀后,裂纹区域呈白亮色(图 1-30)。用电子探针对金相磨面上的白亮区和非白亮区进行成分(质量分数,%)对比分析,结果列于表 1-2。表中白亮区 $w(P)$ 高达 0.22%,说明白亮区为磷的强偏析区。

表 1-2　试样白亮区和非白亮区成分对比($w/\%$)

元　素	Fe	Si	Mn	P
白亮区	98.82	0.28	0.68	0.22
非白亮区	98.92	0.32	0.76	0.00

分析判断:

50 号钢钢板下表面出现的大量横向裂纹是由内部裂纹在热轧过程中暴露所致。该裂纹位于板面与中心之间,相当于原铸坯的柱状晶区,裂纹处伴有 C、P、S 元素的偏析。这些特征与铸坯中间裂纹相类似,因此可判断裂纹是由铸坯带来的,且属连铸板坯中间裂纹。

图 1-25　板面裂纹宏观特征

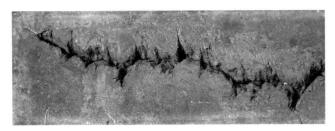

图 1-26　图 1-25 裂纹局部放大

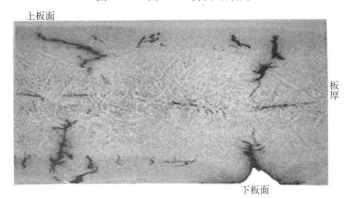

图 1-27　钢板纵截面低倍缺陷特征

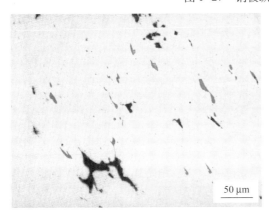

图 1-28　裂纹区域孔隙及 MnS 夹杂物

图 1-29　裂纹区域组织及沿晶孔隙特征

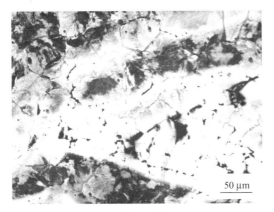

图 1-30　裂纹区域呈白亮色

实例7：过烧引起的板面网络状裂纹

材料名称： 45号钢

情况说明：

　　板厚20mm的45号钢热轧板，板面出现大量的网络状裂纹和裂口（图1-31）。浅磨板面后裂纹呈网络状分布的特征更加明显，见图1-32。

微观特征：

　　沿板厚方向取纵截面金相试样观察，裂纹内嵌有氧化铁，附近有一些氧化网络，它们在截面表层具有沿变形最大方向压扁的网络状特征，裂纹附近组织脱碳，部分区域组织呈魏氏形态，见图1-33。

　　由裂纹和氧化网络勾勒的晶粒轮廓判断，原奥氏体晶粒十分粗大。

分析判断：

　　45号钢热轧板板面裂纹及氧化网络具有沿粗大奥氏体晶界分布特征，裂纹附近组织脱碳，且出现魏氏组织。这些特征表明，板坯在加热炉高温段产生了过烧，裂纹是由过烧引起的。

 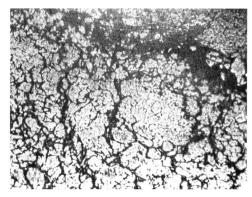

图1-31　板面裂纹宏观特征　　　　图1-32　板面抛光面网状裂纹宏观特征

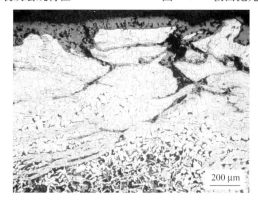

图1-33　截面网状裂纹及附近组织特征

实例8：轧制原因引起的板面裂纹

材料名称： 无取向硅钢

情况说明：

无取向硅钢连铸板坯，热轧成厚度为 3 mm 的钢板后，上、下板面各有一条带状缺陷（与轧向之间的夹角约为 30°），条带较直，略微凸起，一侧有明显裂纹，另一侧与钢基连接，见图 1-34。

微观特征：

垂直裂纹取横截面试样，肉眼可见裂纹沿板面斜向深入钢基，在上、下板面对称分布，裂纹较直，与板面之间的夹角约为 45°，见图 1-35。

裂纹微观特征如图 1-36 所示，裂纹尾端与板面近似平行，边缘规则，其内有氧化铁，附近无高温氧化特征。经试剂浸蚀后，钢板组织为铁素体，裂纹附近组织无异常，见图 1-37。

分析判断：

裂纹在上、下板面对称分布，边缘规则，附近无高温氧化特征，表明裂纹是在轧制过程中因轧制原因（钢板变形不均或对中不良等）形成的折叠缺陷。

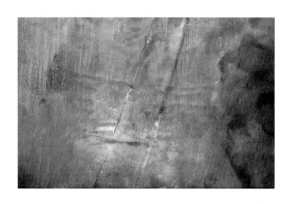

图 1-34 板面缺陷宏观形貌

图 1-35 截面裂纹宏观特征

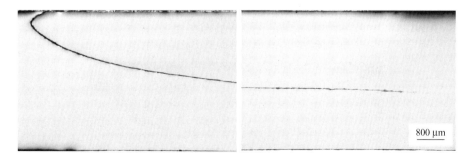

图 1-36 截面裂纹起始处及尾端特征

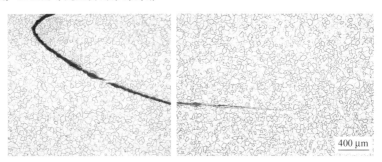

图 1-37　截面裂纹附近组织特征

实例 9：轧制原因引起的板面横裂纹

材料名称： SPHC

情况说明：

SPHC 连铸板坯，热轧成厚度为 3 mm 的钢板后，上板面出现间隔几乎相等的周期性横向微裂纹。用过硫酸铵水溶液擦拭板面后，裂纹特征更加明显，呈曲线状分布，见图 1-38。

微观特征：

裂纹在钢板纵截面表层呈双条对称分布，附近无高温氧化特征，见图 1-39。

经试剂浸蚀后，试样正常部位组织为铁素体和少量三次渗碳体，晶粒度为 10 级。裂纹两侧的晶粒存在差异，一侧晶粒较细，晶粒度为 11 级；另一侧晶粒与正常部位基本相同，晶粒度为 9.5 级，见图 1-40。

分析判断：

裂纹在板面上的分布具有周期性，在纵截面上呈双条对称分布，附近无高温氧化特征，表明裂纹是在轧制过程中形成的折叠缺陷。

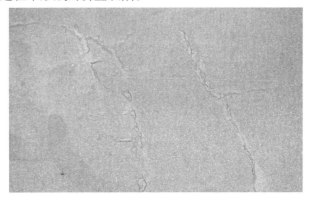

图 1-38　板面酸蚀后裂纹宏观形貌

图 1-39　截面表层裂纹特征

图 1-40 裂纹两侧晶粒特征

实例 10:板面硬化层引起的"搓板状"横裂纹

材料名称: DB685

情况说明:

在生产 DB685 钢板的过程中,有一块板坯在粗轧后曾因设备故障而在辊道上较长时间水冷停搁,经轧制成厚度为 40 mm 的钢板后,该钢板上表面出现较密集的区域性横向裂纹,裂纹呈碎条状有规律地沿钢板横向分布,其长短、深浅不一,宏观形貌如"搓板状",见图 1-41。有的裂纹开口较大,表现出沿轧向拉开、横向扩展的"分离"特征。

酸浸检验:

在钢板的纵截面上,磨面经酸浸蚀后,有裂纹的上表层呈现出颜色不同的三个区域,如图 1-42 所示。外表层颜色较浅,裂纹基本位于该区域内,多数裂纹呈单条斜向深入板厚,部分呈双条对称的"喇叭状"开口;次表层颜色较深,犹如受热影响的"过渡区",少数裂纹深入该区;其余部位为正常区,颜色有别于上述两区。钢板的下表层颜色与正常区域相同。

微观特征:

磨制纵截面金相试样观察,裂纹较平直,多呈单条状沿表面斜向深入钢基,见图 1-43。图 1-42 所示的外表层颜色较浅区域的显微组织为马氏体经高温回火的回火索氏体(图 1-44a)。从组织形貌上可以看出,该区原奥氏体晶粒粗大且多呈等轴状,少数晶粒有变形但变形度很小,这表明其淬火组织是由奥氏体高温区(再结晶区)相变而来;次表层颜色较深区域的组织为贝氏体与回火索氏体,原奥氏体晶粒轮廓紊乱,见图 1-44b;其余正常部位(含钢板下表层)的组织为板条贝氏体,原奥氏体晶粒经形变后被压扁、伸长,明显地表现出奥氏体低温区(非再结晶区)轧制后的相变特征,见图 1-44c。

分布在钢板上表层(淬硬层)内的小裂纹,其两侧的组织无明显差别,均属于原等轴奥氏体转变的马氏体回火后的组织。

某些进入钢基较深的裂纹,在裂纹的开口部位(裂口起始部位)两侧组织相同,均为上述淬火马氏体经高温回火后的组织。而裂纹延伸进入"过渡区"的部位,尤其是靠近裂纹尾部,裂纹两侧组织差别颇大。裂纹靠近上表层一侧,组织不流变(或很小流变),而靠近钢基内部的一侧,组织明显流变,贝氏体板条沿钢基流变方向分布,见图 1-45。裂纹两侧的组织差异正是不同类型的组织随裂纹形变后的结果。

以上组织特征表明,裂纹最早在淬硬的表层形成,在其后的轧制过程中进一步向内扩展,并与板面呈一定角度倾斜。

分析判断:

一般来说,钢板生产的轧制过程,从开轧至终轧均是在奥氏体相区进行,终轧之后发生奥氏体相变。DB685 钢属低碳贝氏体钢,具有较好的淬透性,终轧之后相变的组织为板条贝氏体。但上述在钢板截面上所观察到的宏、微观组织特征表明,钢板截面存在三层不同组织的区域:表层为马氏体经高温回火的索氏体组织;次表层为贝氏体与回火索氏体;其余正常部位为板条贝氏体组织。表层组织相对于其余部位组织,其强度、硬度较高,延塑性低,在随后的轧制过程中,较硬的表层比其他部位难于变形,表层组织的变形量将大大低于其他部位,这种不协调的形变导致表面拉裂,形成"搓板状"裂纹。

图 1-41　板面裂纹宏观形貌

图 1-42　钢板纵截面低倍形貌

图 1-43　钢板截面上裂纹形貌

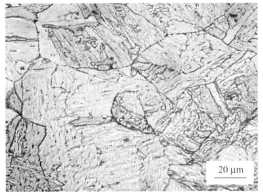

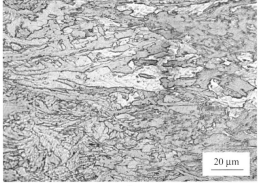

a　　　　　　　　　　　　　　　　　　*b*

c

图 1-44　钢板截面表层(a)、过渡层(b)及中部(c)组织

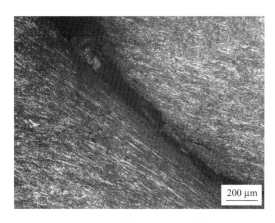

图 1-45　裂纹两侧组织特征

1.1.2　疤状缺陷

实例 11：铸坯角部横裂纹引起的板边疤状缺陷

材料名称： Q345C

情况说明：

一批规格为 1750 mm(宽)×230 mm(厚)的 Q345C 连铸板坯，热轧成 1700 mm(宽)×22 mm(厚)的钢板后，板边出现大量疤状缺陷，在同批生产的钢卷中，有缺陷的钢卷所占的比例高达 23.42%，而规格为 1550 mm(宽)×230 mm(厚)的 Q345C 连铸板坯，热轧成 1500 mm(宽)×22 mm(厚)的钢板后，钢卷边部缺陷所占的比例仅占 3.09%。

缺陷主要出现在钢板上表面一侧边部(该侧相当于铸坯内弧侧)，距侧面 50 mm 的范围内，缺陷多呈"折叠型"薄片状疤块沿轧向断续分布，疤块形状和大小不一，一端与正常部位相连，另一端与正常部位分离，宏观特征见图 1-46。

微观特征：

取钢板截面试样观察，缺陷在截面表层呈裂纹形态，深度为 0.3~0.8 mm。高温长时间氧化的特征十分明显,裂纹内嵌有氧化铁,一侧有大量密集分布的氧化圆点。该类氧化圆点比较粗,放大 200 倍下就能观察到,与轧钢裂纹周围细小稀疏的氧化圆点有明显区别,它是缺陷附近钢基经高温加热氧化的产物。裂纹按形态分为两类:一类呈粗大的半网状(图 1-47);另一类呈折叠形态斜向伸入钢基(图 1-48)。经试剂浸蚀后,裂纹一侧(出现氧化圆点侧)组织有严重的脱碳(图 1-49)。根据以上特征初步判断,缺陷在加热轧制前就已存在,且位于板坯棱边部或窄面。

铸坯检验:

基于以上的检验和分析,取同炉同批次 Q345C 钢的连铸板坯边部试样作酸浸检验,试样保留原始面。检验结果表明铸坯侧边上角部(对应内弧)存在大量横裂纹,裂纹具有呈网状分布的趋势,两端分布向宽面和窄面扩展,长度一般为 7 ~ 30 mm,最长的 45 mm,裂纹较细,宽度小于 0.5 mm,裂纹多分布于振痕谷底,宏观形貌见图 1-50。

取铸坯内弧角部裂纹试样于光学金相显微镜下观察,裂纹呈粗大的网络状分布,说明裂纹是沿着原奥氏体晶界裂开的。裂纹内嵌有氧化铁,附近无非金属夹杂物,亦无氧化圆点,见图 1-51。

经试剂浸蚀后,角部有一层深度约 8 mm 的非正常组织,该层组织为贝氏体和沿原奥氏体晶界分布的铁素体,角部裂纹沿铁素体分布(图 1-52)。高倍下可以观察到裂纹穿过铁素体晶粒(图 1-53),说明裂纹是在铁素体晶粒形成之后产生的。

铸坯宽面组织为铁素体 + 珠光体(图 1-54)。

铸坯钻孔轧制验证:

为验证以上判断,找出铸坯缺陷与热轧钢板边部缺陷的对应关系,在 Q345C 铸坯试样上做预制裂纹钻孔试验,孔径均为 $\phi 10$ mm,孔深为 20 mm。钻孔后的铸坯按相同工艺热轧成 22 mm 厚的钢板。铸坯钻孔与钢板缺陷的对应关系见表 1-3。

表 1-3　铸坯钻孔与钢板缺陷的对应关系

钻孔编号	铸坯钻孔位置	裂纹编号	钢板缺陷位置
1 号	钻孔位于铸坯宽面,距上表面棱边 20 mm 处	1-1	1 号钻孔演变成直线状纵裂纹,裂纹位于钢板上表面边部,距侧面约 35 mm
2 号	钻孔位于铸坯窄面(也称侧边),距上表面棱边 20 mm 处	2-1	2 号钻孔演变成直线状纵裂纹,裂纹位于钢板上表面边部,距侧面约 10 mm
3 号	钻孔位于铸坯窄面板厚 1/2 处	3-1	3 号钻孔演变成纵裂纹,裂纹位于钢板侧面板厚 1/2 处

表 1-3 中铸坯棱边附近的 1 号、2 号钻孔,经热轧后在板面上的边部形成纵裂纹,该裂纹和上述板边的疤状缺陷处于相对应的部位,说明热轧板边部疤状缺陷来源于铸坯上表面棱边部。

在上述钢板纵裂纹部位取横截面金相试样进行显微观察,裂纹伸入钢基后沿板宽方向扩展,其内嵌有氧化铁,周围存在氧化脱碳,氧化圆点特征与钢板疤状缺陷处的氧化圆点基本相同(图 1-55)。

从以上结果可以看出,带有缺陷的铸坯经高温加热和轧制后,由于沿缺陷缝隙内氧化的结果,在缺陷处形成由氧化铁和密集分布的氧化圆点组成的氧化层,该氧化层在钢基中似一夹层,在轧制时不能被轧合,遗留在钢板表面便成为裂纹缺陷。

高温氧化试验：

为判定连铸板坯角部裂纹形成的工序环节，开展了高温氧化试验。取 Q345C 钢板坯角横裂试样 5 件，放入无保护气体的箱式炉内，分别在 1250℃、1100℃、1000℃、900℃ 和 850℃ 保温 30 min 取出，然后磨制试样进行金相观察，结果列于表 1-4。

表 1-4　裂纹周围氧化圆点特征

试样号	温度/℃	氧化圆点分布形貌(观察倍数:500×)
1 号	1250	裂纹周围存在大量密集分布的粗大氧化圆点
2 号	1100	裂纹周围存在大量密集分布的氧化圆点，较 1 号样细
3 号	1000	裂纹周围存在细小的氧化圆点，氧化带较 2 号样窄
4 号	900	裂纹周围出现少量细小的氧化圆点，氧化带较 3 号样窄
5 号	850	裂纹周围无氧化圆点

从表 1-4 可以看出，在一定的保温条件下，裂纹附近氧化圆点的形成温度在 900℃ 及更高温度，随温度的升高，氧化圆点数量增多，尺寸变粗，而 850℃ 的高温试验未发现氧化圆点。由此判断，铸坯角部裂纹应在 900℃ 以下的温度范围形成。

铸坯测温结果：

对浇铸 Q345C 钢时的二冷段矫直区温度和出铸机处的温度进行了测试，结果见表 1-5。

表 1-5　Q345C 钢铸坯测温结果

铸坯断面尺寸 /mm×mm	矫直温度 / ℃		出铸机温度 / ℃	
	大面	角部	大面	角部
230×1550	970	860	860	749
230×1750	950	800	850	680

铸坯测温结果表明，板坯越宽则角部温度低于宽面越多。

分析判断：

上述检验结果表明，Q345C 热轧钢板边部疤状缺陷是由连铸板坯角部横裂纹经加热轧制演变成的。

铸坯角部横裂纹处未发现氧化圆点，根据高温氧化试验结果分析，裂纹应在 900℃ 以下形成，即该裂纹的形成不是在结晶器内(因结晶器坯壳温度约为 1200℃)，而是在二冷段。

铸坯测温结果表明，1750 mm 宽板坯在二冷段矫直区及出铸机处其角部温度比大面低，该温差比宽面为 1550 mm 的板坯大，表明板坯越宽则角部温度低于宽面越多，造成宽板坯在矫直区产生的角部横裂纹率高于窄板坯。

板坯宽面和角部温差大，造成宽面和角部组织不同，铸坯宽面组织为铁素体和珠光体；而角部组织为贝氏体和沿奥氏体晶界分布的铁素体，这种组织是在两相区($\gamma+\alpha$)温度快冷形成的。

在 γ+α 两相区,初生铁素体网膜沿 γ 晶界形成,由于高温下 α 的强度远低于 γ 的强度,在矫直张力的作用下,引起沿晶破坏。

根据以上检验结果和分析,建议浇铸 Q345C 宽板坯时,采用弱的二冷制度,提高板坯,尤其是板坯边角部的温度,以防止角部横裂纹的发生。

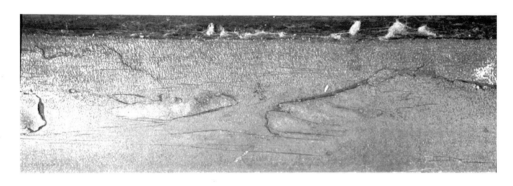

图 1-46　钢板边部疤状缺陷宏观特征

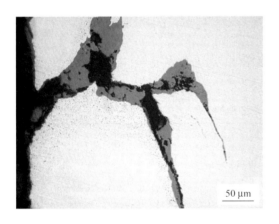

图 1-47　截面半网状裂纹特征

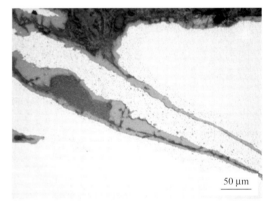

图 1-48　截面折叠裂纹特征

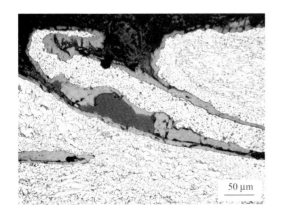

图 1-49　裂纹附近组织脱碳特征

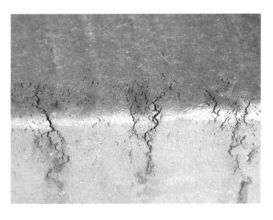

图 1-50　板坯上角部横裂纹

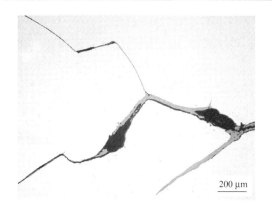

图 1-51 角部裂纹呈网络状分布

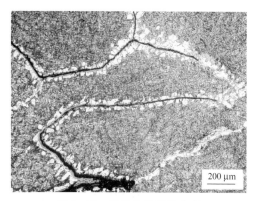

图 1-52 裂纹沿铁素体分布

图 1-53 裂纹及周围组织特征

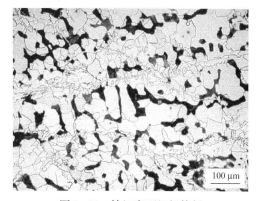

图 1-54 铸坯宽面组织特征

图 1-55 裂纹附近氧化特征

实例 12:铸坯缺陷引起的板面疤块

材料名称: 09CuPCrNi – A

情况说明:

09CuPCrNi – A 热轧卷(板厚为 16 mm),板面出现无规律分布的疤状缺陷,缺陷一端与钢的本体分离,另一端与钢的本体相连接,宏观特征见图 1-56。

微观特征:

取钢板纵截面试样观察,缺陷在抛光面上呈裂纹形态,裂纹靠板面一侧及延伸处有一些条状氧化铁和密集分布的氧化圆点(图 1-57a、b),该侧组织脱碳严重且有明显的形变特征,见图 1-58。

分析判断:

　　板面疤状缺陷处存在严重的高温氧化和脱碳,组织形变,说明缺陷是由原铸坯表面缺陷(裂纹或结疤)经加热→轧制演变成的。

图1-56　钢板表面疤状缺陷宏观特征

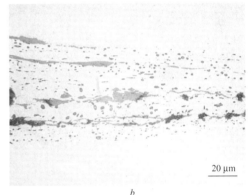

a　　　　　　　　　　　　　　　　*b*

图1-57　裂纹根部(*a*)与延伸处(*b*)微观特征

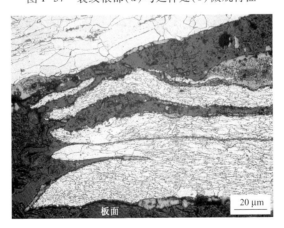

图1-58　裂纹根部组织特征

实例13:铝酸钙夹杂引起的板边疤皮

材料名称: Q345C

情况说明：

11 mm厚Q345C热轧卷，板边有疤皮缺陷，宏观特征见图1-59。

微观特征：

沿板厚方向取截面试样磨制后进行显微观察，疤皮根部有夹缝，夹缝附近有聚集分布的颗粒状夹杂物，见图1-60。扫描电镜能谱分析结果表明，夹杂物为铝酸钙，见图1-61。

分析判断：

板边疤皮缺陷是由聚集分布的铝酸钙夹杂引起的。

图1-59　板面疤皮缺陷宏观形貌

图1-60　截面夹缝附近及延伸处聚集分布的颗粒状夹杂

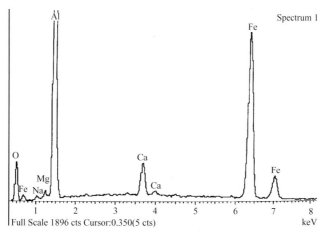

图1-61　夹渣能谱分析图

实例14:冷却速度过快引起的板面唇状疤块

材料名称: X70

情况说明:

厚度为17.2 mm的X70管线钢热轧卷,通过表面检测系统在线检验和离线复查,在热轧卷上表面发现一种大小不一的唇状疤块缺陷条带。缺陷在钢板宽度方向上有明显规律,大多分布在距传动侧300～600 mm的位置,有的几乎固定在宽度方向的某一部位,宏观特征见图1-62。

微观特征:

浅磨有缺陷的钢板板面后进行显微观察,缺陷区域除唇状裂口外,还存在数量颇多的微裂纹,裂纹内嵌有氧化铁,形状多呈网角状和蚯蚓状(图1-63)。经试剂浸蚀后,缺陷区域出现数量较多的粗大饼形先共析铁素体,在裂口的一侧组织流变较严重(图1-64右侧),正常部位组织为晶粒细小的针状铁素体,见图1-65。

磨制钢板的截面试样,缺陷呈裂纹形态斜向深入钢基,深度在0.4 mm以内,裂纹两侧组织差异较大,见图1-66,图右侧组织明显流变且晶粒十分细小;另一侧组织变形程度很小,为粗大的饼形先共析铁素体和晶粒细小的针状铁素体,与正常部位相比,组织明显粗大。

距裂纹稍远处的上表层组织为细小针状铁素体和形变铁素体粗条带(图1-67)。而下表层组织与中部相同,没有形变组织,为细小针状铁素体(图1-68)。

无论是板面试样还是截面试样,缺陷附近均未发现高温氧化和脱碳特征。

铸坯修磨及翻面试验:

为了弄清唇状疤块缺陷是在什么工序产生的,对同一炉X70管线钢的两块铸坯在同一种加热和轧制工艺条件下进行对比试验。其中一块铸坯进行表面修磨,目的是弄清无缺陷坯热轧后是否还会产生缺陷;另一块不修磨,进行翻面处理,即原板坯下表面作为上表面,看翻面后上表面是否还会出现缺陷。试验结果表明:两块铸坯经热轧后,在热轧卷上表面仍出现唇印状疤块缺陷,且缺陷的分布规律及微观特征与上述缺陷试样相同,说明缺陷并非铸坯带来的,而是在轧制过程中产生的。

喷头质量检查:

对现场喷头进行质量检查,发现精轧段的部分喷头因冲蚀而孔型变大,导致喷水量过大。

分析判断:

X70钢板上表面出现的唇状疤块缺陷条带,在板面上的分布比较有规律,缺陷附近无高温氧化和脱碳特征,说明缺陷不是铸坯带来的。

铸坯修磨及翻面试验结果进一步证实,板面唇状疤块缺陷与铸坯缺陷无关,而是在轧制过程中形成的。

X70钢板正常轧制是在奥氏体再结晶区和非再结晶区变形两阶段进行,轧后急冷发生奥氏体→针状铁素体相变,获得综合性能优良的以细小针状铁素体为主的组织。而钢板上表层有缺陷的区域产生了先共析铁素体和形变组织,形变的铁素体发生了部分再结晶。这说明该部位在轧制过程中冷却强度大,导致板面局部区域温度快速降至两相区

（即 Ar_3 以下的铁素体＋奥氏体区），相变析出铁素体。由于铁素体的塑性比奥氏体差，因此在随后的轧制道次中，不协调的形变导致表面裂纹产生，随加工变形比的增大及钢板的热连轧，裂纹不同程度地扯开或粘合，逐渐演变成唇状疤块缺陷。

根据缺陷区域的组织特征判断，缺陷应产生在钢基发生奥氏体→针状铁素体相变之前的精轧阶段。

板面局部冷却强度大与精轧阶段的部分喷头冲蚀严重所导致的喷水量过大有关。

根据以上分析结果，有关单位更换了冲蚀严重的喷头，控制好冷却速度，消除了钢板表面唇状疤块。

图 1-62 板面唇状疤块宏观特征

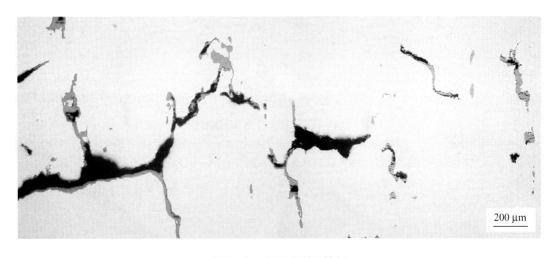

200 μm

图 1-63 板面微裂纹特征

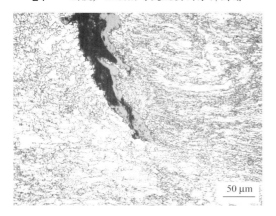

图 1-64　板面裂纹两侧组织特征

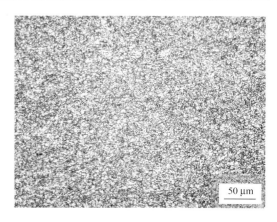

图 1-65　板面正常部位组织特征

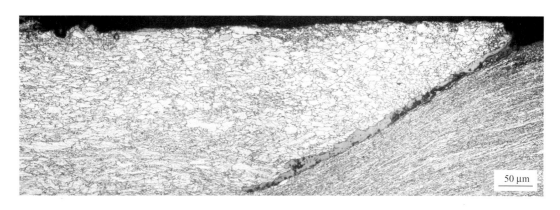

图 1-66　截面裂纹两侧组织特征

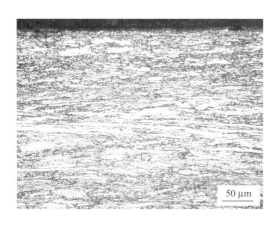

图 1-67　上表层组织特征

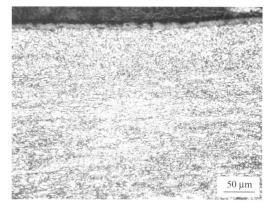

图 1-68　下表层组织特征

实例15：冷却速度过快引起的疤状缺陷

材料名称：SS400

情况说明：

厚度为19 mm的一批SS400热轧钢板，上板面出现沿轧制方向分布的缺陷条带，缺陷形状不规则，呈波浪形疤块，宏观特征见图1-69。

酸洗后，在板面缺陷部位又出现数量颇多且大小不一的"指甲"状缺陷，缺陷裂口大多出现在轧制方向前沿的一端，呈现出缺陷表面经轧制而流变的覆盖层特征，另一端可隐约看出边界，见图1-70。

微观特征：

缺陷在钢板截面表层呈直裂纹形态斜向深入钢基，裂纹尾端圆秃，距板面最深约0.7 mm，附近无高温氧化特征。经试剂浸蚀后，裂纹两侧的组织及晶粒表现出明显不同的两个部分，见图1-71，图中裂纹上侧铁素体晶粒明显粗大，下侧晶粒十分细小且组织具有明显的方向性。

缺陷区域板面有一层深度约1.5 mm的形变组织层，而钢板下表面表层组织与中部相同，为等轴铁素体和珠光体，无形变特征。

分析判断：

该钢板板面缺陷部位有一层形变组织，裂纹两侧的组织及晶粒存在明显的差异，这反映了钢板上表面局部区域在轧制过程中冷却比正常基体处快。冷却过快使得轧制温度偏低，板面延展性变差，从而产生波浪形和"指甲"状疤块缺陷。

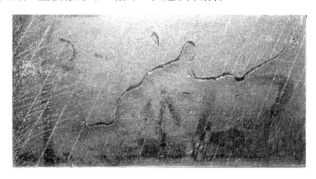

图1-69 表面波浪形疤块宏观形貌

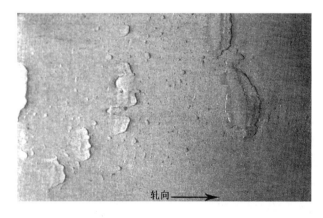

图1-70 酸洗后板面"指甲"状疤块缺陷特征

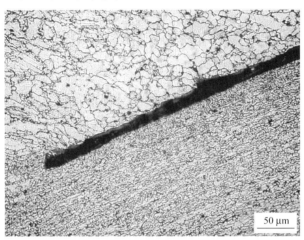

图 1-71　截面裂纹及组织特征

实例 16：轧辊缺陷引起的弯月形疤块

材料名称： SS400

情况说明：

一批 SS400 板坯热轧后在 66 个钢卷上出现缺陷。缺陷产生在钢板下表面，距边部约 300 mm，沿轧制方向呈周期性分布，间距约 3.2 m。缺陷呈弯月形，颇像结疤，尺寸约为 15 mm × 3.3 mm，宏观形貌见图 1-72。

微观特征：

取缺陷截面试样观察，缺陷呈折叠形态，最深处约 0.35 mm，其内无氧化铁，附近无高温氧化和脱碳，组织与正常部位相同，为铁素体和少量珠光体，只是晶粒较正常部位细小，见图 1-73。

分析判断：

缺陷属机械损伤引起的折叠。工作辊辊面掉肉或粘有异物等均可引起这类缺陷。

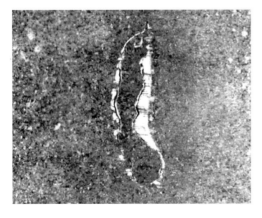

图 1-72　板面弯月形疤块宏观形貌

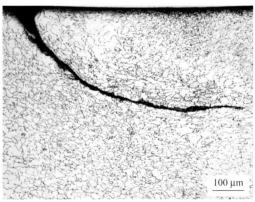

图 1-73　截面缺陷及附近组织特征

1.1.3　线状缺陷

实例 17：铸坯表面纵裂纹引起的板面黑线

材料名称： SS400

情况说明：

　　SS400 连铸板坯，热轧成厚度为 6 mm 的钢板后，板面出现沿轧向延伸的深灰色直线状缺陷（图 1-74），缺陷手感平滑，无明显的凹凸感，其长短不一，有的可以贯穿整个钢卷，通常宽度在 0.5～2.5 mm，一般出现在钢板宽面的中部，或离板边缘约 400～460 mm 的部位，因缺陷颜色较钢板表面深，故现场将其称之为"黑线"。

铸坯表面探伤：

　　为了解铸坯表面质量状况，随机抽出黑线率高的 SS400 钢的两块铸坯，分别在加热前和加热后对铸坯清除氧化铁皮后作磁粉探伤检验。结果表明，铸坯在加热前表面存在纵向裂纹（图 1-75）。经加热后仍有裂纹，且裂纹所在部位与加热前相对应，仅有少数较浅的裂纹在加热过程中随氧化铁皮剥落而消除。

微观特征：

　　分别在钢板黑线缺陷处取板面、截面金相试样进行显微观察，线状缺陷在板面抛光面上呈一条纵向裂纹，裂纹内充满氧化铁，附近有大量细小密集分布的氧化圆点，见图 1-76。

　　缺陷在钢板横截面上呈根部粗、尾端细小的裂纹，其走向基本平行板边，深度较浅，一般为 0.05～0.07 mm。裂纹两侧及尾部钢基氧化脱碳较严重，且伴有晶粒长大（晶粒度为 9 级），正常部位组织为铁素体和珠光体，晶粒度 11 级，见图 1-77。

　　对上述加热后的铸坯探伤裂纹试样进行检验，裂纹附近存在严重的氧化脱碳，图 1-78 为铸坯横截面裂纹附近氧化特征。说明带有裂纹的铸坯经高温长时间加热后，裂纹附近的钢基会产生严重的氧化脱碳。

　　用电子探针对钢板和铸坯裂纹附近的氧化圆点进行分析，结果表明，这些氧化圆点成分含有 Fe、Mn、Si 和 Al。它是裂纹附近钢基经高温加热内氧化的产物，而不是钢中固有的夹杂。

预制缺陷试验：

　　为进一步分析黑线产生的原因，开展了预制缺陷试验。取两块正常浇铸的 SS400 铸坯，空冷后分别在每块铸坯上钻制缺陷孔，且按正常工艺加热（1180℃，保温 2 h）。其中一块铸坯加热后直接取样，另一块在加热炉中加热后直接轧制。

　　对钻孔→加热后的铸坯试样取样分析，结果表明，孔洞内充满氧化铁，周围钢基严重氧化，出现大量细密的氧化圆点，该氧化圆点的成分与上述钢板表面黑线处的氧化圆点基本相同。孔洞无论深浅，周围均有脱碳现象。

　　铸坯预制缺陷经过加热轧制在成品板面留下了线状缺陷，缺陷严重程度与铸坯上钻孔深浅有关，孔洞越深，在钢板上形成的黑线越深，且该缺陷具有上述黑线的显微特征。

分析判断：

　　从预制缺陷试验结果可以看出，带有孔洞的坯子加热到 1180℃保温 2 h，由于高温内氧化的结果，在孔洞处形成由氧化铁和细密的氧化圆点组成的氧化层，该氧化层在钢基中似一夹层，轧制时不能被焊合，遗留在钢板表面便成为黑线。该黑线具有如前所述的宏、微观特征，说明它们是同一性质的表面缺陷,由此分析认为,钢板表面黑线是由铸坯表面缺陷所造成的。

磁粉探伤检测结果表明,黑线率高的铸坯,表面确实存在纵向细裂纹。带有裂纹的板坯经高温加热后,较浅的裂纹可随氧化铁皮剥落而消除,有一定深度的裂纹不能被消除,仍保留在铸坯表面。金相观察结果表明,该裂纹因受到严重氧化而有所扩大。因此,这样的裂纹遗留在钢板表面必然成为线状缺陷。

铸坯表面纵裂纹主要分布在铸坯宽度的中部,属热裂纹。它是在结晶器内凝固过程中由于应力的作用在凝固坯壳薄弱处产生的。

通过现场调查,认为引起铸坯表面纵裂的原因主要有以下三个方面:

(1) 浇铸中水口材质为石英水口(正常部位为 SiO_2),这种水口耐蚀性差,钢水对水口浸蚀较严重,往往浇铸 2~3 炉即发生水口掉底或穿孔,从水口穿孔处流出的高温钢水将直接冲击铸坯宽面中部的坯壳,使这部分坯壳熔化变薄(纵向),当冷凝收缩等应力超过坯壳强度时产生纵裂纹。

(2) 结晶器保护渣采用的是粉状渣,熔点 1135℃,1300℃ 时熔速 35 s。该渣铺展性欠佳,易结渣条,浇铸 2~3 炉就吸收钢中 Al_2O_3 而结成渣团,液层厚度偏薄,从而使坯壳传热不均匀导致坯壳厚薄不均而产生纵裂纹。

(3) 铸机的二冷水强度过大(采用加大水表,使水量增加),使得冷凝收缩应力加大,促进了铸坯上原有裂纹的扩展。

为了消除铸坯表面纵裂纹,应加强结晶器石英水口的质量检查和控制,在生产上逐步采用铝碳质水口代替石英质水口,当水口破损后,及时更换以减轻对铸坯质量的影响;配制性能良好的改进型颗粒保护渣;将二冷水大喷嘴改成小喷嘴,以降低二冷水强度,使冷凝收缩应力减小。

图 1-74　钢板表面黑线缺陷宏观特征

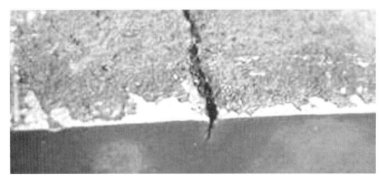

图 1-75　铸坯横剖面上的纵向裂纹

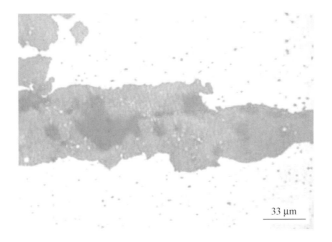

图 1-76　板面缺陷与氧化圆点

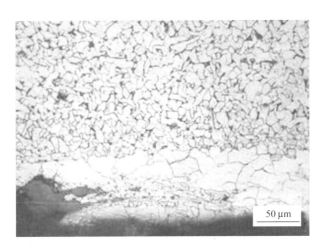

图 1-77　横截面缺陷与周围组织特征

图 1-78　铸坯裂纹附近氧化特征

实例 18:针孔气泡暴露引起的线状缺陷

材料名称: Q345C

情况说明:

板厚为 20 mm 的 Q345C 热轧钢板,板面出现数量颇多的线状缺陷,见图 1-79。

低倍检验:

垂直板面线状缺陷取横截面低倍试样作酸浸检验,从酸蚀面上可以观察到大量针孔气泡(图 1-80),其中暴露的针孔气泡与板面线状缺陷相交,可见线状缺陷与针孔气泡暴露有关。

微观特征:

制备钢板横截面金相试样进行显微观察,暴露的针孔气泡在截面表层呈内大外小的孔隙,空隙内壁充满氧化铁,附近有细密的高温氧化圆点,见图 1-81。

分析判断:

铸坯近表层存在针孔气泡,在加热及热轧过程中气泡暴露于钢板表面,由于其内壁被氧化而不能被轧合,最终在板面演变成线状缺陷。

图 1-79 板面线状缺陷宏观特征

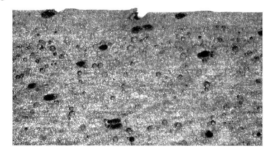
图 1-80 横截面低倍针孔气泡

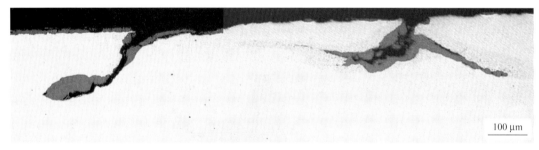
图 1-81 截面表层针孔气泡特征

实例 19:划伤引起的线状缺陷

材料名称: Q345C

情况说明:

一卷 22 mm 厚 Q345C 热轧卷,距板边约 120 mm 的上板面有一条沿轧向的线状缺陷(图 1-82)。

微观特征:

线状缺陷在钢板横截面上呈开口较大的凹坑形态,深度约 0.2 mm,附近无聚集分布的夹杂物和高温氧化特征(图 1-83)。

试样经硝酸酒精溶液浸蚀后,正常部位组织为等轴铁素体和珠光体,凹坑附近除晶粒细小外,组织与正常部位相同,无变形特征,见图1-84。

分析判断:

线状缺陷在钢板横截面上呈凹坑形态,其附近组织无变形特征,表明该缺陷为热划痕。

图1-82　板面线状缺陷宏观特征

200 μm

图1-83　截面试样凹坑特征

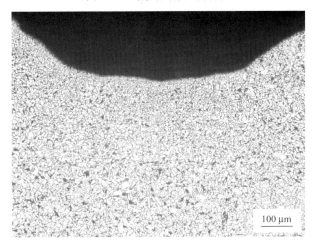

100 μm

图1-84　凹坑附近组织特征

实例20:划伤引起的灰色线状痕迹

材料名称: Q345C

情况说明:

板厚为22 mm的Q345C热轧卷,距边部约260 mm的板面有一道沿轧向分布的灰色线状痕迹,宏观特征见图1-85。

微观特征:

观察试样横截面,与板面灰色线状痕迹相截处未发现裂纹,但存在一层深度约

0.051 mm 的冷变形组织,见图 1-86。

分析判断:

钢板表面灰色线状痕迹处为冷变形组织,表明该缺陷属于冷划伤。

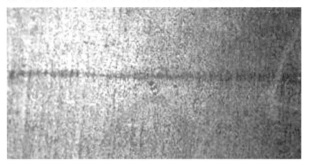

图 1-85　板面灰色线状痕迹

图 1-86　截面线状痕迹处冷变形组织

1.1.4　剥落块、起皮及裂口

实例 21:夹渣引起的剥落块、起皮

材料名称: 无取向硅钢

情况说明:

无取向硅钢连铸坯,轧制成厚度为 2.3 mm 的热轧板后,板面出现剥落块及起皮缺陷,宏观特征见图 1-87。

微观特征:

揭开起皮缺陷用电子探针分析,皮下有夹渣层(图 1-88),夹渣中有 Al、Fe、O 及微量 Mn,见图 1-89。

沿板厚方向取截面试样观察,钢板表层存在裂纹和大块状的灰色夹渣,裂纹沿夹渣分布,见图 1-90。能谱分析结果表明,该夹渣成分与上述皮下夹渣基本相同。

分析判断:

无取向硅钢板面缺陷处存在大量聚集分布的夹渣,说明缺陷是由这类夹渣引起的。夹渣成分主要为 Al_2O_3,应属钢液脱氧产物。

图 1-87　板面剥落块及起皮缺陷

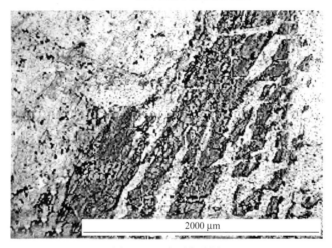

图 1-88　皮下夹渣层

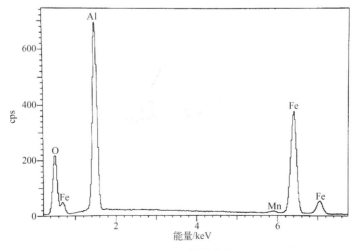

图 1-89　夹渣能谱分析图

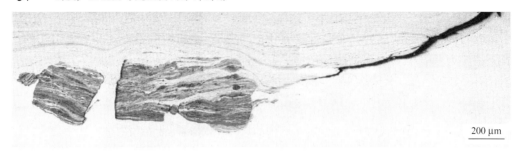

200 μm

图 1-90　裂纹沿夹渣分布

实例 22：夹渣引起的剥落块、裂口

材料名称： 无取向硅钢

情况说明：

　　无取向硅钢连铸坯经热轧后板面出现剥落块及裂口，宏观特征见图 1-91。

微观特征：

　　在缺陷部位取截面试样观察，试样表层存在深灰色夹渣，夹渣呈条状平行板面分布，有的已暴露（图 1-92），还未暴露的夹渣，呈中间粗两端尖细的条带，见图 1-93。

　　用电子探针对条状夹渣成分（质量分数，%）进行分析，结果表明，夹渣均不同程度地含有 Ca、Si、Al、Na、Mg、K、Ti 等元素，能谱分析结果见表 1-6 和图 1-94。

表 1-6　夹渣成分（$w/\%$）

夹　渣	Na	Mg	Al	Si	K	Ca	Ti	O
第一点	7.68	2.54	9.16	16.03	0.42	23.08	0.61	40.47
第二点	5.44	0.44	10.55	17.93	0.79	22.81	0.47	41.57

分析判断：

　　无取向硅钢板面缺陷处存在条状夹渣，夹渣成分含有 Ca、Na、Mg、K、Ti 等元素，与保护渣成分类似，说明缺陷是由卷入钢液中的保护渣引起的。

图 1-91　板面缺陷宏观特征

图 1-92　截面表层夹渣特征

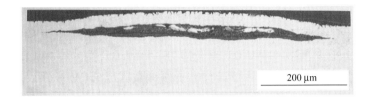

图 1-93　截面表层未暴露的夹渣特征

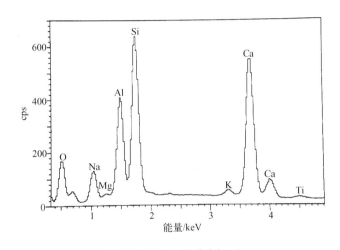

图 1-94　夹渣能谱分析图

1.1.5　分层

实例 23：夹杂物和成分偏析引起的断口分层

材料名称： Q390E

情况说明：

　　在桥梁用钢 Q390E 的生产检验中，厚度为 34 mm 的钢板拉伸断口经常出现分层现象，拉伸试样为板材原始厚度的横向试样，断口面上的分层裂缝位于板厚中心，断口宏观形貌见图 1-95。

微观特征：

　　用扫描电镜观察试样断口微观形貌，正常断口区为韧窝特征，分层裂缝处观察到较多颗粒状夹杂物和少量条状夹杂，颗粒状夹杂物尺寸约 2～3 μm（图 1-96）。

　　用能谱仪对夹杂物进行成分（质量分数，%）分析，颗粒状夹杂物为 Nb、Ti 的 CN 化物（图 1-97），条状夹杂为 MnS。

在与断口面平行的金相磨面上观察到分层裂缝附近及其延伸处存在聚集分布的颗粒状夹杂物及细条状 MnS 夹杂,见图 1-98 和图 1-99。颗粒状夹杂物在白光下呈水红色,尺寸最大的约 5 μm。对多个颗粒状夹杂物进行能谱分析,分析结果表明,此类夹杂物是含钛、铌的复合碳氮化物(Ti,Nb)(C,N),与断口分层裂缝处的颗粒状夹杂物属同一类。

试样经试剂浸蚀后观察,正常部位组织为铁素体和珠光体,心部可见明显的组织偏析带(图 1-100),偏析带主要由马氏体和贝氏体组织组成,最宽处约 200 μm,它与铁素体带交替平行排列,分层裂缝正好出现在马氏体(或贝氏体)区域(图 1-101)。

用显微硬度计分别对上述试样中的各项组织进行显微硬度测定,其硬度均值分别为:马氏体 539HV0.05,贝氏体 418.5HV0.05,珠光体 287 HV0.05,铁素体 179 HV0.05。

分别在马氏体、贝氏体和正常区域进行电子探针微区成分(质量分数,%)分析,分析结果见表 1-7。可以看出,马氏体和贝氏体区的锰元素含量明显高于正常部位。

表 1-7　试样各区成分($w/\%$)

分 析 部 位		Si	Mn	Fe
马氏体区	1	0.63	2.68	96.69
	2	0.66	2.72	96.62
贝氏体区	1	0.53	2.32	97.15
	2	0.39	1.83	97.78
正常区	1	0.40	1.43	97.77
	2	0.42	1.31	97.85

分析判断:

由于板厚心部存在聚集分布的颗粒状(Ti,Nb)(C,N)和硫化物夹杂以及由于成分偏析产生的马氏体组织,钢板在拉伸试验过程中,沿拉伸方向要发生塑性变形,上述夹杂物起到了裂纹源的作用。因马氏体组织的抗塑性变形能力较差,起源于夹杂处的裂纹随应力的增加沿马氏体区域扩展,最终形成宏观可见的断口分层现象。

马氏体组织的形成与板厚中心偏析区存在锰元素的偏析相关。锰元素的偏析增加了奥氏体的稳定性,提高了该区域的淬透性,导致钢板热轧后在中心形成马氏体。

综上所述,板厚心部存在马氏体组织、聚集分布的颗粒状(Ti,Nb)(C,N)和硫化物夹杂是导致拉伸断口产生分层的主要原因。

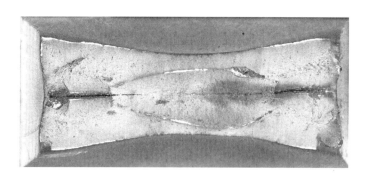

图 1-95　断口宏观形貌

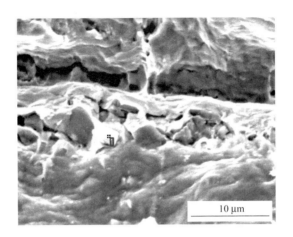

图 1-96　断口分层处的颗粒状夹杂物

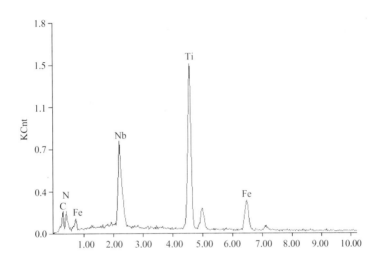

图 1-97　颗粒状夹杂物能谱分析图

图 1-98　板厚中心裂纹及夹杂物

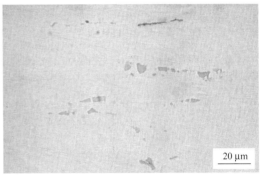

图 1-99　中心夹杂物形态

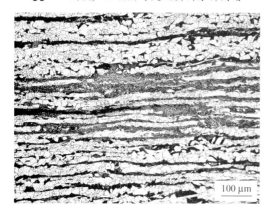

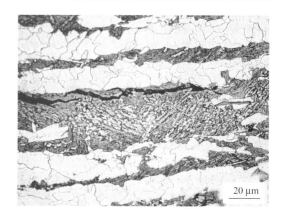

图 1-100　板厚中心偏析带组织　　　　　　图 1-101　偏析带组织及裂纹

实例 24：夹渣引起的分层

材料名称： 07Cr2Al

情况说明：

　　厚度为 18 mm 的 07Cr2Al 钢板，经探伤检验不合格。在探伤缺陷波部位沿板厚方向切开后，宏观可见约板厚中心部位有分层，其中一段为白色夹渣层，该层长度约 15 mm，宏观形貌见图 1-102。

微观特征：

　　将上述截面试样磨制抛光后用扫描电镜配合能谱仪进行成分分析，白色夹渣层由颗粒和细粉两部分组成，颗粒与黄长石类似（图 1-103），细粉似保护渣变质体（图 1-104）。

分析判断：

　　07Cr2Al 钢板探伤检验不合格与内部存在分层缺陷有关。该分层缺陷由夹渣（类似黄长石和保护渣变质体）所引起。

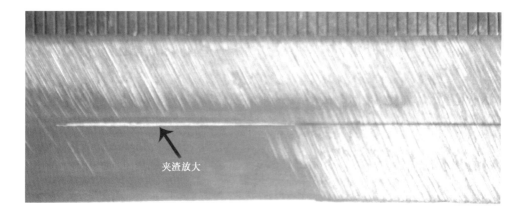

夹渣放大

图 1-102　板厚中心分层处白色夹渣层

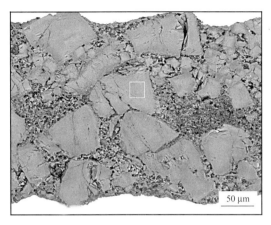 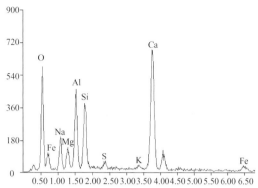

图 1-103　夹渣二次电子相特征及颗粒能谱分析图

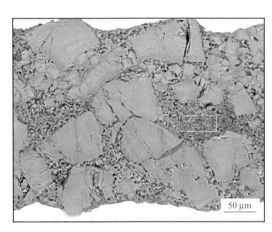 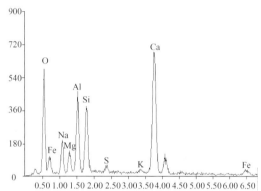

图 1-104　夹渣二次电子相特征及细粉能谱分析图

实例 25：硅酸盐夹杂及碳偏析引起的分层

材料名称： Q235A

情况说明：

厚度为 12 mm 的 Q235A 热轧钢板，在板厚约四分之一处有分层缺陷，宏观形貌见图 1-105。

微观特征：

沿板厚方向磨制截面金相试样观察，缺陷在抛光面上呈一夹缝，夹缝附近及其延伸处存在聚集分布的条状硅酸盐夹杂（图 1-106）。

试样经 3% 硝酸酒精试剂浸蚀后，正常部位组织为铁素体 + 珠光体 + 魏氏组织，夹缝附近及延伸处珠光体含量偏高（图 1-107a、b），说明该处存在碳的偏析。

分析判断：

板厚约四分之一处出现的分层缺陷与钢中聚集分布的硅酸盐夹杂和碳的偏析有关。

图 1-105　钢板分层缺陷宏观形貌

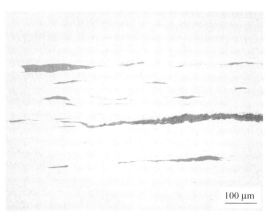

图 1-106　截面夹缝附近条状硅酸盐夹杂

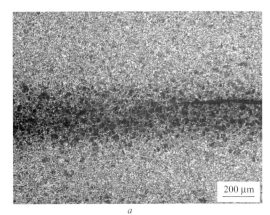

a

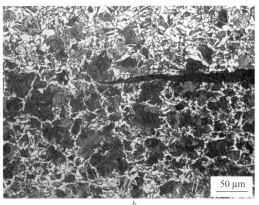

b

图 1-107　夹缝附近及延伸处珠光体偏析特征(黑色区域)(*a*)和夹缝附近组织局部放大(*b*)

1.1.6　夹层、凸带

实例 26：磷、硫强偏析带暴露引起的夹层

材料名称： Q235A

情况说明：

　　厚度为 5 mm 的 Q235A 热轧卷，板面出现夹层，局部区域已穿裂，缺陷宏观特征见图 1-108。

微观特征：

　　取钢板截面试样磨制抛光后观察，近表层有夹缝，夹缝附近及延伸处存在大量聚集分布的条状 MnS，图 1-109 为夹缝沿 MnS 夹杂扩展特征。

　　试样抛光面经 3% 硝酸酒精试剂浸蚀后，正常部位组织为均匀分布的铁素体和珠光体，缺陷区域存在较宽的白色铁素体条带，夹缝和 MnS 夹杂均分布在铁素体条带中

（图 1-110）。经磷偏析试剂浸蚀后,上述铁素体宽条带具有磷的强偏析特征,见图 1-111。

分析判断:

板面夹层是钢板表层聚集分布的 MnS 夹杂和磷的强偏析带在热轧过程中暴露引起的。

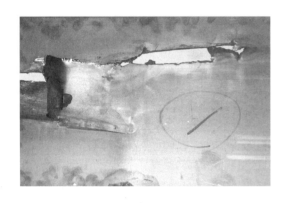

图 1-108　板面分层和穿裂

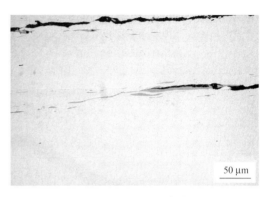

图 1-109　夹缝沿 MnS 夹杂扩展

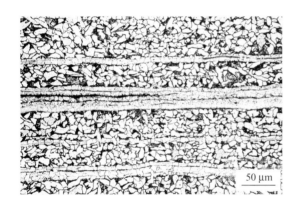

图 1-110　铁素体条带中的夹缝及硫化物

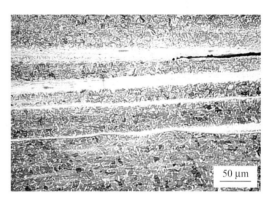

图 1-111　磷偏析带及夹缝

实例 27:Al$_2$O$_3$ 夹杂物引起的凸带

材料名称: SPHT2

情况说明:

厚度为 7.2 mm 的 SPHT2 热轧卷,板面存在一长条沿轧制方向分布的凸带,凸带局部已破裂,宏观形貌见图 1-112。

微观特征:

垂直凸带磨制截面试样,用电子探针二次电子像观察,凸带皮下存在缝隙,缝隙两端有聚集分布的夹杂物,见图 1-113。能谱仪分析结果表明,该夹杂物为 Al$_2$O$_3$(图 1-114)。

分析判断:

SPHT2 热轧卷板面凸带是由钢板近表层聚集分布的 Al$_2$O$_3$ 夹杂层引起的。

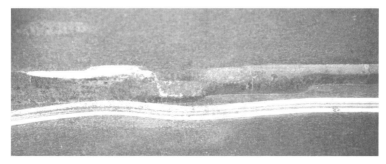

图 1-112 板面凸带宏观形态

图 1-113 横截面皮下缝隙及聚集分布的夹杂物

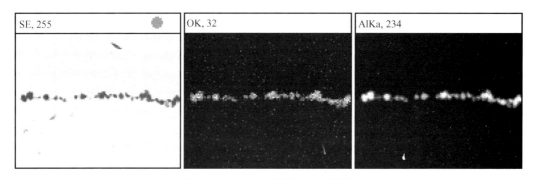

图 1-114 夹杂物元素面分布特征

1.1.7 麻坑

实例 28：氧化铁剥落引起的麻坑

材料名称： SAE1008

情况说明：

板厚 2.95 mm 的 SAE1008 热轧钢板，板面存在麻坑缺陷（图 1-115）。

微观特征：

用电子探针观察板面，麻坑深浅不一（图 1-116），部分坑内残留有氧化铁。

取钢板截面试样磨制后观察，表层存在厚薄不一的氧化铁（图 1-117），正常部位的氧化铁比较薄（厚度约 16.9 μm），麻坑部位氧化铁已剥落，但附近仍有过厚的氧化铁，最厚达 40.8 μm。

分析判断:

板面麻坑是过厚的氧化铁被轧辊轧裂剥落后留下的坑,该氧化铁与轧辊表面粗糙度和轧坯除鳞未尽有关。

图 1-115　板面麻坑缺陷特征

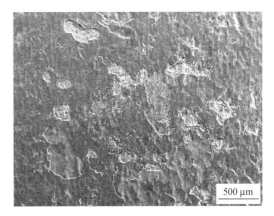

图 1-116　板面麻坑二次电子像形貌

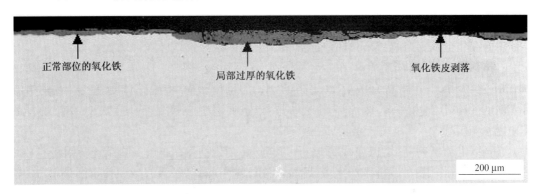

图 1-117　截面氧化铁分布特征

1.1.8　冷弯不合

实例 29:白斑引起的冷弯断裂

材料名称: SA516

情况说明:

SA516 钢板(板厚 110mm)作冷弯试验时发生断裂,断口上有一些白斑,宏观形貌见图 1-118。

低倍特征:

在断口附近截取纵、横向低倍试片,其中横向试片与断口面平行,纵向试片与断口面相垂直,经热盐酸水溶液腐蚀后,从横向酸蚀面上可见一些黑色偏析斑,黑斑的外观形貌类似于断口上的白斑,见图 1-119a。观察纵向酸蚀面则有一些黑色偏析条纹(图 1-119b)。

微观特征:

将低倍试样制备成金相抛光面后用金相显微镜观察,对应原黑斑和偏析条纹处有微裂纹,同时还存在 MnS 和 TiN 夹杂物的偏聚。

抛光面经硝酸酒精试剂浸蚀后,正常部位组织为铁素体+珠光体,对应原黑斑和偏析条纹处珠光体含量明显偏多,而且还有一些贝氏体组织,见图1-120a、b。用磷偏析试剂浸蚀后可见它与磷偏析对应(图1-121)。根据以上特征判断,偏析区存在C、P和其他元素的偏析。

用扫描电镜能谱仪分别对断口上的白斑、正常部位和金相试样上的偏析区、非偏析区成分(质量分数,%)进行分析,除C、H元素不能分析外,测出断口白斑部位存在Mn、S、Si元素的偏析,金相试样上的偏析区除Mn、Si、S元素的偏析外,还存在P元素的偏析,能谱分析结果见表1-8和图1-122a、b。

表1-8 白斑、偏析区和正常部位成分(w/%)

分析部位	Mn	Si	S	P
白斑部位	3.16	0.43	0.55	—
正常部位	0.78	0.36	—	—
偏析区	2.80	0.57	0.36	0.32
非偏析区	1.18	0.26	—	—

分析判断:

对白斑试样的检验结果表明,白斑区有杂质元素(P、S)和合金元素(Mn、Si、C)的偏析,同时还存在非金属夹杂物(MnS、TiN)的偏聚。上述因素导致该区脆性增大。

白斑区形成贝氏体反常组织(钢板正常组织为铁素体+珠光体),这与Mn含量($w(Mn) = 3.16\%$)偏高有关。如此高的Mn含量使该区域奥氏体更稳定,在热轧后相变时得到贝氏体组织。贝氏体组织的形成造成钢中强度的不均匀,对冷弯性能造成一定影响。

综合以上分析判断,白斑属成分偏析及非金属夹杂物偏聚的组织缺陷区,钢板在冷弯时,受外应力的作用,在偏析区产生微裂纹,微裂纹进一步扩展,最终导致冷弯断裂。

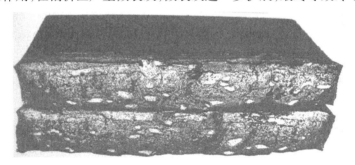

图1-118 断口白斑宏观形貌

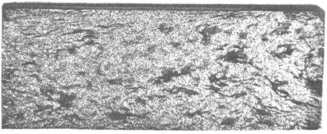

a

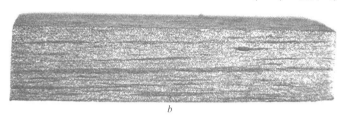

图 1-119　横截面黑斑低倍特征(a)和纵截面黑色偏析条纹低倍特征(b)

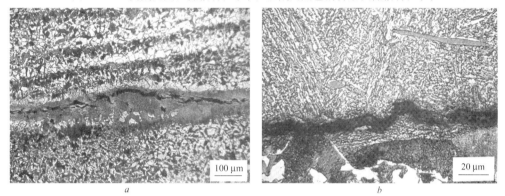

图 1-120　偏析区裂纹及组织特征(a)和偏析区裂纹、贝氏体组织及 MnS 夹杂(b)

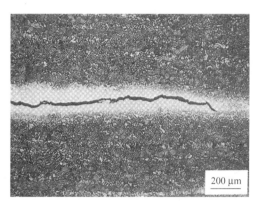

图 1-121　磷偏析带(白亮色区域)及裂纹特征

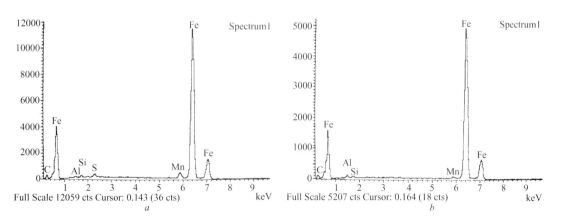

图 1-122　断口白斑部位微区成分(a)和断口正常部位微区成分(b)

实例30：铜、镍富集引起的宽冷弯断裂

材料名称： 06CuCrNi

情况说明：

板厚为32 mm的06CuCrNi中厚板，一面保持原始板面，另一面刨去20 mm后进行冷弯试验，结果在弯背部位发生纵向断裂。断口上有弧形条纹，根据条纹的扩展方向判断，断裂起源于弯头外表面，该面为钢板原始板面，其上有许多纵向小裂纹，见图1-123。

微观特征：

断裂源附近的原始板面抛光面可见大量网状裂纹和氧化网络，见图1-124。

截面试样经硝酸酒精溶液浸蚀后，原始板面表层有一种水红色的富集相，这种富集相大多沿网状裂纹和氧化网络分布，见图1-125。

用电子探针对金相试样上的富集相进行成分分析，结果表明：富集相主要成分为铜和镍，$w(Cu) = 3.46\% \sim 4.57\%$，$w(Ni) = 3.87\% \sim 5.87\%$，而钢板正常部位中，$w(Cu) = 1.40\%$，$w(Ni) = 0.99\%$。网状富集相元素面分布特征见图1-126。

图1-123　断口及原始板面裂纹宏观形貌

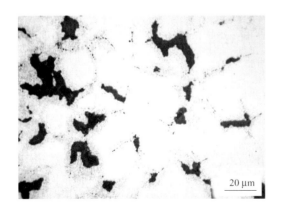

图1-124　板面抛光面氧化网络

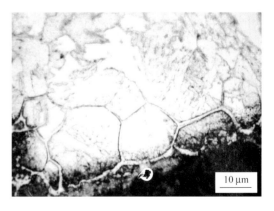

图1-125　截面表层网状富集相

分析判断：

该钢含有铜、镍元素，在 1100 ~ 1250℃ 的氧化气氛中加热，由于铁的优先氧化，在氧化铁皮内层产生铜、镍的富集相，随着温度的升高或加热时间的延长，这一层富集相熔化且沿着奥氏体晶界渗入，削弱了钢坯表层晶粒间的结合力，热轧时在外力作用下导致钢板表面产生网状裂纹。弯头外表面纵向小裂纹是冷弯应力－应变作用下网裂扩展的结果，随外应力的增大，裂纹进一步扩展即造成冷弯断裂。

对含铜、镍钢而言，应严格控制加热工艺，避免钢板在高温下长时间加热。

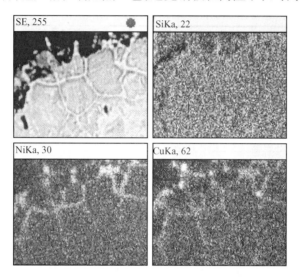

图 1-126　网状富集相元素面分布特征

实例 31：磷、硫强偏析带暴露引起的冷弯裂纹

材料名称： Q235A

情况说明：

板厚为 10 mm 的 Q235A 热轧钢板作宽冷弯 90° 性能试验时弯曲表面出现裂纹，造成冷弯性能不合格。

冷弯裂纹产生于试样弯曲表面并沿着弯头的宽度方向（即原钢板的纵向）扩展。裂纹附近的板面较光滑，无其他缺陷。垂直裂纹取截面试样（即原钢板的横截面）观察，裂纹起源于板厚 1/4 部位，呈现出里宽外窄的特征，见图 1-127。

化学成分分析：

取 Q235A 冷弯试样作化学成分（质量分数，%）分析，结果见表 1-9。表中样品成分符合 GB700—88 标准要求。

表 1-9　Q235A 试样的化学成分（$w/\%$）

元　素	C	Si	Mn	P	S
实测值	0.178	0.23	0.45	0.021	0.030
GB700—88	0.14 ~ 0.22	0.30	0.30 ~ 0.65	0.045	0.050

微观特征：

在冷弯试样开裂处取横截面金相试样且经磷偏析试剂浸蚀后，肉眼可见板厚 1/4 处有一些颜色发亮的偏析带,冷弯裂纹沿这些偏析带扩展,见图 1-128。

用金相显微镜观察,偏析带中还存在一些 MnS 夹杂物,夹杂严重处级别高达 4.5 级(依据 GB/T10561—2005 标准评定),裂纹多沿 MnS 夹杂扩展,见图 1-129。用电子探针对试样正常区和偏析区进行微区成分(质量分数,%)对比分析,结果列于表 1-10。表中正常区 $w(P)$ 最多为 0.01%,而偏析区 $w(P)$ 最高可达 0.31%,说明偏析带为磷的强偏析带。将试样重新抛光且经硝酸酒精试剂浸蚀后,正常部位组织为均匀分布的铁素体和珠光体,对应于磷偏析区为铁素体宽条带。

表 1-10　试样正常区与偏析区成分对比($w/\%$)

元　素		Si	Mn	P
正常区	第 1 点	0.33	0.50	0.01
	第 2 点	0.31	0.43	0.00
偏析区	第 1 点	0.38	0.16	0.31
	第 2 点	0.37	0.18	0.08

分析判断:

在 Q235A 钢板板厚 1/4 的部位存在磷和硫的强偏析带,由于该偏析带在常温下的塑性、韧性较正常部位差,因此冷弯时在此处产生微裂纹,随着钢基变形加剧,裂纹由里向外扩展,最终形成里宽外窄的大裂口。

为保证钢板的冷弯性能,应提高冶金质量,减少钢中 MnS 夹杂以及磷的偏析。

图 1-127　试样横截面裂纹形貌

图 1-128　裂纹沿板厚 1/4 处偏析条带扩展

图 1-129　裂纹沿硫化物扩展

实例 32：板面凹坑等缺陷引起的冷弯裂纹

材料名称： Q235A

情况说明：

板厚为 12 mm 的 Q235A 热轧钢板做宽冷弯 90° 性能试验时弯曲表面出现裂纹，裂纹沿着弯头的宽度方向（即原钢板的纵向）扩展，附近板面较粗糙且存在一些斑点和细裂纹。垂直裂纹取截面试样（即原钢板的横截面）观察，裂纹产生于外侧表面缺陷区域，然后沿着板厚方向扩展，呈现外宽里窄的特征，见图 1–130。

微观特征：

图 1–130 所示的截面裂纹，其尾端尖细，附近无严重的夹杂物，亦无成分偏析现象。

磨制试样的弯曲表面（即原始板面）且经试剂浸蚀后，肉眼可观察到裂口附近板面有一些凹坑和微裂纹缺陷（图 1–131）。金相显微镜观察到缺陷处存在扭曲变形的残留氧化铁（图 1–132）。

分析判断：

裂纹附近未发现异常夹杂物及成分偏析特征，表明裂纹的形成与此无关。裂纹起源于板面凹坑及微裂纹处，该处存在残留的氧化铁，说明缺陷并非冷弯时产生，而是在冷弯成形前就已存在。冷弯时缺陷处极易产生应力集中，从而造成试样在冷弯过程中开裂，形成外宽里窄的大裂口。

图 1–130　试样横截面裂纹形貌

图 1–131　裂口附近板面凹坑和微裂纹

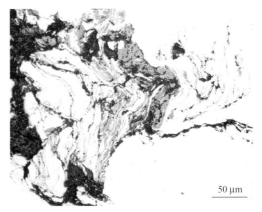

图 1–132　板面缺陷处氧化铁

实例33：钢板表层晶粒粗大引起的冷弯裂纹

材料名称：10CrNiCu

情况说明：

厚度为20mm的10CrNiCu热轧板，作宽冷弯90°性能试验时弯曲表面出现数量颇多的细裂纹，裂纹最宽达2mm，长50mm，均沿着弯头的宽度方向扩展，见图1-133。

微观特征：

沿板厚方向制备截面金相试样观察，组织为回火索氏体，弯曲外表面有一层粗晶区，该区深度为0.4~0.6mm，见图1-134、图1-135；钢板心部晶粒细小（图1-136）。

显微硬度测试结果表明：表层粗晶区的硬度值为263HV0.1，心部细晶区为305HV0.1，粗晶区的硬度值比细晶区低42HV0.1，换算成强度近120MPa。

分析判断：

10CrNiCu钢钢板表层晶粒粗大，导致钢板表层硬度、强度降低，从而造成钢板冷弯时在弯曲表面产生裂纹。

图1-133　试样弯曲表面裂纹宏观特征

图1-134　弯曲表层晶粒粗大特征

图1-135　图1-134表层组织局部放大

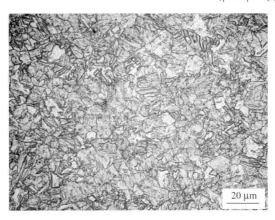

图 1-136　板厚中心组织特征

实例 34:焊缝气孔引起的冷弯开裂

材料名称: HG70

情况说明:

板厚为 20 mm 的 HG70 钢板,焊接后进行冷弯实验时在焊接接头部位产生断裂（图 1-137）。

宏观检查断口发现断裂面存在气孔,见图 1-138。

微观特征:

垂直断口面磨制金相试样观察,焊缝区多处可见较大尺寸的气孔（图 1-139）。

分析判断:

HG70 钢板冷弯开裂是由于焊缝区存在严重的气孔造成的。

气孔是由于溶解于液态金属内的气体未能及时逸出而存在于金属内所形成的。气孔的存在不仅减少了金属的有效截面,使焊缝接头强度降低,而且气孔边缘易产生应力集中,从而导致试样冷弯开裂。

图 1-137　断裂试样宏观特征

图 1-138　断裂面气孔(箭头所示)

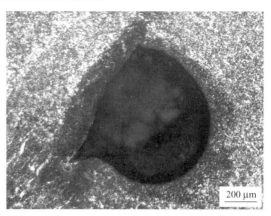

200 μm

图 1-139　焊缝区气孔特征

1.2　冷轧板缺陷

1.2.1　线状、带状、条状缺陷

实例 35：氧化铁条带引起的黑线

材料名称：低碳冷轧板

情况说明：

低碳冷轧板表面出现如图 1-140 所示的纵向黑线。

微观特征：

用电子探针二次电子像观察,板面黑线呈叠皮状(图 1-141),部分区域有小鼓包,将叠皮掀起后可看到大面积已破碎的氧化铁(图 1-142)。

垂直黑线磨制钢板截面试样观察,表层存在平行板面的氧化铁条带,对应鼓包处亦有中间粗、两端细的氧化铁条带,其形貌类似被拉长的气孔特征,见图 1-143。

分析判断：

该冷轧板表层存在氧化铁条带,有的具有被拉长的气孔特征,推测板面黑线是板坯近表面的针孔类缺陷在加热和轧制过程中氧化并逐渐暴露至板面的结果。

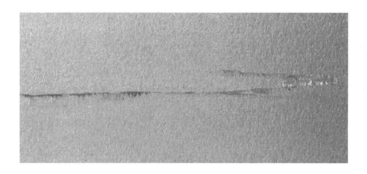

图 1-140　板面黑线

图1-141　缺陷呈叠皮状

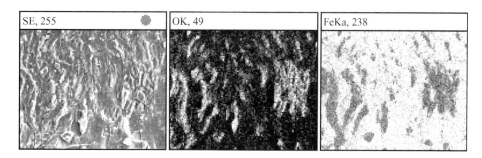

图1-142　皮下破碎的氧化铁及元素分布特征

图1-143　钢板截面表层氧化铁条带特征

实例36：Al_2O_3 夹杂物暴露引起的断续黑线

材料名称：低碳冷轧板

情况说明：

低碳冷轧板表面存在如图1-144所示的断续黑线。

微观特征：

用电子探针二次电子像观察，缺陷呈起皮状且与钢基连成一体（图1-145），将表皮撕破后可看到密集的颗粒状夹杂物（图1-146）。能谱仪分析结果表明，该夹杂物为 Al_2O_3，元素分布特征见图1-147。

磨制钢板截面试样同样观察到皮下聚集分布的 Al_2O_3 夹杂层（图1-148）。

分析判断：

该冷轧板表面断续黑线高倍下为起皮缺陷，其皮下存在 Al_2O_3 夹杂层，可见板面断续黑线属皮下 Al$_2$O$_3$ 夹杂层暴露。

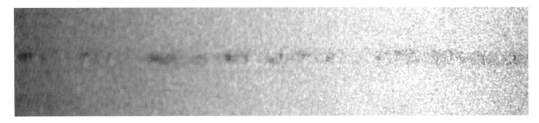

图 1-144　板面断续黑线

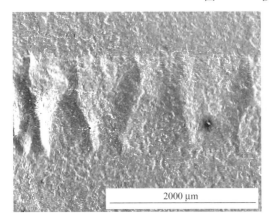

图 1-145　起皮缺陷特征　　　　　　　　图 1-146　皮下夹杂物

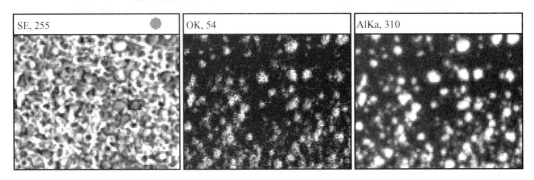

图 1-147　夹杂物元素分布特征

图 1-148　皮下 Al$_2$O$_3$ 夹杂层

实例 37：Al$_2$O$_3$ 夹杂物暴露引起的黑线

材料名称：DC01

情况说明：

DC01 连铸钢坯轧制成厚度为 1.0 mm 的冷轧板后，板面出现沿轧向分布的黑线，见图 1-149。

微观特征：

浅磨板面后用金相显微镜观察，对应于黑线处存在聚集分布的颗粒状氧化物夹杂（图 1-150）。经电子探针能谱仪分析，该氧化物夹杂为 Al_2O_3（图 1-151）。

分析判断：

DC01 冷轧板板面黑线是由钢中聚集分布的 Al_2O_3 夹杂物暴露所致。

图 1-149　板面黑线

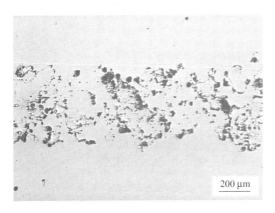

图 1-150　颗粒状氧化物夹杂

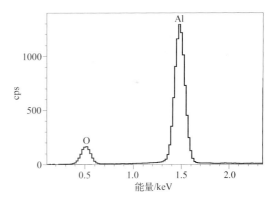

图 1-151　氧化物夹杂能谱分析图

实例 38：夹渣暴露引起的黑线

材料名称： 取向硅钢冷轧板

情况说明：

板厚 0.285 mm 的取向硅钢冷轧板上表面出现黑色线状缺陷，黑线沿轧向分散分布，长度一般为 15～20 mm，宽 0.8～1.5 mm，无手感或手感极轻，见图 1-152 和图 1-153。

微观特征：

板面黑线在扫描电镜下呈如图 1-154 所示的暗带，缺陷区域有颗粒状夹渣暴露于表面，能谱分析表明，颗粒状夹渣含有 Ti、Si、Ca、Al、Na、Mg、K 等元素，如图 1-155 所示。

因残留于表层的夹渣极薄(连手感都没有),在横截面上,缺陷呈很浅的小凹槽,看不到明显的夹渣,见图1-156。

为追溯夹渣来源,对冷轧前的热轧板进行了截面夹渣分析,分别在不同批次3.0mm厚热轧板的边部、两侧1/4宽度处和板宽中心五个部位沿轧向各取纵截面试样,用光学金相显微镜和扫描电镜能谱仪做夹渣观察,磨面上存在多条深灰色夹渣,夹渣长度在0.3~0.8mm之间。夹渣能谱分析见图1-157,为条带状夹渣包裹着大颗粒氧化铝镁,它与冷轧板表面缺陷处观察到的夹渣属同类。

分析判断:

取向硅钢冷轧板表面黑线处存在含Ti、Si、Ca、Al、Na、Mg、K等元素的残留颗粒状夹渣。在取向硅钢冷轧前的热轧原板截面上,观察到了长度在0.3~0.8mm之间的条状夹渣,其成分与冷轧板板面缺陷处的夹渣属同类,夹渣成分近似于保护渣成分。可见该线状缺陷的产生是钢中夹渣经轧制后暴露造成的。

图1-152 板面黑线

图1-153 黑线局部放大

图1-154 板面黑线二次电子像特征

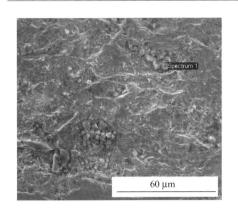

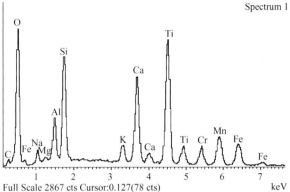

图 1-155　暗带上的颗粒状夹渣及能谱图

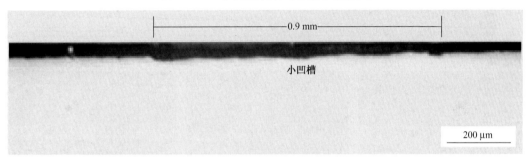

图 1-156　横截面表层缺陷特征

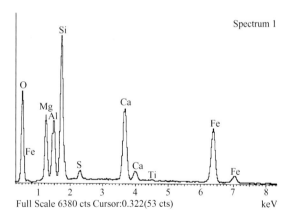

图 1-157　热轧板截面上的条状夹渣及能谱图

实例 39:夹渣暴露引起的断续黑线

材料名称:低碳冷轧板

情况说明:

　　低碳冷轧板表面存在如图 1-158 所示的断续黑线。

微观特征:

　　用电子探针二次电子像观察板面黑线,缺陷区域较粗糙(图 1-159a),局部起皮(图 1-159b),将起皮掀起后可看到密集的颗粒状夹渣(图 1-159c),夹渣中各氧化物成分

（质量分数，%）见表1-11。

取截面金相试样观察，钢板表层存在夹渣层（图1-160），其成分与上述颗粒状夹渣相同。

表1-11 夹渣中各氧化物成分（w/%）

氧化物	Na₂O	MgO	Al₂O₃	SiO₂	K₂O	CaO	TiO₂	MnO
含量	12.48	4.48	9.84	53.19	0.95	15.35	0.93	2.78

分析判断：

低碳冷轧板板面黑线处存在聚集分布的夹渣，可见缺陷是钢中夹渣经轧制后暴露造成的。夹渣中有 Na、Mg、Al、Si、K、Ca、Ti 等元素，说明夹渣来源于保护渣。

图1-158 板面断续黑线

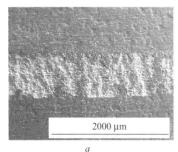

a   *b*   *c*

图1-159 黑线局部放大（*a*）、起皮特征（*b*）和皮下颗粒状夹渣（*c*）

图1-160 截面试样皮下夹渣层

实例40：夹渣暴露引起的黑带

材料名称： 荫罩框架钢

情况说明：

1.2mm 厚荫罩框架钢冷轧板表面出现黑带，黑带区域较粗糙，并可见明显的横向斑痕特征（图1-161）。

微观特征：

试样经超声波酒精清洗后用电子探针二次电子像观察，黑带区域凸凹不平且有一些深色斑块（图1-162），能谱仪分析结果表明，深色斑块是夹渣，成分为 $w(Al_2O_3) = 52.45\%$、$w(SiO_2) = 22.51\%$、$w(CaO) = 15.41\%$、$w(Na_2O) = 5.58\%$、$w(MgO) = 1.98\%$、$w(MnO) =$

1.40%、$w(BaO)=0.67\%$,元素分布形态见图1-163,其成分与保护渣相似。

分析判断：

　　荫罩框架钢冷轧板表面黑带属卷入钢中的夹渣(保护渣)暴露。

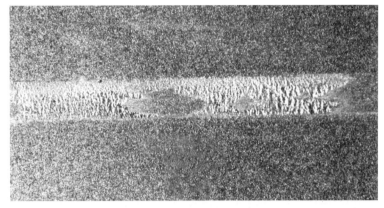

图 1-161　冷轧板表面黑带

图 1-162　黑带区域二次电子像特征

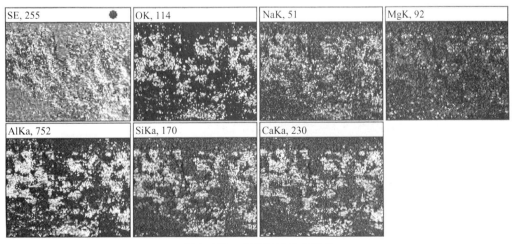

图 1-163　夹渣元素分布形态

实例 41：夹渣暴露引起的灰带

材料名称： 荫罩框架钢

情况说明：

1.0mm 厚荫罩框架钢冷轧板，板面出现宽、窄不一的灰色带状缺陷，缺陷沿轧制方向分布，宏观形貌见图 1-164。

微观特征：

用电子探针对板面灰色带状缺陷进行分析，缺陷区域存在颗粒状夹渣，该夹渣成分与保护渣相似，主要含 Ca、Si、Mg、Na、Al、K 等元素，见图 1-165。

在缺陷附近取钢板纵截面金相试样观察，浅表层存在链状夹渣（图 1-166）。经电子探针分析，其成分与上述板面带状缺陷处的夹渣近似，夹渣元素分布形态见图 1-167。

分析判断：

荫罩框架钢冷轧板板面灰带属卷入钢中的夹渣（保护渣）暴露。

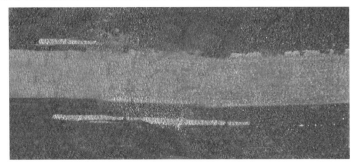

图 1-164　板面灰色带状缺陷

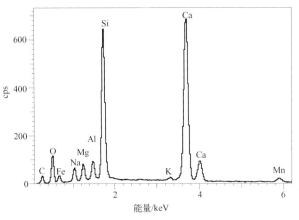

图 1-165　板面灰带处夹渣能谱

图 1-166　钢板浅表层链状夹渣

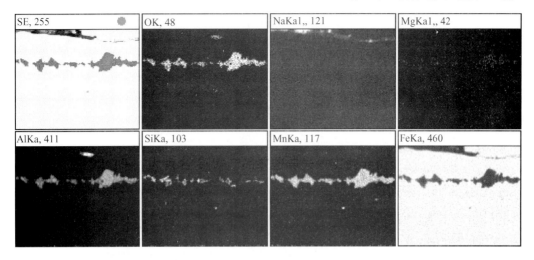

图 1-167　截面表层链状夹渣元素分布形态

实例 42：残留物引起的暗色条纹

材料名称：DC01

情况说明：

　　DC01 冷轧板板面出现沿轧制方向分布的暗色短条纹，条纹长 5~10 mm，宽度约 1 mm，无手感，宏观形貌见图 1-168。

微观特征：

　　试样经超声波酒精清洗后采用扫描电镜配合能谱仪观察分析。条纹部位覆盖着一薄层断续分布的灰色残留物（图 1-169），高倍率下残留物是极细微粒的混合体，以 C、O、Cu、Fe 为主，含有少量 As 和 Ni，其元素分布形态见图 1-170。

　　沿板厚方向取截面试样磨制后观察，对应表面条纹处有一层厚度 2.6~4.0 μm 的灰色残留物，残留物粘附在钢板表面，未嵌入钢基，其成分与表面残留物相同，见图 1-171。残留物附近的组织无异常，为等轴铁素体。

分析判断：

　　板面暗色条纹实际上是一层残留物，其成分以 C、O、Cu、Fe 为主，含有少量 As 和 Ni，它是一种由油脂浸入氧化铁混合成的极细微粒混合体，在轧制过程中残留在钢板表面，形成图 1-168 所示的暗色条纹。

图 1-168　板面条状缺陷宏观特征

图1-169 板面残留物二次电子像特征

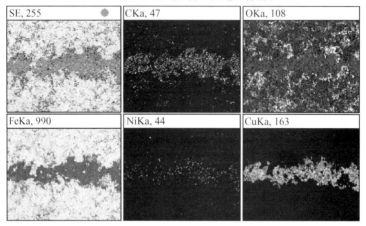

图1-170 板面残留物元素分布形态

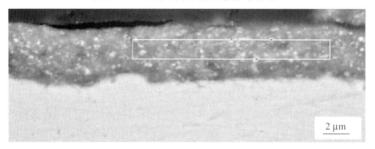

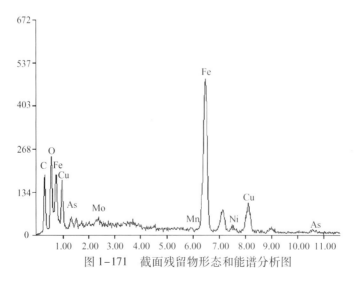

图1-171 截面残留物形态和能谱分析图

实例43:热轧划伤引起的亮线

材料名称:荫罩框架钢

情况说明:

板厚3.5mm的荫罩框架钢热轧板,冷轧至1.2mm后,板面有线状缺陷,缺陷无手感,在自然光下呈亮色,故称之为亮线。亮线一般分布在冷轧板宽面两边,距边部50mm以内有1条或多条,宽约1mm,长度不等且沿轧向贯穿整卷板长(主要在下表面)。缺陷宏观特征见图1-172。

为追溯亮线产生的工序,检查3.5mm厚热轧原板(成品板)表面质量状况,发现板面两侧边部存在沿轧向分布的线状缺陷,缺陷数量和长短不等,宏观特征见图1-173。缺陷产生于距边部50mm以内,且工作侧多于传动侧,下表面多于上表面,常规轧制多于自由轧制,其分布规律与冷轧板表面亮线非常相似。

检查粗轧板表面质量发现板面亦有较直的线状缺陷(图1-174),且缺陷发生及分布规律与热轧原板基本相同,说明热轧原板表面线状缺陷来源于粗轧板。

在炼钢工序对钢液洁净度、铸坯凝固组织和连铸坯表面质量进行分析检验,未发现与钢板边部线状缺陷有关的铸坯缺陷,说明上述缺陷产生于热轧粗轧阶段,与铸坯质量无关。

微观特征:

热轧粗轧板:用电子探针二次电子像观察板面线状缺陷,缺陷处有明显的机械损伤痕迹和氧化铁,经酸洗后缺陷呈深浅不一的线状沟槽,见图1-175。

垂直缺陷取截面试样观察,粗轧板沟槽内有稍变形的氧化铁(图1-176)。

热轧原板:板面线状缺陷处亦有条状氧化铁,酸洗后缺陷呈深浅不一的线状沟槽,有的沟槽边缘呈折叠形态,见图1-177。

观察截面试样,沟槽内亦有氧化铁,所不同的是氧化铁已经破碎成条、块状且沿变形较大的方向延伸(图1-178),氧化铁的这种分布特征是钢板经过多道次轧制的结果。

冷轧原板:板面亮线部位有一些蜂窝状疏松缺陷(图1-179)。浅磨板面且抛光后,这种缺陷是由一些海绵状的细小氧化铁、小孔隙和成堆分布的碎片状氧化铁组成,见图1-180和图1-181。经试剂浸蚀后,板面正常部位组织为铁素体,晶粒度为8~9级,而缺陷处晶粒异常细小,晶粒度为12级(图1-182)。这种细晶粒是在退火过程中再结晶形成的。

垂直板面亮线取截面试样观察,与亮线相切的钢板浅表层(深度在0.02mm范围)有断续分布的细小块状氧化铁和孔隙(图1-183),其分布特征类似于热轧原板。

分析判断:

热轧粗轧板和热轧成品板表面线状缺陷与冷轧板表面亮线在板面的分布规律一致,其微观形态亦具有明显的遗传特征。说明亮线是钢坯在热轧粗轧工序机械损伤后,将氧化铁皮压入沟槽内,在后续的轧制过程中逐渐演变而成。

图 1-172 冷轧板表面亮线宏观特征

图 1-173 热轧原板表面线状缺陷宏观特征

图 1-174 粗轧板表面线状缺陷宏观特征

图 1-175 粗轧板表面酸洗前、后缺陷特征

图 1-176 粗轧板沟槽截面氧化铁特征

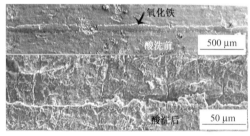

图 1-177 热轧原板表面酸洗前、后缺陷特征

图 1-178 热轧原板沟槽截面氧化铁特征

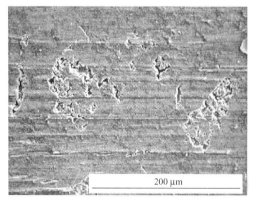

图 1-179 冷轧原板亮线处蜂窝状疏松缺陷二次电子像特征

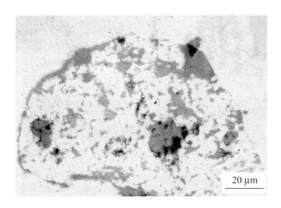

图 1-180 海绵状氧化铁及小孔隙

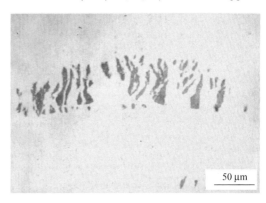

图 1-181 碎片状氧化铁

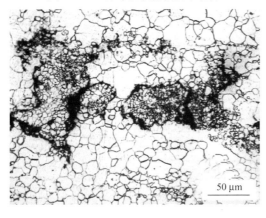

图 1-182 冷轧板表面缺陷处晶粒特征

图 1-183 亮线截面氧化铁和孔隙特征

实例 44:冷带擦伤引起的细短线

材料名称:电池壳钢

情况说明:

板厚 1.8 mm 的电池壳钢热轧卷,冷轧成厚度为 0.25 mm 的冷带并经退火处理后,板面出现多条类似发纹的细短线,短线沿轧制方向分布,长度为 3 ~ 8 mm,见图 1-184。

微观特征:

板面细短线在金相显微镜下呈边缘整齐的凹槽(图 1-185)。用电子探针二次电子像观察,缺陷很浅且平直,具有明显的划伤特征,见图 1-186。

浅磨板面后观察,对应细短线处的铁素体晶粒比正常部位细小,晶粒度为 10 ~ 10.5 级(图 1-187 中心区域),正常部位晶粒度为 9 级。

分析判断:

板面短线状缺陷有明显的划伤特征,缺陷处的铁素体晶粒发生了再结晶,说明缺陷属冷带擦伤,且产生于冷轧退火之前。

为避免冷带擦伤,应注意擦洗各种辊子,使其清洁;生产中经常检查带钢表面质量,发现划伤缺陷及时查明原因,消除隐患。

图 1-184　板面细短线

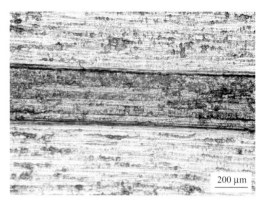

图 1-185　缺陷呈凹槽状

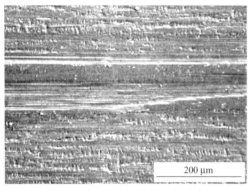

图 1-186　缺陷二次电子像形态

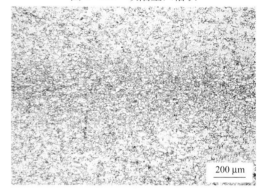

图 1-187　晶粒特征

实例 45：机械划伤引起的线状缺陷

材料名称： CR340LAD

情况说明：

　　规格为 1.2mm 的 CR340LAD 高强度镀锌板板面出现沿轧制方向分布的线状缺陷，宏观特征如图 1-188 所示。

微观特征：

　　用扫描电镜观察，脱锌后板面缺陷呈犁沟状，具有机械损伤特征（图 1-189 和图 1-190）。

　　在与板面线状缺陷垂直的金相磨面上，缺陷呈凹陷沟槽特征，沟内镀有锌层，如图 1-191 所示。

分析判断：

　　CR340LAD 高强度镀锌板板面线状缺陷产生于镀锌之前，缺陷属机械划伤。

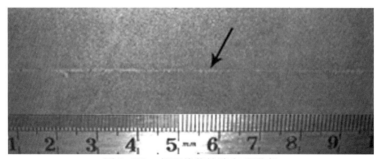

图 1-188　板面线状缺陷宏观形态

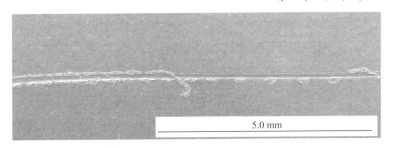

图 1-189 脱锌后缺陷部位的电镜形态

图 1-190 缺陷局部放大特征

图 1-191 缺陷截面形态(箭头所示处为沟内锌层)

1.2.2 起皮

实例 46:原板表面裂纹引起的舌状起皮

材料名称:SPHC
情况说明:

板厚为 1 mm 的 SPHC 冷轧板,板面出现如图 1-192 所示的舌状起皮,其附近还存在一些横向小裂纹。

微观特征:

将板面起皮掀起后用电子探针二次电子像观察,皮下存在大量破碎的氧化铁颗粒(图 1-193)。

取图 1-192 所示板面横向小裂纹纵截面试样观察,缺陷处存在平行板面延伸的微裂纹,裂纹内嵌有氧化铁,见图 1-194。

分析判断:

SPHC 冷轧板表面起皮缺陷附近存在微裂纹,说明起皮缺陷是由热轧板表面裂纹受压延伸演变成的。

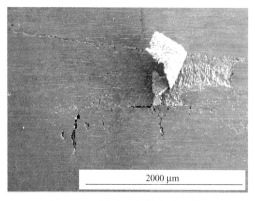

图 1-192　板面起皮缺陷宏观特征

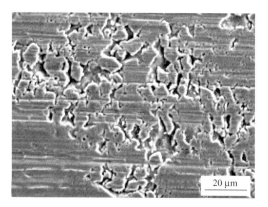

图 1-193　皮下破碎的氧化铁颗粒

图 1-194　钢板表层裂纹特征

实例 47:原板表面缺陷引起的条状起皮

材料名称:取向硅钢

情况说明:

板厚 0.3 mm 的冷轧硅钢片,上表面出现多条宽度小于 1 mm 的细条状起皮缺陷,缺陷长度为 3～17 mm,分布无规律,宏观形貌见图 1-195。

微观特征:

用电子探针二次电子像观察,缺陷呈重皮状,一侧与钢基剥离,另一侧与钢基相连,见图 1-196。

浅磨板面且抛光后用金相显微镜观察,对应起皮缺陷处有一条缺陷带(图 1-197),该条带由灰色块状物及大量细密的氧化圆点组成(图 1-198)。经电子探针分析,缺陷处灰色块状物为氧化铁,氧化圆点中主要有氧和硅。

试样经试剂浸蚀后,组织为铁素体,缺陷区域铁素体晶粒比正常部位粗大,见图 1-199。

分析判断:

板面起皮缺陷处除氧化铁外,还存在细密的氧化圆点,晶粒有长大特征,表明缺陷是由原热轧板带来的,且在热轧之前业已存在。

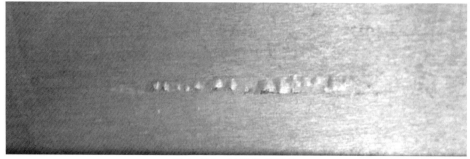

图 1-195　缺陷宏观形貌

图1-196 缺陷二次电子像特征

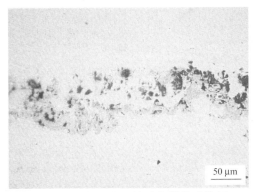

图1-197 抛光态下缺陷条带微观特征

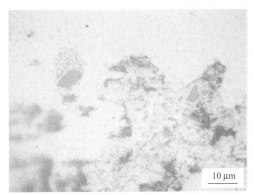

图1-198 缺陷区域氧化铁及氧化圆点

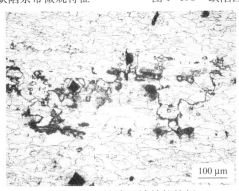

图1-199 缺陷区域晶粒特征

实例48：夹渣暴露引起的条状起皮

材料名称： 取向硅钢

情况说明：

板厚0.285mm取向硅钢冷轧板上表面出现沿轧向分布的长条状起皮缺陷，缺陷手感明显，宽度小于0.5mm，宏观形貌见图1-200。

微观特征：

该缺陷在扫描电镜下呈半封闭状态的重皮状特征，局部掀开后形貌如图1-201所示。夹层中有颗粒状夹渣，如图1-202所示。在横截面上，缺陷处及远离缺陷的近表层均有图1-203所示的夹渣。

分析判断：

取向硅钢冷轧板表面条状起皮缺陷是轧成薄板后内部夹渣暴露。

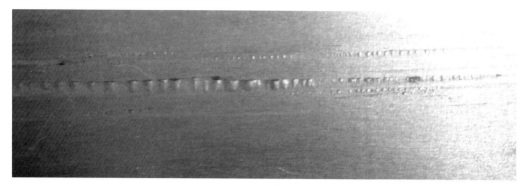

图 1-200　板面长条状起皮缺陷

图 1-201　起皮缺陷掀开后的形貌

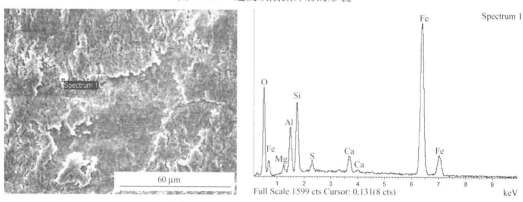

图 1-202　缺陷处夹渣特征及能谱图

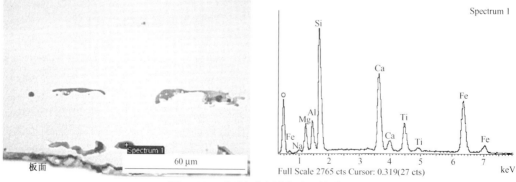

图 1-203　钢板近表层夹渣及能谱图

实例 49：热轧板板面缺陷引起的起皮

材料名称： SPHC

情况说明：

板厚 1.2 mm 的 SPHC 冷轧板，开卷检查时发现钢板表面有起皮缺陷，缺陷附近伴有一些暗灰色的斑点，宏观形貌见图 1-204。

微观特征：

分别在钢板起皮缺陷和暗灰色斑点处取样，浅磨板面且抛光后进行显微观察，原斑点处存在大量聚集分布的灰色碎片状氧化铁（部分已剥落），见图 1-205。

取钢板截面试样观察，对应板面起皮处表层可见条状氧化铁（图 1-206），氧化铁附近的组织与正常部位相同，为铁素体和游离渗碳体。

分析判断：

从截面试样观察到，对应板面起皮缺陷处表层存在条状氧化铁，说明起皮缺陷的形成与原热轧板板面缺陷相关；板面暗灰色斑点是由于热轧过程中氧化铁压入所致。

图 1-204 板面起皮缺陷

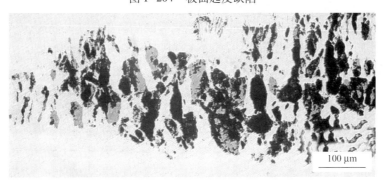

100 μm

图 1-205 板面缺陷处碎片状氧化铁（部分已剥落）

50 μm

图 1-206 截面表层条状氧化铁

1.2.3 疤块

实例 50:原板表面疤皮等缺陷引起的疤块

材料名称:低碳冷轧板

情况说明:

一批规格为 1.4 mm,未经退火处理的低碳冷轧板,板面出现暗色且已破碎的薄片状小结疤,结疤分布无规律,宏观形貌见图 1-207。

微观特征:

沿板厚方向取截面试样观察,结疤与钢基存在明显的分界线(图 1-208)。该处组织混乱细小,呈形变纤维状特征,正常部位组织为形变铁素体和少量等轴铁素体,见图 1-209 和图 1-210。显微硬度测试结果表明:结疤部位硬度偏高,显微硬度值为 304HV0.1,正常部位为 223HV0.1。

用电子探针对钢基和结疤处的成分(质量分数,%)作对比分析,结果见表 1-12。

表 1-12   钢基和结疤的成分对比($w/\%$)

分 析 部 位	Si	Mn	Fe
钢 基	0.07	0.09	99.84
结 疤	0.05	0.12	99.83

分析判断:

结疤与钢基分割,该处组织呈形变纤维状,与正常钢基存在明显差别,显微硬度偏高与此处形变量较大引起的加工硬化相关。疤块处 Si、Mn、Fe 含量与正常钢基差别不大,表明结疤并非异金属压入,而是热轧板表面疤皮、毛刺等缺陷经冷轧演变而成。

图 1-207   结疤宏观形貌

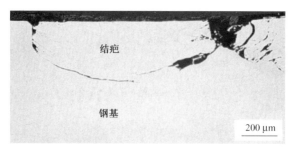

图 1-208   截面表层缺陷显微特征

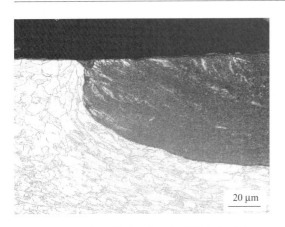

图 1-209　截面缺陷处与正常部位组织形貌

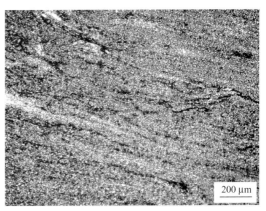

图 1-210　缺陷处组织局部放大

实例 51:异金属压入引起的黑疤块

材料名称:DC01

情况说明:

一块 DC01 冷轧薄板(厚度 0.5 mm),板面有一处黑色橄榄形疤状缺陷,宏观特征见图 1-211。

微观特征:

沿板厚方向取截面试样观察,缺陷呈弧形疤块,底部已穿透板厚,周边与正常钢基分离,疤块内有大量网络状裂纹和氧化铁,见图 1-212。

经试剂浸蚀后,正常部位组织为铁素体和游离渗碳体,疤块部位的组织与轧辊组织相类似,为索氏体和莱氏体,见图 1-213 和图 1-214。

用电子探针能谱仪分别对疤块和正常钢基成分(质量分数,%)作对比分析,疤块处的成分与正常钢基存在明显差异,疤块处 Si、Mn 的含量比钢基高,且存在 Cr、Ni、Mo 元素,见表 1-13 及图 1-215。说明疤块并非本体金属缺陷,而是异金属压入。

表 1-13　疤块与钢基微区成分($w/\%$)

分析部位	Si	Mn	Cr	Mn	Ni	Mo	Fe
疤块 1	1.03	0.67	0.80	0.67	6.72	0.63	90.16
疤块 2	0.05	1.23	5.47	1.23	1.28	0.34	91.63
钢　基	0.05	0.14	—	—	—	—	99.81

分析判断:

板面黑疤处的成分与正常钢基不同,组织也存在明显差异,说明黑疤块是轧制中异金属压入钢板表面造成的。根据疤块处的成分和组织特征分析,疤块与轧辊(或加热炉炉底辊结瘤物)破损脱落压入有关。

图 1-211　板面黑色疤块缺陷

图 1-212　钢板截面缺陷特征

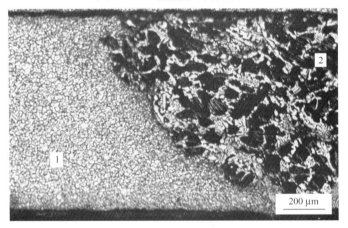

图 1-213　钢基(1)与疤块(2)组织特征

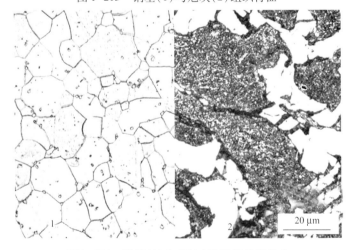

图 1-214　钢基(1)与疤块(2)组织局部放大

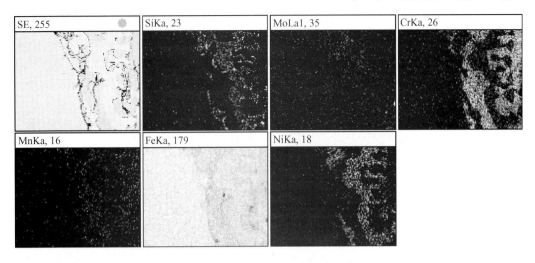

图1-215 疤块微区元素分布形态

1.2.4 斑块

实例52:游离渗碳体级别超标引起的斑块

材料名称:低碳冷轧板

情况说明:

一批 $w(C)=0.03\%$ 的低碳连铸板坯,经热轧轧制成厚度为3.0mm的热轧板,然后卷取→酸洗→冷轧,冷轧成品板的厚度为1.41mm。当开卷检查板面质量时,发现钢板上、下表面存在大面积分布的暗灰色斑块(图1-216),斑块分布无规律,板边和中部均有。

用体视显微镜观察,斑块上布满微裂纹(图1-217)。

微观特征:

沿板厚方向取截面金相试样观察,钢板表层多处可见沿晶裂纹和孔隙,缺陷均沿晶界上的白亮色条、粒状浮凸相扩展,附近无明显的高温氧化特征,见图1-218和图1-219。

用扫描电镜能谱仪分析上述晶界处的白亮色浮凸相,其主要成分为铁和碳,说明该相是游离渗碳体。在较高倍率下观察到该相已破碎成条、粒状,在碎粒之间出现显微孔隙(图1-220)。

试样组织为铁素体和游离渗碳体,由于冷轧时压下量不大,铁素体晶粒多呈晶界明显的饼形晶,少数为形变晶。游离渗碳体多呈网络状分布,级别严重处可达A系列3级(依据GB/T13299—91标准评定)。

分析判断:

钢板表面斑块处的微裂纹是由级别严重的游离渗碳体造成的。

游离渗碳体是一种由铁和碳所组成的化合物,它是一种硬而脆的相,显微硬度值(HV)最高可达1000多,铁素体则较软,HV一般为150~250。由于铁素体和渗碳体硬度相差较大,抵抗塑性变形的能力不同,在冷轧时,由二相塑性应变不相容导致在二相交界面上产生微孔隙,或使渗碳体开裂。

游离渗碳体的形成与热轧卷取温度过高有关。热轧卷正常组织应为铁素体和少量珠光体,当热轧卷卷取温度过高时(如接近或超过 Ar_1 温度),珠光体内渗碳体片转变为球粒状,随温度的进一步提高和时间的延长,就会形成沿晶界聚集的网络状游离渗碳体。

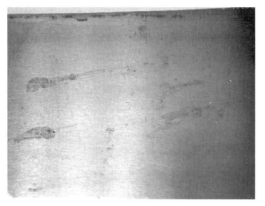

图 1-216 板面斑块宏观特征

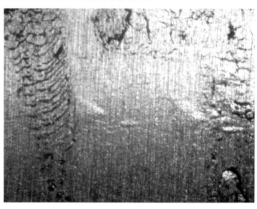

图 1-217 斑块处的微裂纹

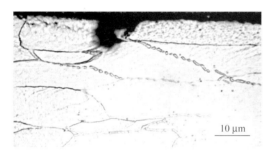

图 1-218 截面表层孔隙与游离渗碳体

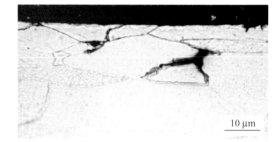

图 1-219 表层裂纹沿游离渗碳体扩展

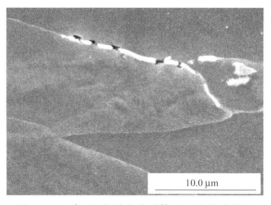

图 1-220 条、粒状游离渗碳体及显微孔隙特征

实例 53:夹渣暴露引起的斑块

材料名称:取向硅钢

情况说明:

0.75 mm 厚取向硅钢冷轧板上出现暗黑色斑块,斑块稍变形,大小不一,长度一般为 1~4 mm,宽 0.5~1.0 mm,手感不明显,宏观形貌见图 1-221。

微观特征：

板面斑块在扫描电镜下的特征如图 1-222 所示。斑块处有碎块状夹渣,能谱分析表明,夹渣含有 Si、O、Ti、Ca、Na、Mg、Al、K 等元素,见图 1-223。

分析判断：

取向硅钢冷轧板表面斑块处存在夹渣,其成分近似于保护渣成分,可见斑块缺陷的产生是轧成薄板后内部夹渣(保护渣)暴露。

图 1-221　板面深灰色斑块

图 1-222　斑块放大特征

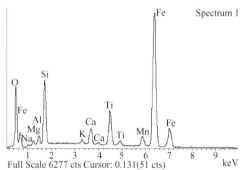

图 1-223　斑块处夹渣及能谱分析图

1.2.5　麻点

实例 54：Al_2O_3 夹杂物暴露引起的麻点

材料名称：08Al

情况说明：

08Al 镀锌板上下板面均存在麻点状缺陷,见图 1-224。

微观特征：

用电子探针二次电子像观察,麻点处露钢,周边具有锌皮破断脱落后的形态(图 1-225)。在麻点处取截面金相试样观察,在镀锌层和钢基之间存在聚集分布的 Al_2O_3 夹杂物(图 1-226)。

分析判断：

由于镀锌层与钢基之间存在聚集分布的 Al_2O_3 夹杂物,从而使镀锌层和钢基之间没有形成合金层,锌层在弱的结合力下容易破碎,形成麻点。

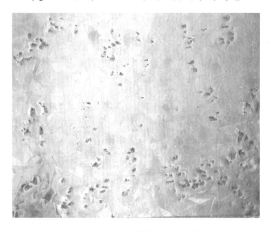

图 1-224　镀锌板表面麻点

图 1-225　麻点二次电子像特征

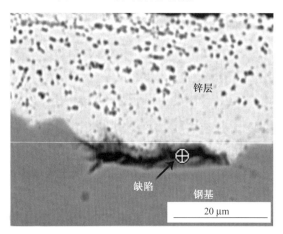

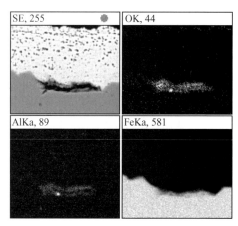

图 1-226　截面抛光态下缺陷特征及元素分布形态

1.2.6　凸带

实例 55：氧化铁压入引起的凸带

材料名称：08Al

情况说明：

　　08Al 冷轧板镀锌后板面出现一些沿轧向断续分布的细凸线,凸线长短不一,颜色发亮,宏观形貌见图 1-227。

微观特征：

　　沿板厚方向磨制截面金相试样观察,原基板表层有小翘皮,翘皮与钢基之间的缝隙内及其延伸处有链状分布的氧化铁,见图 1-228。磨去板面锌层后,对应于原凸线的基板表面存在大量碎裂的氧化铁(图 1-229)。

　　该部位组织与正常部位相同,为铁素体 + 游离渗碳体。

分析判断：

　　镀锌板表面细凸线是热轧板板面压入的氧化铁经冷轧镀锌演变成的。热轧板板面氧化铁的形成与轧辊表面粗糙度过高有关。

图 1-227 板面细凸线宏观形貌

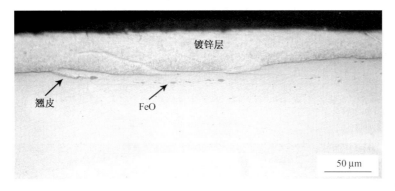

图 1-228 截面抛光态下缺陷特征

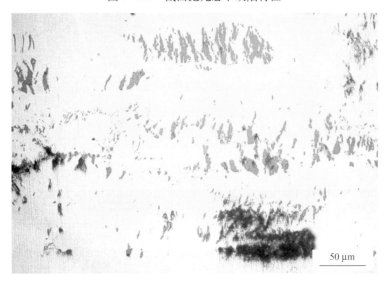

图 1-229 板面缺陷处碎裂的氧化铁

实例 56:Al_2O_3 夹杂物暴露引起的凸带

材料名称:08Al

情况说明:

规格为 1.2 mm 的 08Al 冷轧板,镀锌后表面出现一条凸带,宏观特征见图 1-230。

微观特征：

垂直凸带取截面试样磨制后观察，凸带处钢基有翘皮缺陷，翘皮与钢基之间的缝隙内及其延伸处存在链状 Al_2O_3 夹杂物，锌层在翘皮处堆积得较厚，见图 1-231 和图 1-232。

分析判断：

原板表层的 Al_2O_3 夹杂物在轧制过程中暴露，导致原板表层出现翘皮缺陷，在镀锌过程中锌在缺陷处堆积较厚形成凸带。

图 1-230　镀锌板表面凸带

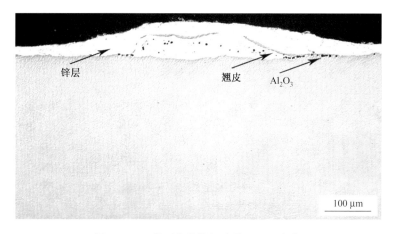

图 1-231　截面凸带处翘皮及 Al_2O_3 夹杂

图 1-232　翘皮处 Al_2O_3 夹杂局部放大

1.2.7　重皮

实例 57：铝硅酸盐引起的重皮

材料名称：取向硅钢

情况说明：

　　取向硅钢成品板上出现沿轧向分布的重皮（起皮）条带，这些条带宽窄不一，有时一条，有时数条，它往往只出现于钢片的一面，另一面完好，宏观特征见图 1-233。

微观特征：

　　取带有重皮缺陷的硅钢片横截面金相试样，在显微镜下观察到钢片表层有缝隙，缝隙内及其延伸处存在非金属夹杂物（图 1-234）。用电子探针对夹杂物进行成分（质量分数，%）分析，结果见表 1-14，夹杂物属铝硅酸盐。

表 1-14　重皮缺陷中夹杂物成分（$w/\%$）

夹杂物分析点	Al	Si	Mn	Ca	Fe
1	24.4	56.4	7.0	2.9	9.3
2	29.1	50.6	4.9	12.6	2.7
3	43.0	48.5	3.9	2.7	1.9

分析判断：

　　硅钢重皮缺陷起皮层与钢基之间的缝隙内及其延伸处存在铝硅酸盐，说明重皮缺陷是由这类夹杂物造成的。由于夹杂物塑性与钢基不同，轧制时在夹杂处产生分层，当夹杂物在接近钢片表面时则使上面的金属起皮或掀起而成为重皮。

　　炼钢过程中耐火材料卷入钢液中是形成硅钢重皮缺陷的内在原因，生产中要防止耐火材料卷入钢液中。

图 1-233　硅钢表面重皮缺陷宏观特征

100 μm

图 1-234　截面表层重皮缺陷处的缝隙及夹杂物

1.2.8 泡疤

实例58：板坯中间裂纹引起的泡疤

材料名称：取向硅钢

情况说明：

取向硅钢片的一面或两面呈现鼓起的泡或被压扁、轧破的疤称之为泡疤，一般为椭圆形沿轧向成链状分布，见图1-235。泡疤缺陷在中间退火、脱碳退火及成品板上都能观察到，其大小从2mm到8mm不等。

硫印检验：

对铸坯进行硫印抽样检验，从11炉铸坯中间裂纹级别（按照YB4003—91标准评定）与泡疤出现卷数的统计结果来看，泡疤缺陷与连铸坯中间裂纹有密切关系。随着中间裂纹级别的升高，钢卷出现泡疤的几率增大，中间裂纹控制在2.0级以下泡疤得以消除。观察硫印图可以看出，低级别中间裂纹硫的偏析特征多呈细线状，少数呈团块状（图1-236）；高级别中间裂纹硫偏析线明显加粗且呈团块状（图1-237），它往往处于距铸坯表面60~75mm范围内，而此范围正处于柱状晶与等轴晶交界处。

微观特征：

在低级别的中间裂纹铸坯上取金相试样观察，发现硫偏析线是由颗粒状和滴状的（Fe、Mn）S夹杂物和少量疏松串联而成（图1-238），并沿柱状晶晶界分布。（Fe、Mn）S夹杂形貌见图1-239。高级别的中间裂纹铸坯，除（Fe、Mn）S数量增多外，还存在大量的疏松。

在钢片泡疤凸起部位从中心锯开磨制金相试样，在金相显微镜下观察到长条状气缝，气缝中间粗，两端尖细，周围组织为铁素体+少量珠光体，除少量变形外，无异常特征，见图1-240。

分析判断：

取向硅钢片表面泡疤缺陷的产生与连铸坯内高级别的中间裂纹缺陷有关。2.5级以上中间裂纹铸坯中，中间裂纹的微观特征表现为大量的疏松和严重的（Fe、Mn）S夹杂物。由于夹杂物的存在，疏松在轧制中不能被愈合，钢中气体向疏松区扩散，加上热轧卷酸洗时吸入气体，导致疏松区气体聚集。铸坯经热轧后疏松区移向钢板表层，这些聚集的气体在热处理过程中受热膨胀，最后在轧到很薄的硅钢片时表面裂开形成泡疤。

图1-235 板面泡疤宏观特征

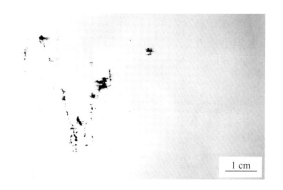

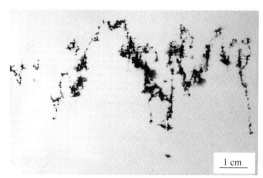

图 1-236 中间裂纹 2.0 级 　　　　　　　图 1-237 中间裂纹 3.0 级

图 1-238 硫偏析线微观特征 　　　　　　图 1-239 （Fe,Mn)S 夹杂物形貌

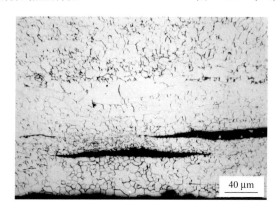

图 1-240 截面表层泡疤及周围组织特征

1.2.9 串状小裂口

实例 59:机械损伤引起的串状小裂口

材料名称: SPCC

情况说明:

厚度为 1 mm 的 SPCC 钢冷轧板,表面有一串横向小裂口(图 1-241)。

微观特征:

板面经抛光浸蚀后,缺陷区域颜色与正常部位明显不同,见图 1-242。用光学金相显微镜观察,该区域除横向小裂口外,还有较多混乱的细小裂纹,裂口和微裂纹处均无氧化铁,组织呈纤维状(图 1-243);正常部位组织为变形铁素体和少量珠光体(图 1-244)。对比观察发现,缺陷区域冷变形程度比正常部位严重。

取钢板纵截面试样观察,缺陷处无夹杂物,亦无高温氧化特征,裂口(或微裂纹)沿金属流变方向扩展,见图1-245。

分析判断:

板面缺陷区域无高温氧化特征,组织冷变形程度比较严重,说明小裂口为机械损伤所致。

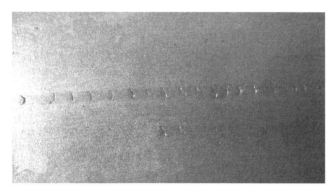

图1-241 板面串状小裂口

图1-242 板面抛光面缺陷特征

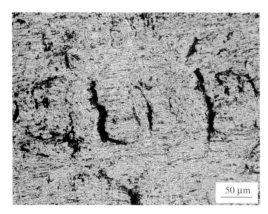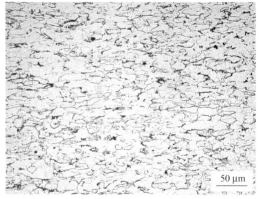

图1-243 板面缺陷区域裂纹及组织特征　　　　图1-244 板面正常部位组织特征

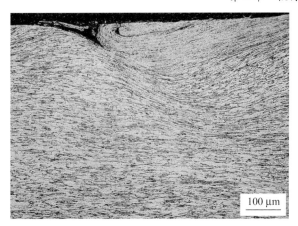

100 μm

图 1-245　钢板纵截面裂纹及组织特征

1.2.10　焊缝断裂

实例 60：灰斑等引起的焊缝断裂

材料名称：06CuPRe

情况说明：

　　06CuPRe 钢是一种耐大气腐蚀低合金钢。生产中要将其冷轧原料（即热轧板）在闪光焊机上进行焊接拼卷，然后通过酸洗清除表面氧化铁皮，再轧成冷轧原板。在酸洗过程中，有时出现焊缝断带现象，严重影响了生产的顺利进行。为此，从生产现场取回一批板厚为 4.5 mm 的 06CuPRe 热轧板闪光焊焊接试样进行一系列检验分析。试样均为同一个批号且焊接工艺相同。

磁粉探伤检验：

　　试样共 8 件，其中 4 件焊后未经酸洗，另外 4 件焊后经过酸洗。将以上试样在焊缝区作磁粉探伤检验，结果表明，焊后未经酸洗的 4 件试样焊缝区均未发现裂纹，而焊后经酸洗的 4 件试样在焊缝区域均发现断续分布的纵裂纹，裂纹长度约 8～10 mm，与钢板的轧向垂直，且对称出现在钢板的正、反两面。图 1-246 箭头所示为焊缝区细裂纹。

冷弯试验：

　　取焊后酸洗和未酸洗试样各 4 件进行冷弯试验，试样弯至 180°时焊缝部位均出现大裂口。图 1-247 为部分弯裂试样宏观特征。

拉伸试验：

　　将探伤检验焊缝无裂纹的试样加工成 8 件板状拉伸试样作拉伸试验，结果表明，该钢焊缝质量较差，8 根试样中其中 4 根断在焊缝处（σ_s、σ_b 亦较低），另外 4 根虽是断在焊缝外，但 3 根焊缝有裂纹。

宏观断口检验：

　　宏观检查冷弯和拉力试样的焊缝断口，发现断面上有一些亮灰色的斑点，简称为灰斑。灰斑部分较周围钢基平坦，图 1-248 是具有灰斑的一对断口。而焊外断裂的试样，断口面则无此种斑点，说明灰斑的出现与焊接工艺有关。

微观特征：

用扫描电镜观察断口上的灰斑,发现灰斑与基体的显微形貌截然不同。基体有两种特征,一种是脆性解理断裂特征;另一种是塑性断裂的韧窝特征。灰斑部分则是由大面积黑灰色薄片状夹杂物所组成(图1-249)。图中片状夹杂物较光滑,仅局部残留着与钢基相连的白色爪状短线,说明灰斑与基体的断裂行为不同,材料沿灰斑开裂时变形很小。

用扫描电镜能谱仪对灰斑进行分析,测出灰斑中主要含有Si、O、La、Mn等元素,说明灰斑是一种含稀土的硅酸盐夹杂物。

在焊缝裂纹(包括探伤裂纹和拉伸后出现的裂纹)部位取样数件,分别磨制钢板的表面和与裂纹垂直的截面观察,裂纹位于焊缝中心区域即两钢板结合处,向板厚方向扩展,其尾端常可见一种断续的、成群分布的条状夹杂物(图1-250)。根据夹杂物的光学性质,确定为含稀土的硅酸盐夹杂,与断口观察到的灰斑缺陷同属一类。这进一步说明,灰斑是由聚集的硅酸盐夹杂引起的。这种夹杂物分布的范围很窄,仅在焊缝中心区出现。超出这一范围,在金相磨面上很难发现这类夹杂。

截面试样用磷偏析试剂浸蚀后,母材中出现数条沿轧向分布的白亮色偏析带,在焊缝附近,偏析带呈弧形状,而在焊缝的中心区域有一条垂直轧向的偏析区(宽度约0.30 mm),该区由一些白亮色的密集颗粒组成,其间有裂纹,整个形貌似蝴蝶状,见图1-251。高倍率下还可观察到临近焊缝中心区白亮色偏析带逐渐被溶解成断续颗粒的特征(图1-252)。以上特征充分说明焊缝中心区域出现的白亮色颗粒来源于母材的偏析带。用电子探针对这些白亮色的偏析带和颗粒进行测定,测出磷的质量分数高达0.20%~0.40%,说明它们是磷的偏析区。

分析判断：

06CuPRe钢闪光焊焊缝断裂与灰斑和磷偏析有关。

灰斑的影响:焊缝发生断裂与灰斑有关。灰斑由大量硅酸盐引起,这些硅酸盐并非钢材中固有的夹杂物,它是在闪光焊过程中,焊缝接头的个别部位发生搭桥,起弧形成弧坑,熔化金属被氧化而形成的夹杂物残留于焊缝。该夹杂物严重破坏了钢基的连续性,在外力作用下,材料易沿这些夹杂开裂。

磷偏析的影响:除灰斑外,焊缝中心区存在严重的磷偏析也是引起断裂的重要因素。06CuPRe钢是含磷钢,钢中难免存在磷的偏析。在闪光焊顶锻时基材中的磷偏析带随着金属的流动被挤压成弧形,与此同时,钢板端部熔化且磷偏析溶解,熔化的金属从接口中被挤出去。如果这时某一工艺参数执行不当,磷偏析溶解的较少而残留在焊缝中,冷却下来便形成一条由大量含磷的颗粒组成的偏析区。由于磷增加钢的冷脆性,在酸洗过程中,钢板受到弯曲应力和拉应力的作用,起源于灰斑处的裂纹会迅速沿这条偏析带扩展,以至造成焊缝断裂。

为解决06CuPRe钢带的焊缝过酸槽断带现象,应调整焊机,使其在工作时保持良好状态;焊接时,使接口端面磷偏析得到充分溶解;选择合适的与该钢带匹配的闪光焊参数,使接口端面被氧化的熔化金属(即硅酸盐)被排挤干净;生产此类钢种时,磷含量不要偏上限,尽量减少钢中磷的偏析。

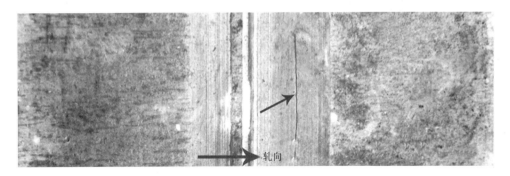

图 1-246 焊缝纵裂纹(箭头所示)

图 1-247 部分弯裂试样宏观特征

图 1-248 灰斑(箭头所示)断口低倍特征

图 1-249 灰斑断口高倍特征

图 1-250 成群分布的条状硅酸盐夹杂

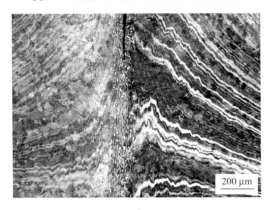

图 1-251　焊接接头处蝶状特征

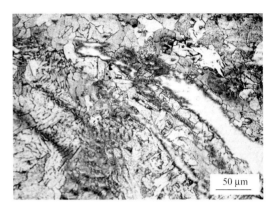

图 1-252　焊缝附近偏析带溶解特征

1.3　后续加工或应用中出现的缺陷

1.3.1　钢管缺陷

实例 61：钢板裂纹及异金属压入引起的套管坯漏水

材料名称： J55

情况说明：

　　某钢管厂使用规格为 8.94 mm × 1545 mm 的 J55 热轧卷板制造成 ϕ244.5 mm × 8.94 mm 套管坯，进行水压实验时，钢管因母材部位漏水而判废。经检查，钢管漏水部位有两处，其中一处外壁有 V 形裂纹（图 1-253）；另一处内壁存在边界明显、类似异物压入的椭圆形疤块（图 1-254）。

微观特征：

　　取钢板截面金相试样观察，图 1-253 所示的 V 形裂纹沿壁厚方向扩展，裂纹附近存在严重的高温氧化和脱碳特征，见图 1-255 和图 1-256。

　　图 1-254 中类似异物压入的疤块在截面试样上的特征如图 1-257 所示，疤块与正常钢基交界处有明显的缝隙，缝隙两侧组织差异较大，正常区组织为铁素体和珠光体，疤块部位组织则为索氏体，见图 1-258。

　　电子探针微区成分分析结果表明：正常区主要成分为 $w(Fe) = 98.43\%$、$w(Mn) = 1.28\%$、$w(Si) = 0.29\%$；疤块部位除上述成分外，还存在 $w(Cr) = 1.13\%$、$w(Ni) = 0.27\%$、$w(Cu) = 0.29\%$。

分析判断：

　　钢管漏水与内、外壁存在严重的缺陷有关。管子外壁裂纹附近存在严重的高温氧化和脱碳，说明裂纹在钢板热轧之前的铸坯上业已存在。管子内壁疤块的化学成分和组织与正常部位存在明显差别，它属于轧制时异金属压入。

图 1-253　钢管外壁裂纹宏观特征

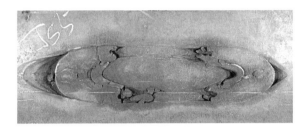

图 1-254　钢管内壁疤块缺陷宏观特征

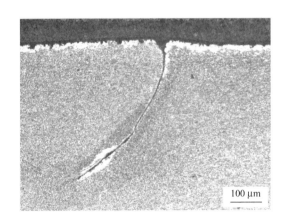

图 1-255　裂纹附近组织脱碳特征

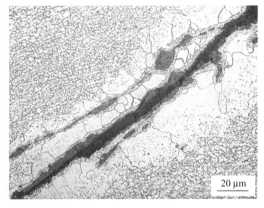

图 1-256　图 1-255 裂纹局部放大

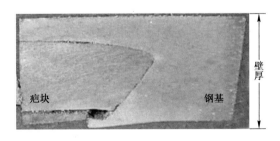

图 1-257　截面试样疤块特征

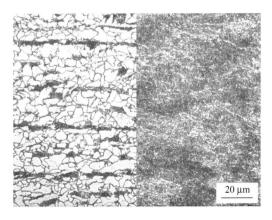

图 1-258　正常区(左)与疤块(右)组织特征

实例62:钢板缺陷引起的套管坯裂纹和疤块

材料名称: X70

情况说明:

　　X70 管线钢热轧卷(规格 17.2 mm),制成钢管后发现焊缝附近有锯齿状裂纹和疤块,缺陷沿焊缝的长度方向分布,宏观形貌见图 1-259 和图 1-260。

微观特征:

　　取钢管截面试样观察,缺陷分布在焊缝附近的热影响区,其形态有两类:一类为裂纹;另一类为封闭状疤块。裂纹和疤块处均存在严重的高温氧化和脱碳特征,见图 1-261 ~ 图 1-263。

分析判断:

　　X70 钢管焊缝附近出现的锯齿状裂纹和小疤状,其附近存在严重的高温氧化和脱碳现象,说明缺陷是由热轧卷带来的。该缺陷所处的部位相当于原热轧钢卷的纵向边部,推测与铸坯侧面(或角部)缺陷有关。

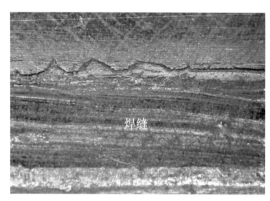

图 1-259　焊缝附近锯齿状裂纹

图 1-260　焊缝附近疤块(箭头所示)

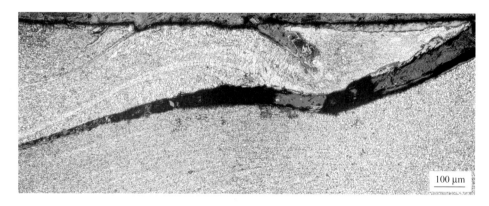

图 1-261　裂纹及其附近组织特征

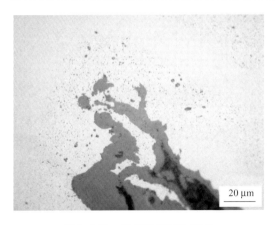

图1-262 裂纹附近氧化圆点

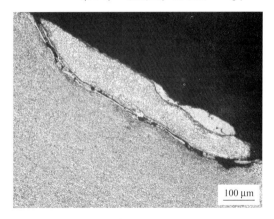

图1-263 截面疤块特征

实例63：Si、Mn、Al氧化物夹杂引起的套管坯舌状缺陷

材料名称： X70

情况说明：

17.2 mm厚X70管线钢热轧卷,制成钢管后发现外壁有缺陷,缺陷外形似舌状,边缘局部有翘起的疤块,见图1-264。

微观特征：

在钢管缺陷部位取样,分别磨制外壁表面和截面观察,缺陷处存在裂纹及大量聚集分布的非金属夹杂物(图1-265和图1-266),部分缺陷附近组织脱碳。

试样经扫描电镜能谱仪分析,夹杂物分为圆形和块状两类,圆形夹杂心部呈浅灰色,外圆呈深灰色,心部浅灰色区域主要成分为Mn、O,外圆深灰色区域主要为Si、Mn、O;块状夹杂物主要为Al、Mn、O,能谱分析结果见图1-267~图1-269。

分析判断：

X70钢管外壁缺陷处存在严重的夹杂物,表明缺陷是由夹杂物引起的。夹杂物主要为Si、Mn、Al的氧化物,为钢液脱氧产物。部分缺陷附近组织脱碳,这是由于此处缺陷暴露在外,经高温加热后引起的。

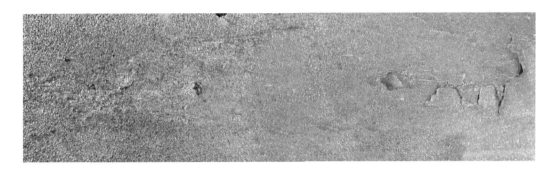

图1-264 钢管外壁舌状缺陷宏观特征

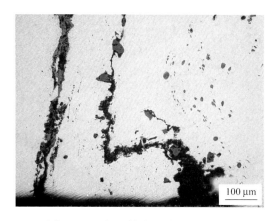

图1-265 板面缺陷处裂纹及夹杂物

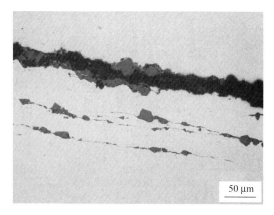

图1-266 截面缺陷处裂纹及夹杂物

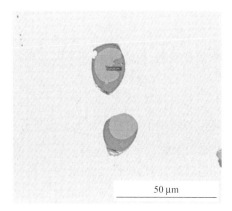

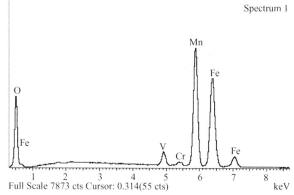

图1-267 圆形夹杂心部成分

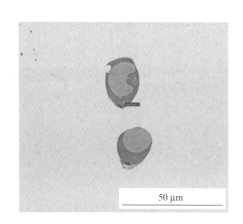

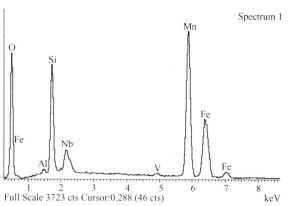

图1-268 夹杂外圆深灰色区成分

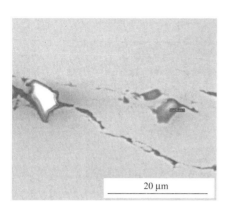
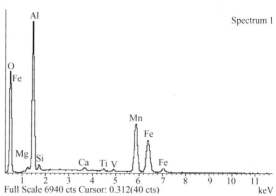

图 1-269　块状夹杂物成分

实例 64：Cu、As 富集引起的舌状缺陷

材料名称： X60

情况说明：

　　厚度约 8.7mm 的 X60 管线钢热轧卷，制成钢管后对其进行水压试验，试验中外壁表面出现缺陷，缺陷的一端翘起似"舌头"状，见图 1-270，图中舌长方向为轧向。

　　该钢为含铜钢，经成分分析复验，$w(As) = 0.16\%$，砷含量过高，铜含量（$w(Cu) = 0.21\%$）以及其他元素含量均符合标准要求。

微观特征：

　　缺陷在钢管截面上呈裂纹形态，裂纹由表面向内斜向延伸，深度为 0.13~0.21mm。裂纹附近存在一种浅棕色富集相（图 1-271）。电子探针分析结果表明，这种富集相 $w(As) = 0.32\% \sim 1.74\%$，$w(Cu) = 2.04\% \sim 6.61\%$，元素分布情况见图 1-272。

分析判断：

　　裂纹附近存在明显的砷、铜富集相，说明钢管外壁表面缺陷的形成与富集相相关。

　　钢中存在砷和铜，且砷元素超标。铜是作为合金元素加入的，砷则是矿石中带来的有害残余元素。由于砷可降低铜在奥氏体中的溶解度和富铜相的熔点，因此加剧了铜的富集以及由此而引起的热脆裂纹。带有裂纹的钢板在随后的轧制和制管过程中，裂纹不能被消除，而是演变成舌状缺陷。

　　为保证钢板表面质量，要加强对铁矿石质量的检查，不使用砷元素超标的矿石。对含铜钢而言，热轧加热时不宜在富集相熔点附近长时间加热，应采用高温快烧的工艺。

图 1-270　钢管外壁表面舌状缺陷

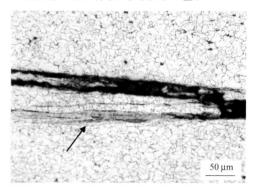

图 1-271　裂纹附近浅棕色富集相（箭头所示）

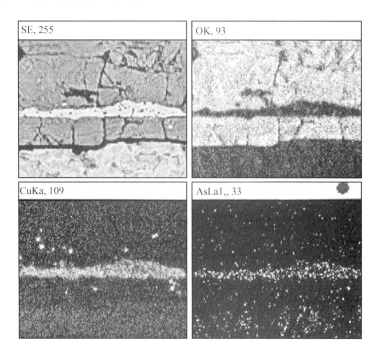

图 1-272　富集相元素分布图

实例 65：C、P、S 强偏析带暴露引起的焊管裂纹

材料名称： SS400

情况说明：

SS400 热轧钢板制成焊管后，管子外壁焊接区域有一条直裂纹（图 1-273）。

微观特征：

垂直裂纹制备截面试样观察，裂纹位于焊接热影响区，起源于外壁，呈弧形沿聚集分布的 MnS 夹杂以及磷的偏析条带扩展（图 1-274），裂纹扩展区相当于板厚 1/4 部位。此外，裂纹所在区域珠光体量明显增多（图 1-275），可见该处还存在碳的偏析。

分析判断：

SS400 焊管裂纹是由于板厚 1/4 处存在严重的 C、P、S 偏析造成的。

图 1-273　焊管外壁直裂纹（箭头所示）

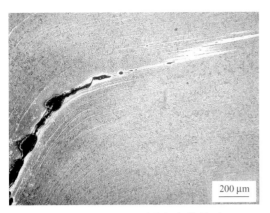

图 1-274　裂纹沿磷偏析条带扩展

图 1-275　裂纹附近组织特征

实例 66：钢板内部缺陷暴露引起的焊管裂纹

材料名称： Q235A

情况说明：

Q235A（规格 20mm）钢板制成焊管后在母材部位出现裂纹，裂纹局部特征如图 1-276 所示。沿板厚方向切开后，试样内部存在严重的裂纹，裂纹大致位于板厚 1/4 部位，见图 1-277。

微观特征：

磨制截面金相试样观察，裂纹附近及其尾端延伸处存在大量聚集分布的 MnS 夹杂（图 1-278），夹杂物级别达 A4.5 级（依据 GB/T10562—2005 标准）。同时该区域还是磷的强偏析区，图 1-279 为裂纹沿 MnS 夹杂及磷偏析带扩展特征。

分析判断：

Q235A 钢焊管裂纹是由于钢板内部缺陷暴露所引起的，该缺陷与原板坯内部 S、P 偏析严重相关。

图 1-276　缺陷宏观特征

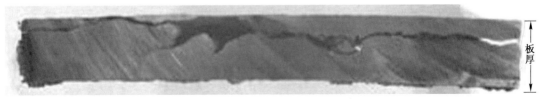

图 1-277　截面试样内部裂缝宏观特征

图 1-278　裂纹尾端 MnS 夹杂物

图 1-279　裂纹沿 MnS 夹杂及磷偏析带扩展

实例 67：夹渣引起的管道鼓包

材料名称： 20 号钢

情况说明：

　　规格为 φ426 mm×9 mm 的无缝钢管，用于某工程中的氧气管道，在试压过程中，当试验压力达到 3.08 MPa 时，管道外壁出现凸出于管道表面的大鼓包（见图 1-280），鼓包直径约 12 cm。

　　该管道设计压力 2.94MPa，试验压力为 3.381MPa，温度为常温，试压介质为外界原有中压氮气与瓶装氮气。

化学成分分析：

　　取管道鼓包试样做化学成分（质量分数，%）分析，结果见表 1-15。从表中可以看出，该管化学成分符合 GB699—88 中对 20 号钢成分的要求。

表 1-15　管道化学成分（w/%）

元　素	C	Si	Mn	P	S
实测值	0.203	0.24	0.50	0.012	0.013
标准值	0.17～0.24	0.17～0.37	0.35～0.65	<0.035	<0.035

低倍检验：

　　在鼓包部位沿管道横向取截面低倍试样作酸浸检验，从酸蚀面上可以观察到靠管道内壁一侧存在聚集分布的条状夹渣，见图 1-281。

微观特征：

　　直接磨制图 1-281 所示的酸蚀面进行显微观察，试样中存在大量深灰色条状夹渣（图 1-282），其中靠内壁一侧夹渣较严重。按 GB/T10561—2005 标准对夹渣进行评定，其级别高于 C5s（长约 3000 μm，宽约 26.2 μm）。

　　用扫描电镜能谱分析仪对金相试样上观察到的夹渣进行分析，夹渣主要成分为 Si、Ca、O、Al、Na、Mg，分析结果见图 1-283。

分析判断：

　　鼓包靠管道内壁一侧存在严重的聚集分布的条状夹渣（级别高于 C5s），这些夹渣构成若干"显微分层"，使得钢基沿厚度方向发生"分离"，相当于局部有效厚度变薄。由于分层部位有气体(外部进入的或夹渣引起的)，在压力条件下导致钢管局部分离而鼓起。

图 1-280　管道外壁表面鼓包特征

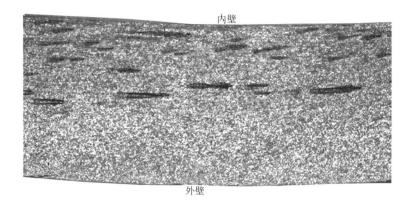

图 1-281　管道横截面低倍夹杂特征

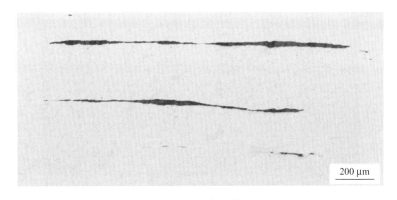

图 1-282　条状夹渣

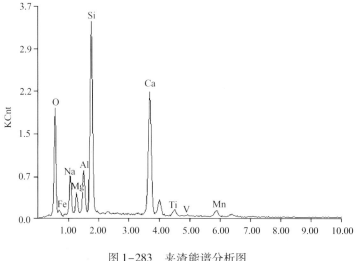

图 1-283　夹渣能谱分析图

实例 68：异金属压入引起的管坯渗漏

材料名称： X60

情况说明：

用 X60 热轧卷（厚度为 8 mm）生产的一根钢管，在试压过程中出现渗漏。经检查发现渗漏处有蛛网状裂纹，裂纹已贯穿壁厚，宏观特征见图 1-284 和图 1-285。

微观特征：

沿管壁厚度方向取样，磨制截面试样观察，裂纹分枝，由钢管外壁向内壁方向扩展，附近无高温氧化特征，但伴有明显的橘黄色富集相，见图 1-286。

用电子探针对金相试样上的橘黄色富集相进行分析，结果表明，富集相成分 $w(Cu) = 63.91\%$，$w(Zn) = 30.06\%$，还有痕迹量的 $w(Sn) = 1.28\%$。

分析判断：

X60 钢线管裂纹处伴有明显的富集相，表明裂纹不是在制管过程中产生的，而是由原料带来的。这种富集相中铜和锌的含量较高，与锡黄铜的成分相似，且仅出现在钢管局部，推测它与钢材生产过程中外部意外掉入的锡黄铜异金属相关。当这种异金属在高温状态下压入钢板（或钢坯）后，其熔点较低，在高温下沿奥氏体晶界渗入，使晶界脆化，导致制管时产生裂纹。

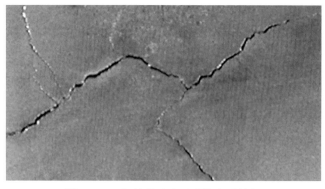

图 1-284　钢管外壁表面裂纹宏观特征

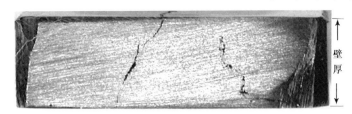

图 1-285　裂纹贯穿壁厚

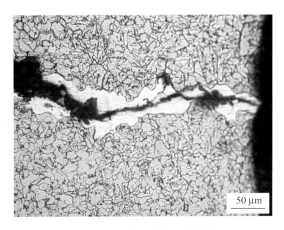

图 1-286　截面裂纹处富集相

实例 69：刀痕引起的尖角矩管开裂

材料名称： 09CuPTiRe

情况说明：

　　规格为 140 mm × 116 mm × 6 mm 的 09CuPTiRe 尖角矩管，是一种铁路敞车上侧梁用的直接成形尖角矩形管。某厂在使用时对部分尺寸不够长的矩管进行了对焊，焊后在接头附近出现开裂。

　　图 1-287 是一根开裂管局部裂缝宏观特征，它由 1 号、2 号两根规格相同的尖角矩管对焊而成。裂缝产生于距焊缝中心约 17～53 mm 的 1 号管，沿管子的横向分布，总长度约 440 mm，几乎贯穿整个横截面。

化学成分：

　　从 1 号、2 号管子上取样进行化学成分（质量分数,%）分析,结果见表 1-16。

表 1-16　管子化学成分（$w/\%$）

名　　称	C	Si	Mn	P	S	Cu	Ti	Re(加入量)
1 号管	0.069	0.289	0.360	0.106	0.016	0.324	< 0.005	0.034
2 号管	0.068	0.326	0.357	0.086	0.021	0.265	0.010	0.017
技术条件	≤0.12	0.20～0.40	0.25～0.55	0.07～0.12	≤0.04	0.25～0.35	≤0.03	≤0.15

冲击试验：

　　分别从 1 号、2 号管截取纵向 V 形冲击试样进行常温冲击试验，冲击值及断口宏观特征见表 1-17。

表1-17 冲击值及断口宏观形貌

名　称	试样编号	冲击值/J·cm^{-2}	断口宏观特征
1号管	1	104	韧性断口+40%脆性断口
	2	94	韧性断口+45%脆性断口
	3	79	韧性断口+50%脆性断口
2号管	1	205	均为韧性断口
	2	271	
	3	197	

断口特征:

将1号焊管裂缝打开,整个断口平坦呈暗灰色瓷状,断面上有"人"字形脊线。根据"人"字形脊线尖端的指向分析,裂缝起源于污锈严重且距焊缝最近的两弯角内壁,然后沿横向扩展。两弯角均由冷弯直接成形,分别记为A、B试样。

用扫描电镜观察A、B试样,弯角内壁有较深的直线状刀痕,靠近断口处刀痕显得粗且深,另外还存在向深处发展的微裂纹(图1-288)。

2号管弯角内壁较光滑,无刀痕缺陷。

对表1-16中的1号、2号管冲击断口试样进行扫描电镜观察,韧性断口多为韧窝;脆性断口基本上以沿晶断裂为主,伴随部分解理断裂,在沿晶断裂的断面上有沿晶界深入的二次裂纹,见图1-289。

用扫描电镜能谱仪对断裂面进行半定量分析,在沿晶断裂面上磷的谱线峰很明显,$w(P)=0.165\%$,而解理面上磷峰难以辨出,说明晶界上有磷的偏析。

酸浸检验:

将A、B试样用1:1热盐酸水溶液浸蚀后观察,1号管弯角内壁有明显的直线状缺陷(图1-290),缺陷与断口面相交处有较深的微裂纹(图1-291)。2号管则无此类缺陷。

微观特征:

断口附近的组织为铁素体和珠光体,与母材组织相同。弯角内壁的刀痕缺陷在横剖面上呈一矩形缺口,缺口根部宽约1mm,深度约0.6mm,缺口尖角处有裂纹,裂纹沿壁厚方向扩展,其内无氧化铁,附近无高温氧化特征,见图1-292。裂纹尾端具有沿晶扩展特征(图1-293),起始部位组织变形较严重,铁素体晶粒沿壁厚方向被拉长,晶内出现一些滑移线,说明弯角内壁金属变形较大,裂纹是在弯制过程中沿应力集中的缺口尖角处萌生的。

分析判断:

09CuPTiRe尖角矩管弯角内壁存在较深的直线状刀痕,由于刀痕较尖锐,制管过程中在此处萌生微裂纹。管子经焊接后,在焊缝附近产生较大的拉应力,管子弯角内壁处的微裂纹,在上述拉应力的作用下向管子外壁扩展,最终形成如图1-287所示的横裂缝。

化学成分和冲击试验结果表明,无裂纹的2号管$w(P)=0.086\%$,常温冲击值较高,断口均为韧性断口。而有裂纹的1号管磷含量偏高($w(P)=0.106\%$),冲击值偏低,断口中脆性断口约占40%~50%,该脆性断口基本上以沿晶断裂为主,晶界上存在磷的偏析。磷在晶界的偏析引起了晶界脆化,从而使其冲击性能下降,促使弯角内壁裂纹沿脆化的晶界快速扩展。

据调查,刀痕是定尺寸时在材料上划线所致。因此对管料进行划线时应避免产生较深的刀痕;增大管子圆弧半径,以减少弯角处的应力集中;尽量不使用磷含量偏上限的钢材。

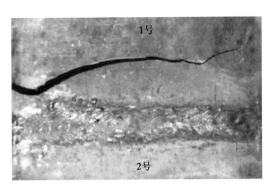

图 1-287　开裂管局部裂缝宏观形貌

图 1-288　刀痕中的微裂纹(箭头所示)

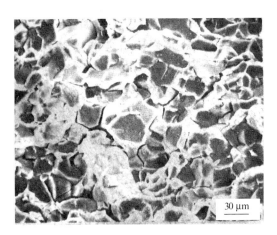

图 1-289　沿晶断口特征

图 1-290　1 号管弯角内壁直线状缺陷(箭头所示)

图 1-291　断面微裂纹(箭头所示)

图 1-292　裂纹起源于缺口尖角处

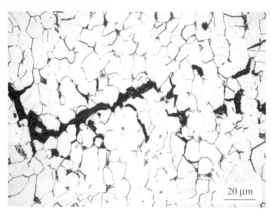

图 1-293 裂纹沿界扩展

实例 70：机械损伤引起的矩管牙印

材料名称： SS400

情况说明：

厚度为 3 mm 的 SS400 出口热轧板，经冷弯制作成矩形管后，管子一侧外壁出现数条牙印状缺陷，其中一条长度约 13 mm，宽约 3 mm，宏观特征见图 1-294 和图 1-295。

微观特征：

缺陷在钢板截面表层呈阶梯状缺口，缺口处无氧化铁，亦无异常夹杂物，见图 1-296。经试剂浸蚀后，正常钢基组织为铁素体和珠光体，而缺口附近的组织呈冷变形严重的纤维状特征，缺口沿金属流变方向扩展，见图 1-297 和图 1-298。

分析判断：

SS400 冷弯型矩形管表面牙印状缺陷是机械损伤造成的。

图 1-294 管子外壁缺陷宏观特征

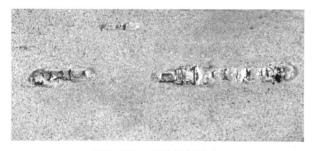

图 1-295 缺陷局部放大

图 1-296　阶梯状缺口

图 1-297　缺口附近组织特征

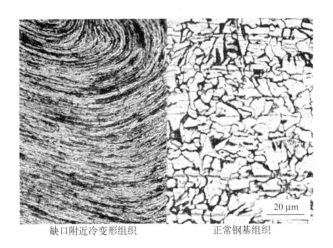

缺口附近冷变形组织　　　　　　　正常钢基组织

图 1-298　组织局部放大

1.3.2　套管坯探伤不合

实例 71：内部裂纹及夹杂物引起的探伤不合

材料名称：X65 – B

情况说明：

X65 – B 套管坯（壁厚 23 mm）经超声波探伤检查发现内部有缺陷。

低倍特征：

在探伤指定的套管坯缺陷波区取截面低倍试样作酸蚀检验,结果表明:壁厚中心存在断续分布的线状缺陷(图1-299)。

微观特征：

在低倍显示的线状缺陷处制备金相磨片,线状缺陷在显微镜下呈裂纹形态,裂纹处夹杂物颇多,可分为两类,一类为聚集分布的水红色颗粒状氮化物;另一类为短条状硫化物。

用电子探针背散射电子像观察,裂纹处氮化物呈白色颗粒(图1-300)。能谱仪分析结果表明,氮化物中除N不能分析外,有Nb、Ti和微量的C,见图1-301。根据夹杂物的光学特征及成分判断,该夹杂应为含Nb、Ti的CN化合物,即(Ti,Nb)(C,N);短条状硫化物为MnS。

在裂纹部位打断口进行微观分析,断口处有大量成片分布的白块和暗色片状夹杂物(图1-302),白块为(Ti,Nb)(C,N),暗色片状为MnS夹杂,见图1-303,夹杂类型与上述金相磨片上的相同。

分析判断：

X65-B套管坯壁厚中心存在裂纹和聚集分布的夹杂物((Ti,Nb)(C,N)和MnS)是引起超声波探伤不合格的主要原因。

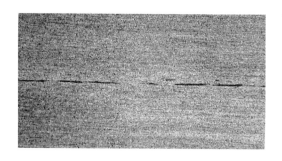

图1-299 截面低倍试样线状缺陷

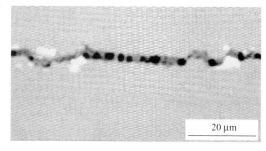

图1-300 裂纹处氮化物特征

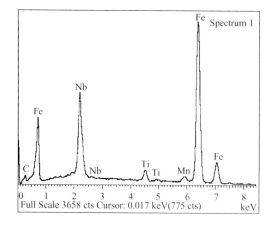

图1-301 氮化物能谱分析图

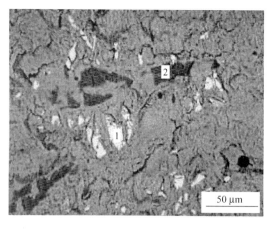

图1-302 断口上白块(1)与暗色片状(2)夹杂

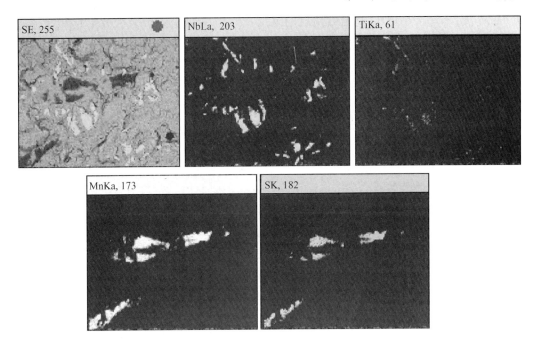

图 1-303　夹杂物元素面分布形态

实例 72:稀土硫氧化物和 Al_2O_3 夹杂物引起的探伤不合

材料名称: J55

情况说明:

　　某钢管厂采用一批规格为 8.9 mm × 900 mm × C mm 的 J55 钢热轧宽钢带生产 ϕ273.1 mm × 8.8 mm 套管坯。原料进入生产线经剪边→成形→焊接→定径→切断→平头→静水压试验后,进入钢管超声波检验工序。在采用超声波探伤时,约 50% 的管坯探伤不合格,造成管坯报废。

　　在管坯超声波探伤报警处取试样,用砂纸浅磨管坯外壁表面后发现焊接接头部位有断续分布的裂纹,裂纹细直,与焊缝平行,长度约 15 ~ 20 mm,宏观形貌见图 1-304。

　　为追溯焊接裂纹的根源,从同一批号的原材料上取剪边后的纵向试样进行检验,发现原料剪切面上有细裂纹,裂纹位于板厚一侧约 1/4 处,长度为 10 ~ 30 mm,沿钢板的长度方向断续分布,宏观形貌见图 1-305。

微观特征:

　　取管坯横截面金相试样进行显微观察,外壁表面裂纹向内斜向延伸(与表面呈 45°角),长度 0.8 ~ 1.7 mm,裂纹周围及延伸处有大量聚集分布的灰色颗粒状夹杂物(图 1-306 和图 1-307),表明裂纹的产生与夹杂物相关连。距裂纹较远处的钢基也有此类夹杂物,该夹杂物多分布于板厚一侧约 1/4 处,级别为 B3.5 ~ B4 级(依据 GB/T10561—2005 标准评定)。

　　电子探针分析结果表明,该类夹杂系稀土硫氧化物($w(S) = 10.30\%$,$w(La) = 27.72\%$,$w(Ce) = 56.56\%$,$w(O) = 5.42\%$)及氧化铝($w(Al) = 52.23\%$,$w(O) = 47.77\%$)。

　　管坯组织为铁素体和珠光体,裂纹位于熔合线附近的热影响区,起始部位距熔合线 0.4

~1.4mm。由于焊接热挤压,熔合线附近的组织发生了明显的流变,裂纹沿金属流线方向扩展,延伸处无成分偏析(图1-308)。

磨制热轧卷金相试样,剪切面上存在深度约0.3mm的裂纹,裂纹延伸处存在大量聚集分布的灰色颗粒状夹杂物(图1-309),夹杂物级别高达B4级,其类型与管坯上的夹杂物相同。

热轧卷剪切面上的组织冷变形比较严重,裂纹沿金属流线方向扩展,这是由于剪边时剪切应力较大的缘故。

分析判断:

管坯焊接接头处存在裂纹是造成探伤不合格的主要原因,裂纹的产生主要与原料中存在大量聚集分布的稀土硫氧化物和氧化铝夹杂物相关。

J55套管坯属直缝电阻焊,焊接时先将板边加热到1250~1430℃。然后依靠热量和挤压将两端表面形成被焊金属原子间的结合,由于连接端面(即原材料板边剪切面)存在大量聚集分布的夹杂物,以及由该夹杂物引起的微裂纹,破坏了钢基的连续性和均一性,且易于应力集中,受挤压应力作用,在夹杂处产生裂纹或原微裂纹扩展进而暴露在管坯表面,形成图1-304所示的管坯裂纹缺陷。

要消除此类缺陷,必须提高冶炼质量,严格炼钢和浇铸操作工艺,减少钢中非金属夹杂物。

图1-304 管坯外壁表面裂纹宏观形貌

图1-305 原料剪切面上裂纹特征

图1-306 管坯横截面裂纹周围及延伸处夹杂物

图1-307 图1-306夹杂物局部放大

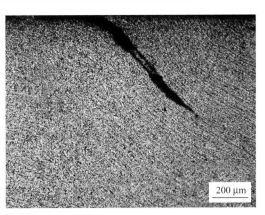

图 1-308　管坯横截面裂纹走向及组织特征

图 1-309　热轧卷剪切面裂纹延伸处夹杂物

实例 73：钢渣卷入引起的探伤不合

材料名称： J55

情况说明：

　　一批 J55 热轧钢卷制成钢管后经探伤检查有多根直缝焊套管探伤不合格，为弄清探伤不合格原因，对其中两根钢管取样作金相分析。

微观特征：

　　在钢管探伤不合格部位取金相试样观察，试样中存在聚集分布的灰色夹渣，夹渣分布在距焊缝 1.1~2.5 mm 的母材区域，该位置相当于板厚四分之一部位。

　　用电子探针对夹渣进行成分（质量分数，%）分析，夹渣以 Al_2O_3 为主，另外还有部分 TiO_2、CaO、MnO 和 MgO，见表 1-18 和图 1-310。

表 1-18　夹渣成分（$w/\%$）

夹渣分析点	Al_2O_3	TiO_2	CaO	MnO	MgO
1	97.50	2.50	—	—	—
2	79.45	7.97	12.58	—	—
3	53.50	12.75	14.16	3.97	1.79

分析判断：

　　J55 热轧钢卷板厚四分之一处存在聚集分布的夹渣是造成直缝焊套管探伤不合格的主要原因。该夹渣由 Al_2O_3、TiO_2、CaO、MnO 和 MgO 组成，属钢渣卷入。

图 1-310　聚集分布的夹渣

1.3.3 冲压件缺陷

实例 74:磷、硫强偏析带引起的冲压件弯角开裂

材料名称:Q235A

情况说明:

板厚为 6 mm 的 Q235A 冲压件,弯角处有裂口,宏观特征见图 1-311 和图 1-312。

化学成分:

取 Q235A 冲压件试样作化学成分分析,结果为:$w(C) = 0.14\%$,$w(Si) = 0.19\%$,$w(Mn) = 0.43\%$,$w(P) = 0.018\%$,$w(S) = 0.016\%$,其成分符合技术条件要求。

微观特征:

在试样弯角处取金相分析试样观察,硫化物夹杂较严重,最高级别可达 C5 级。弯角外侧表层有数条小裂纹,裂纹沿细条状硫化锰夹杂扩展,见图 1-313。

试样经硝酸酒精溶液浸蚀后,正常部位组织为铁素体和珠光体,沿硫化物夹杂周围出现了铁素体带。用磷偏析试剂浸蚀后铁素体带呈白亮色,见图 1-314。

用电子探针对金相磨面上的白亮区与正常区进行对比分析,试样正常区无磷的偏析,而白亮区 $w(P)$ 高达 0.07%。这一结果说明白亮区为磷的偏析区。

分析判断:

Q235A 钢板中存在严重的磷、硫偏析带,使得该区域的韧性变坏脆性增大,冲压时由于弯角处所受到的应力最大,因而在此处偏析区产生开裂。

图 1-311　冲压件开裂宏观特征

图 1-312　弯角处裂口局部放大

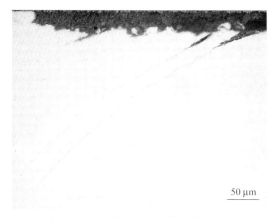

50 μm

图 1-313　裂纹沿细长条状硫化物扩展

200 μm

图 1-314　裂纹沿白亮带扩展

实例 75：Al_2O_3 夹杂物暴露引起的线状缺陷

材料名称： 荫罩框架钢

情况说明：

荫罩框架钢冲压件(1.2 mm 厚)表面有线状缺陷,宏观特征见图 1–315。

微观特征：

缺陷处截面表层存在大量聚集分布的灰色颗粒状非金属夹杂物(图 1–316)。电子探针能谱仪分析结果表明,该夹杂物为 Al_2O_3,见图 1–317。

分析判断：

荫罩框架钢冲压件表面线状缺陷系钢板皮下聚集分布的 Al_2O_3 夹杂物造成。

图 1–315　冲压件线状缺陷

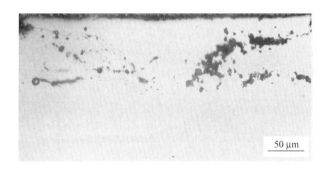

图 1–316　表层夹杂物特征

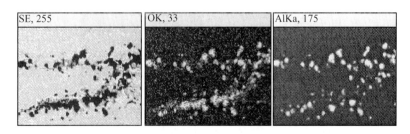

图 1–317　夹杂物元素分布图

实例 76：夹渣引起的起皮

材料名称： 荫罩框架钢

情况说明：

1.2mm厚荫罩框架钢冷轧板，冲压成零件后表面出现起皮缺陷（图1-318）。

微观特征：

在缺陷处取截面试样磨制后观察，表层存在大量聚集分布的深灰色夹渣（图1-319）。电子探针分析结果表明，夹渣主要由 Al_2O_3 和 SiO_2 组成，$w(Al_2O_3) = 66.82\%$、$w(SiO_2) = 33.18\%$，元素分布情况见图1-320。

分析判断：

荫罩框架钢冲压件表面起皮缺陷是由夹渣造成的。夹渣主要由 Al_2O_3 和 SiO_2 组成，应属钢液脱氧产物。

图1-318　冲压件起皮缺陷

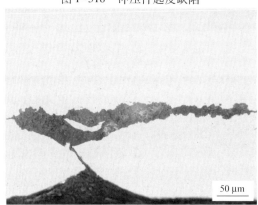

图1-319　表层夹渣特征

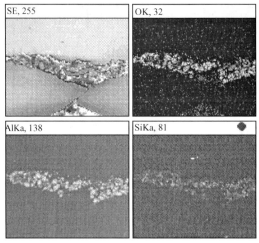

图1-320　夹渣元素分布图

实例 77：夹渣引起的分层

材料名称：DC01

情况说明：

厚度为 2 mm 的 DC01 冲压件，在图 1-321 中箭头所示部位出现分层，分层约位于板厚中心（图 1-322）。

微观特征：

试样截面经磨制抛光后用扫描电镜观察，抛光态下分层为一条缝隙，缝隙尾部延伸处有聚集分布的深灰色夹渣（图 1-323 和图 1-324）。

用电子探针对该夹渣进行分析，分析结果见图 1-325 和图 1-326，夹杂成分与保护渣变质体类似。

分析判断：

DC01 冲压件板厚中心出现的分层缺陷是由夹渣（保护渣变质体）造成的。

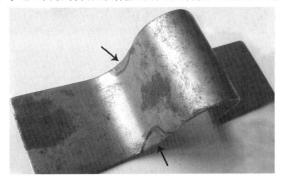

图 1-321　冲压件宏观特征

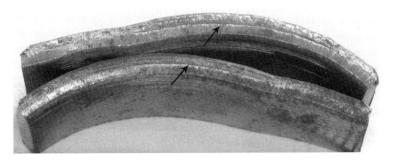

图 1-322　截面分层宏观特征

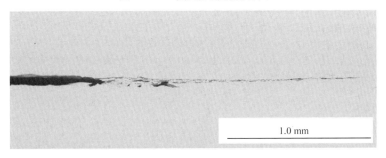

1.0 mm

图 1-323　缝隙延伸处夹渣

图 1-324　夹渣局部放大

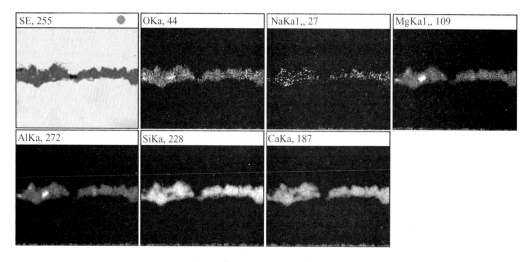

图 1-325　夹渣元素分布形态

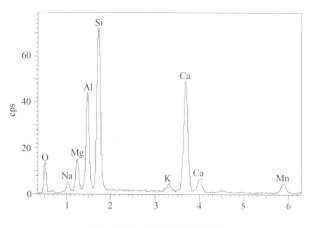

图 1-326　夹渣能谱分析图

实例 78:异金属压入引起的翘皮

材料名称:WL440
情况说明:

　　厚度为 8 mm 的 WL440 热轧钢板,冲压成轮辐工件后表面出现一条翘皮,翘皮根部隐约可见两条平行分布的线状痕迹,宏观特征见图 1-327。

微观特征:

　　在翘皮缺陷的根部取截面金相试样观察,翘皮部位的金属与正常部位分离。分离部分组织为索氏体和珠光体(图 1-328 左侧黑色区域);正常部位组织为铁素体 + 珠光体(图 1-328 右侧部分)。

　　试样经电子探针分析,分离部位 $w(Cr) = 1.94\%$, $w(Mn) = 0.35\%$;正常部位 $w(Cr) = 0.05\%$, $w(Mn) = 1.35\%$ 。分离部位的锰含量低于正常部位,铬含量则比正常部位高出许多倍。

分析判断:

　　翘皮缺陷与钢基分离,分离部分的组织和成分与钢基存在较大差异,说明翘皮是在热轧过程中异金属压入板面所致。

图 1-327　冲压轮辐表面翘皮缺陷宏观形貌

分离部位　　　　　　　　　　　正常部位

图 1-328　组织特征

实例 79:磷、硫强偏析带引起的冲压件开裂

材料名称:Q235

情况说明:

　　规格为 5mm 的 Q235 热轧钢板,冲压零件时在其边部弯背处产生开裂,宏观形貌见图 1-329。

微观特征:

　　在零件开裂部位取样,平行开裂面磨制金相试样,从抛光面上可以观察到 MnS 夹杂的偏聚,以及沿 MnS 夹杂扩展的微裂纹,见图 1-330。

试样经硝酸酒精试剂浸蚀后,钢板正常部位组织为铁素体 + 珠光体,MnS 偏聚的区域表现为纯铁素体组织带,用磷偏析试剂浸蚀后可见它与磷偏析对应,图 1-331 为磷偏析特征及分布在偏析带上的 MnS 夹杂,图中显示的磷偏析带具有沿变形最大方向压扁的枝晶状特征。

分析判断:

钢板中存在 MnS 夹杂的偏聚及较强的磷偏析带是造成冲压零件弯背处产生开裂的主要原因。

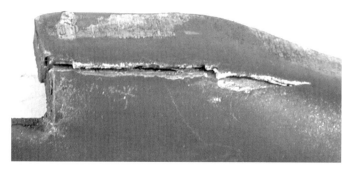

图 1-329 零件边部弯背处开裂形貌

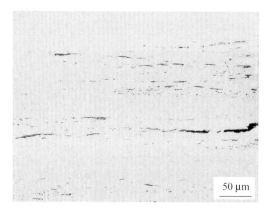

图 1-330 裂纹沿 MnS 夹杂扩展特征

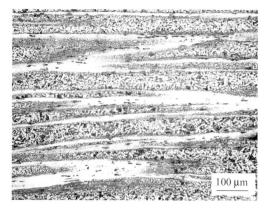

图 1-331 磷偏析带及带中的 MnS 夹杂

实例 80：剪边缺陷引起的开裂

材料名称：WL440

情况说明：

厚度为 3.0mm 的 WL440 钢板，在冲压汽车零件过程中剪边处产生纵向开裂（图 1-332），裂口面上有明显的人字形花样，其尖端指向剪切边。从剪切面上可观察到靠零件外表面一侧较粗糙且有明显的撕裂痕迹和小裂纹，裂纹起源于外侧锋利的边角处；靠零件内表面一侧则较光滑，边角亦较钝，见图 1-333。

微观特征：

磨制图 1-333 所示的剪切面观察，组织较紊乱，呈冷变形状态。裂纹附近无夹杂物聚集，亦无氧化脱碳特征，见图 1-334。

直接磨制开裂面观察，剪边附近的组织呈纤维状，裂纹沿金属流线扩展，附近组织无成分偏析，见图 1-335。远离剪边处的组织不变形，为细小等轴铁素体和珠光体。

分析判断：

金相分析结果表明，WL440 钢板剪边裂纹的形成与夹杂物和成分偏析无关。板边经冷剪切后产生了冷作硬化现象，且在尖锐的棱边形成一些小裂口，在冲压过程中，零件外表面受到较大的张应力，剪切面棱边小裂口进一步扩展即造成冲压件开裂。

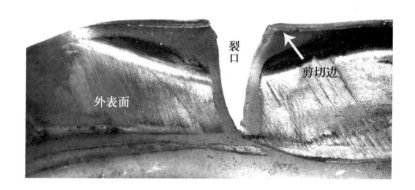

图 1-332　冲压件开裂特征

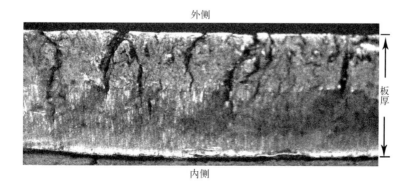

图 1-333　剪切面上的微裂纹

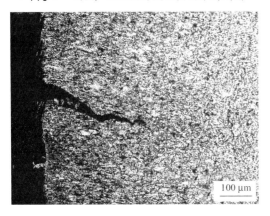

图 1-334 剪切面上的裂纹及冷形变组织

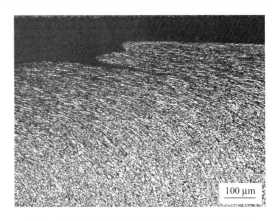

图 1-335 截面剪边附近裂纹与冷形变组织

1.3.4 钢板加工面、剪切面缺陷

实例 81:磷、硫强偏析带暴露引起的法兰盘加工面黑纹

材料名称:Q235A

情况说明:

板厚为 20 mm 和 36 mm 的 Q235A 热轧钢板,加工成法兰盘后,加工面有肉眼可见的黑纹缺陷。黑纹很细,分布无规律,多呈条状(图 1-336)。用放大镜观察,黑纹清晰,无凹凸感,磁力探伤亦没有磁粉吸附现象,说明黑纹与正常部位之间没有缝隙。

低倍特征:

将出现过黑纹缺陷的钢板截面(板厚为 30 mm)加工成低倍试样作硫印和酸蚀低倍检验。硫印检验结果表明,在板厚的中心部位及 1/4 区域存在不规则的线状或闪电状硫偏析线。酸蚀低倍检验结果与硫印检验结果相同,缺陷特征见图 1-337 和图 1-338。

微观特征:

金相观察,对应黑纹处存在大量聚集分布的硫化锰夹杂物(图 1-339)。其级别相当于 GB/T10561—2005 标准中的 A3.5e 级。试样用硝酸酒精溶液浸蚀后,沿硫化锰夹杂周围出现了闪电状的铁素体带,而正常部位组织为均匀分布的铁素体和珠光体,见图 1-340。用磷偏析试剂浸蚀后铁素体带与磷偏析对应,见图 1-341 中的白亮色条带。

用电子探针对图 1-341 所示的白亮色条带进行微区成分分析,结果表明,白亮色条带中 $w(P)$ 高达 0.23% ~ 0.30%,而正常部位分析点中 $w(P)$ 小于 0.03%。

分析判断:

Q235A 钢板加工面上的黑纹不是裂纹,而是一种组织缺陷,即所谓的"鬼线"。这种组织主要是由聚集分布的硫化锰夹杂及富磷的铁素体带组成的。磷是固溶强化铁素体的元素,因此,含磷高的部位其显微硬度值必然也高些,加之硫化锰的聚集分布,故在加工面上出现形似裂纹的痕迹——黑纹。黑纹出现的部位以及分布特征与硫印片上板厚 1/4 处(或低倍酸蚀面)的硫偏析线相对应,可见钢板经加工后出现的黑纹是钢中强偏析区的暴露。这种强偏析区位于板厚 1/4 处,相当于板坯柱状晶区,它是在铸坯凝固过程中形成的,主要与钢中硫、磷含量高,浇铸工艺不正常(如铸温过高)等因素有关。

图1-336　法兰盘加工面黑纹缺陷

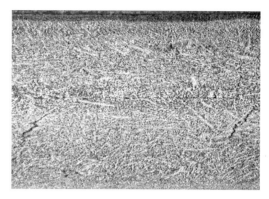

图1-337　钢板横截面低倍组织缺陷

图1-338　钢板纵截面低倍组织缺陷

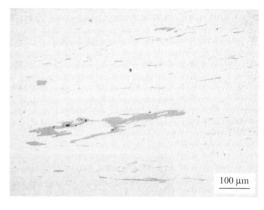

图1-339　对应黑纹处的硫化锰夹杂

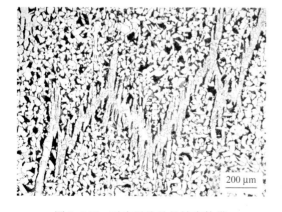

图1-340　对应黑纹处的铁素体带

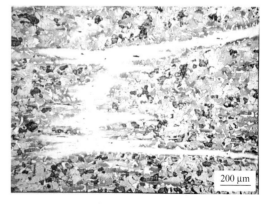

图1-341　对应黑纹处的磷偏析带(白亮色区域)

实例82：组织异常带引起的板边剪切面线状缺陷

材料名称：HG60

情况说明：

一批 HG60 钢板，板厚分别为 14 mm 和 20 mm，钢板经冷剪切后，在剪切面中心（即板厚中心）出现异常线状缺陷，见图 1-342。

冷弯试验：

按 GB232—88 标准和 HG60 技术协议书取冷弯试样 6 件作 180°、$d = 3a$ 冷弯试验，试验结果表明，6 件试样弯至 180°均无裂纹和分层缺陷。

低倍特征：

沿板厚方向加工低倍磨面，然后用热盐酸水溶液浸蚀后观察，对应于原剪切面线状缺陷处（即板厚中心）有不同程度的、断续分布的细条状及点状偏析，见图 1-343。

微观特征：

将低倍酸蚀面磨制抛光后观察，对应原低倍线状偏析处有一条组织异常带，异常带上的组织为马氏体和贝氏体（图 1-344 中部），正常部位组织为铁素体和珠光体。

电子探针分析结果表明：异常带上碳、锰含量较其他部位高。

分析判断：

由以上分析可知，HG60 钢板板厚中心存在一条由马氏体、贝氏体组织组成的异常带，可见钢板剪切面中心（即板厚中心）出现的异常线状缺陷与该组织有关。

异常带组织相对于正常部位组织（铁素体和珠光体），其强度、硬度高，延塑性低，在剪切应力的作用下导致该部位产生线状缺陷。

异常带上碳、锰元素含量偏高，使得该区域奥氏体稳定性增加，淬透性提高，导致钢板热轧后在板厚中心形成马氏体、贝氏体组织。

图 1-342　剪切面中心异常线状缺陷

图 1-343　试样截面低倍组织缺陷特征

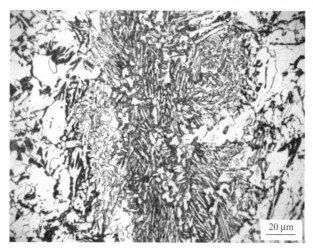

图 1-344　试样异常带组织特征

实例 83:(Nb,Ti)(C,N)化合物夹杂等引起的剪切面分层

材料名称: J55

情况说明:

　　某钢管厂采用规格为 8.94 mm × 1550 mm、10.35 mm × 1550 mm 的一批 J55 钢热轧钢卷生产焊管,在一剖二的生产过程中发现沿宽度方向的中部存在不规则的分层。分层多分布于纵剪切面上约板厚 2/5 的区域(相当于铸坯内弧与中心线之间),长度不等,为 13 ~ 15 mm,宏观特征见图 1-345 和图 1-346。

化学成分:

　　在有分层的钢卷上取试样作化学成分(质量分数,%)分析,结果列于表 1-19。

表 1-19　J55 热轧钢卷的化学成分(w/%)

项目	C	Si	Mn	P	S	Nb	Ti
试样	0.185	0.21	1.20	0.013	0.0027	0.025	0.013

微观特征:

　　在钢卷分层处取样,直接磨制纵向剪切面进行光学显微镜观察,分层附近及其延伸处存在成群分布的灰色条状 MnS 和粗大的水红色颗粒状夹杂物,颗粒状夹杂物外形规则,尺寸在 11 ~ 21 μm 之间,夹杂处常伴有黑色孔隙,见图 1-347 和图 1-348。

　　用扫描电镜能谱仪对上述试样中的水红色颗粒状夹杂物进行分析,除氮不能分析外,测出夹杂物中 w(Nb) = 88.70%,w(Ti) = 8.35%并有少量碳,见图 1-349。结合夹杂物的金相光学特征判断,该夹杂物应为含有 Nb、Ti 的 CN 化合物。

　　试样抛光面用磷偏析试剂浸蚀后,肉眼可见分层附近及其延伸处存在如图 1-350 箭头所示的深色亮线,显微镜下亮线呈白亮色条带(图 1-351),图 1-347 所示的夹杂物均分布在这一条带上。扫描电镜能谱仪分析结果表明,该白亮色条带 w(P)高达 0.20%,正常部位则未测出磷的含量,可见该条带是磷的强偏析条带。

　　试样经重新抛光且用 3% 硝酸酒精溶液浸蚀后观察金相组织,正常部位组织为铁素体和珠光体,对应于磷偏析条带的区域珠光体量明显增多,形成如图1-352所示的黑色珠光体偏析带。

分析判断:

分层缺陷是在用J55热轧卷生产焊管时一剖二的过程中发现的,其附近及延伸处存在严重的非金属夹杂物(聚集分布的条状MnS、(Nb,Ti)(C,N))以及C、P的偏析条带,可见分层并非纵剪切工艺不当所致,而是钢板内非金属夹杂物及成分偏析造成的。

钢板内非金属夹杂物及成分偏析来自于连铸坯,它是在钢水凝固过程中形成的。

带有严重的非金属夹杂物及成分偏析的铸坯经加热轧制成热轧卷后,随着金属的流变在其内部形成偏析条带。偏析带中的夹杂物破坏了钢基的连续性,C、P元素的同时偏析使得该区域脆性增大,韧性和塑性降低。因此在一剖二的生产过程中,受剪切应力的作用,由夹杂处萌生的孔隙迅速向脆化的钢基扩展,最终形成分层缺陷。

铸坯中严重的非金属夹杂物及成分偏析主要与钢水过热度高、拉速过快等因素有关。

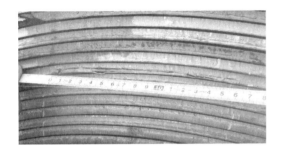

图1-345 钢卷纵剪切面上的分层特征

图1-346 分层局部放大

50 μm

图1-347 分层延伸处夹杂物分布特征

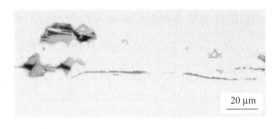

20 μm

图1-348 图1-347夹杂物局部放大

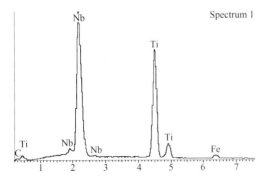

图1-349 颗粒状夹杂物能谱分析图

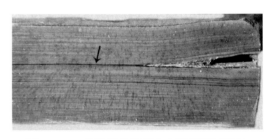

图1-350 分层延伸处深色亮线(箭头所示)

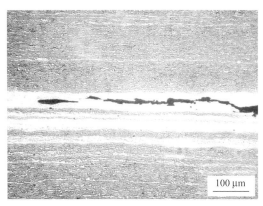

图 1-351　分层处白亮色条带

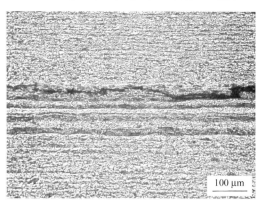

图 1-352　分层处珠光体偏析带

实例 84：切割方法不当引起的裂纹

材料名称： Q345B

情况说明：

　　为分析不同的切割方法对板边质量的影响，取厚度为 10 mm 的 Q345B 热轧板，分别采用火焰切割、机切（冷剪）和等离子切割 3 种不同的切割方法截取钢板试样，且对上述切割面进行敲击后作磁粉探伤检查，结果表明，除火焰切割面未发现裂纹外，机切和等离子切割面上均有微裂纹，图 1-353 为等离子切割面上的微裂纹特征。

微观特征：

　　沿板厚方向且垂直于上述切割面制备金相磨面观察，主要微观特征如下：

　　（1）经火焰切割的试样，未观察到微裂纹。切割面附近有一层深度约 1.8 mm 的热影响区，如图 1-354 所示。由切割面向里的组织依次为贝氏体 + 局部少量马氏体（图 1-355）→铁素体 + 屈氏体→基材组织为铁素体 + 珠光体 + 魏氏组织。

　　（2）经机切割的试样表层有一些微裂纹，裂纹起源于切割面，其扩展方向与切割边约成 45°角，深度一般为 0.1 ~ 0.2 mm。切割面附近的组织呈冷变形状态，该层组织深度约 1.5 mm，裂纹沿金属流变方向扩展，扩展较深的裂纹其尾端延伸处常可见珠光体偏析带和磷偏析带，见图 1-356 和图 1-357。

　　（3）经等离子切割的试样表层有许多起源于切割面的微裂纹（图 1-358），裂纹垂直于切割面，深度在 0.05 mm 范围内，个别深度达 0.32 mm。切割面附近有一层深度约 0.55 mm 的热影响区，由切割面向里的组织依次为：外表层白色硬化层（深度约 0.06 mm，显微硬度为 561HV0.5）→马氏体（显微硬度为 463HV0.5）→屈氏体 + 铁素体→铁素体 + 珠光体 + 魏氏组织（基材组织），图 1-359 和图 1-360 为表层热影响区组织及裂纹特征。

　　用电子探针对表面白色硬化层进行分析，结果表明，该硬化层氮含量偏高，应为氮化层。

　　裂纹大多数分布在白色硬化层内，个别扩展较深的裂纹其尾端延伸处可见珠光体和磷的偏析带，但并非偏析带上均有裂纹，如图 1-361 所示。

分析判断：

　　Q345B 热轧板采用火焰切割、机切（冷剪）和等离子切割 3 种不同的方法切割后，除火焰切割的试样无裂纹外，其余两种方法切割的试样均出现微裂纹。

经火焰切割的试样,板边组织以贝氏体为主,这类组织性能较好,因此在外力作用下不会产生微裂纹。

经机切的试样,板边组织呈冷变形状态,这种组织存在加工硬化,在外力作用下产生裂纹。

经等离子切割的试样,板边表面产生硬化层(氮化层),该硬化层显微硬度比紧邻的马氏体还高,因此在外力作用下产生裂纹。

试样中存在 C、P 元素的偏析带,起源于机切和等离子切割面上的微裂纹易沿偏析带向深处扩展。

图 1-353 等离子切割面上的微裂纹特征

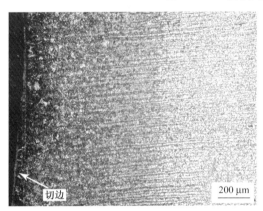

图 1-354 火焰切边的热影响区

图 1-355 热影响区组织特征

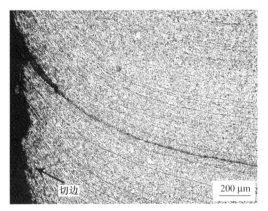

图 1-356 机切边裂纹沿珠光体偏析带扩展特征

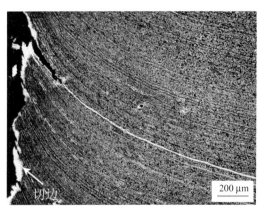

图 1-357 机切边裂纹沿磷偏析带扩展特征

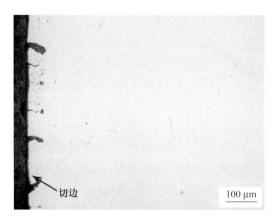

图 1-358　等离子切边上的裂纹

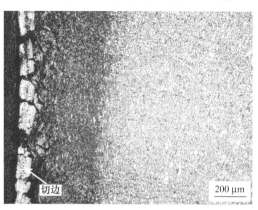

图 1-359　等离子切边的热影响区

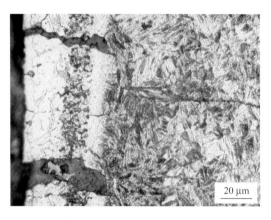

图 1-360　图 1-359 表层组织及裂纹局部放大

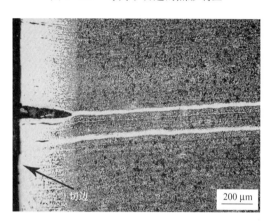

图 1-361　裂纹沿磷偏析带扩展

1.3.5　冷弯(或滚压)型工件缺陷

实例 85:磷、硫强偏析带暴露引起的型钢边裂

材料名称:W450QNL(低碳含磷钢)

情况说明:

　　某厂使用一批 W450QNL 耐候钢卷(规格 12 mm × 1200 mm × C mm)生产 L 型钢,型钢一侧边高 186 mm,另一侧边高 58 mm。该钢经辊式成形后在短边(边高 58 mm)边部产生裂纹。裂纹均起源于短边边部剪切面上,然后沿着试件的宽度方向呈 45°角扩展,宏观形貌见图 1-362。

　　短边试样经盐酸水溶液浸蚀后,从剪切面上可观察到板厚 1/2 一侧(内壁侧)较平滑,另一侧(外壁侧)有明显的撕裂痕迹。剪切面上有纵、横向裂纹,纵裂纹位于板厚 1/2 部位(即平滑区与撕裂区交界处),横裂纹则起源于纵裂纹处,且沿型钢外壁扩展,见图 1-363 和图 1-364。

微观特征:

　　取短边裂纹试样观察,剪边处组织变形严重,为冷变形铁素体和珠光体,裂纹沿变形流线延伸,见图1-365。上述特征说明板边经过冷剪切。

板厚中心存在集中分布的条状MnS夹杂物(图1-366)。经磷偏析试剂浸蚀后,中心显示出磷的强偏析带,MnS夹杂分布在这一条带中,裂纹沿该偏析带扩展(图1-367)。电子探针分析结果表明,中心偏析区$w(P)$高达1.05%,非偏析区$w(P)$仅为0.04%,偏析区元素分布形态见图1-368。

分析判断:

采用W450QNL耐候钢卷生产L型钢,首先要剪边,然后辊式成形。在辊式成形过程中,短边受到的应力比较大,由于该钢卷板厚中心存在磷、硫的强偏析条带,导致该区域脆性增大,延塑性降低,加之冷剪切产生的加工硬化,致使该处萌生微裂纹。在外应力以及内部残余应力的作用下,裂纹分别沿短边纵、横向扩展,最终形成边部裂纹。

图1-362 试样板边裂纹特征

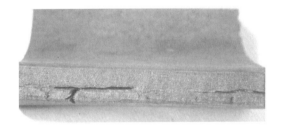

图1-363 板边剪切面上的裂纹形貌

图1-364 板边剪切面上的裂纹扩展特征

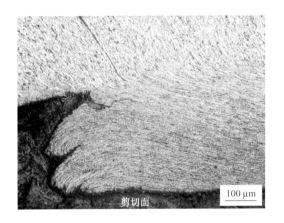

图1-365 剪边处裂纹及变形组织

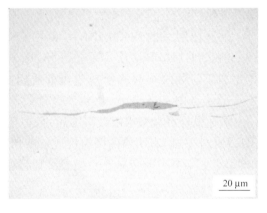

图1-366 MnS夹杂物

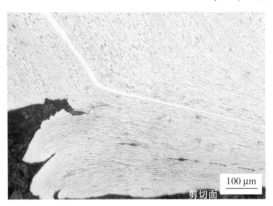

图 1-367　裂纹沿偏析条带扩展

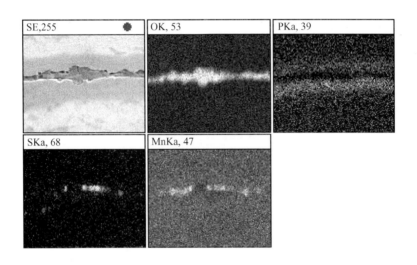

图 1-368　偏析区元素分布图

实例 86：夹渣暴露引起的汽车大梁起皮

材料名称： WL590

情况说明：

采用板厚为 8 mm 的 WL590 热轧板制作汽车大梁，滚压成形后发现弯角附近起皮，宏观特征见图 1-369。

微观特征：

将板面起皮掀起后用电子探针二次电子像观察，皮下存在大量夹渣（图 1-370），能谱仪分析结果表明，夹渣是含钛的氧化铝和保护渣，见图 1-371 和图 1-372。

取钢板截面金相试样观察，起皮根部及其附近皮下存在夹渣层（图 1-373 和图 1-374），其成分与上述夹渣基本相同。

分析判断：

汽车大梁表面起皮与皮下夹渣暴露有关，夹渣为含钛的氧化铝和保护渣。

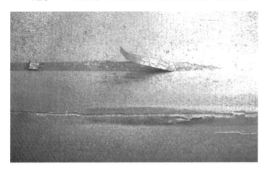

图 1-369 起皮缺陷宏观形态

图 1-370 起皮剥落处的夹渣

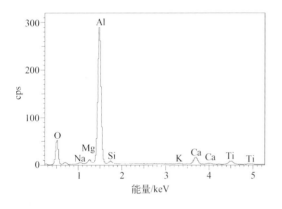

图 1-371 起皮剥落处含钛氧化铝能谱

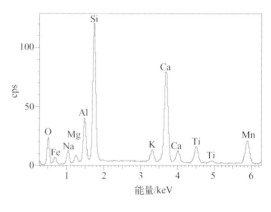

图 1-372 起皮剥落处含钛保护渣能谱

图 1-373 起皮根部的链状夹渣

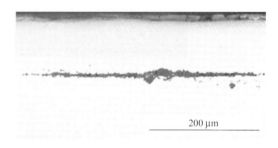

图 1-374 皮下夹渣层

实例 87：Al$_2$O$_3$ 夹杂物暴露引起的箱形管起皮

材料名称： SS400

情况说明：

厚度为 4.5 mm 的 SS400 热轧钢板，加工成箱形管后外壁一弯角处产生严重的起皮缺陷，宏观特征见图 1-375。

微观特征：

在箱形管起皮缺陷部位取截面金相试样进行显微观察，钢板近表层有分层，分层附近及延伸处存在聚集分布的 Al$_2$O$_3$ 夹杂物，见图 1-376 和图 1-377。可见分层是由聚集分布的 Al$_2$O$_3$ 夹杂物造成的。

分析判断:

SS400 箱形管起皮缺陷是钢板近表层聚集分布的 Al_2O_3 夹杂物暴露所致。

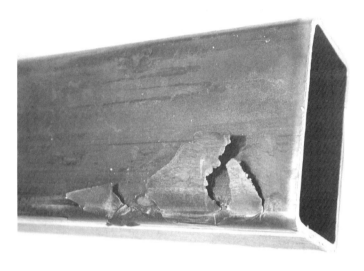

图 1-375 箱形管角部起皮缺陷

图 1-376 截面外表层分层及聚集分布的 Al_2O_3 夹杂物

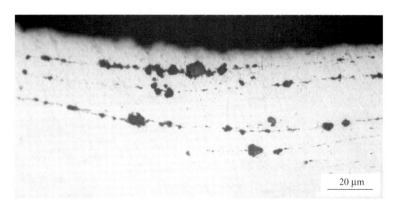

图 1-377 图 1-376 中 Al_2O_3 夹杂物局部放大

实例 88:热轧缺陷引起的车轴表面疤块

材料名称: WQK510

情况说明：

厚度为 13.9 mm 的 WQK510 热轧板,冷弯成半车轴时发现弯角外壁有疤块缺陷,宏观特征见图 1-378。

微观特征：

取车轴截面金相试样观察,缺陷分布在试样外表层,呈折叠形态斜向伸入钢基,两侧无氧化脱碳,但组织存在分层现象,其中靠表面一侧的组织和晶粒粗大,另一侧组织和晶粒细小且有形变痕迹,见图 1-379 和图 1-380。与无缺陷的内表层组织(铁素体和珠光体)相比,该侧表层组织较细且有形变痕迹。

分析判断：

WQK510 钢半车轴外表面疤块缺陷在截面上呈折叠形态,两侧组织存在明显的分层现象,说明缺陷是由热轧板带来的,缺陷的形成与钢板在精轧阶段表面终轧温度偏低、冷却强度大导致塑性下降有关。

 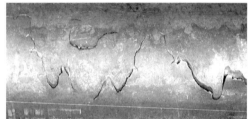

图 1-378　疤块缺陷宏观特征

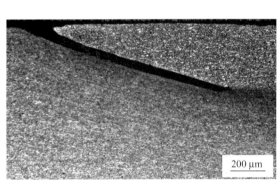 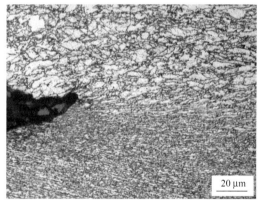

图 1-379　截面缺陷两侧组织特征　　　　图 1-380　缺陷尾端组织分层特征

实例 89:板边剪切面缺陷引起的圆筒形工件裂纹

材料名称: Q345 - J

情况说明：

厚度为 36 mm 的 Q345 - J 钢板,当弯制成建筑上用的圆筒形工件后,端部(即原板边)出现数十条裂纹,局部裂纹宏观形貌如图 1-381 所示。裂纹由圆筒形工件弓面一侧向凹面延伸,深度约占板厚的 1/4,少数扩展至板厚中心。钢板端面不平整,有一些台阶,尤其是靠弓面一侧不仅台阶严重,而且边角似刀片般锋利,裂纹多起源于锋利的边角和台阶处,而凹面一侧的边角则较钝,且无裂纹缺陷。

低倍检验:

将带有裂纹的圆筒端面试样用盐酸水溶液热浸蚀后观察,除原有的裂纹外,弓面一侧的边角又出现一些细裂纹,而其他部位均未发现裂纹。

距端面 15 mm 处取低倍试样(磨面平行端面)作酸浸检验,结果表明,试样低倍组织正常,未发现裂纹缺陷。说明钢材内部无裂纹,圆筒端面裂纹的形成与钢板剪切面上的缺陷有关。

微观特征:

垂直圆筒端面制备金相试样观察,弓面一侧边角金属被挤出且呈钩状向外翘起,在拐角和台阶处有微裂纹。

浅磨圆筒端面观察,原端面裂纹由弓面一侧向内扩展,裂纹内无氧化铁,周围无夹杂物聚集,亦无氧化脱碳。这一结果说明,裂纹并非是在高温下形成的,且与非金属夹杂物无关。

圆筒端面有一层深度约 1.5 mm 的冷变形层,该层组织呈纤维状,显微硬度为 390HV0.2,裂纹沿金属流线扩展(图 1-382)。远离端面的组织不变形,为等轴铁素体和珠光体,硬度为 190HV10。

分析判断:

圆筒端部为原始板边,该部位组织呈冷变形纤维状,硬度值偏高,说明弯制之前板边经过冷剪切,其结果导致剪切面发生了变形并产生加工硬化。从剪切面上的一些特征判断,圆筒弓面一侧剪切缺陷最为严重,存在尖锐边角、剪切台阶和微裂纹等。钢板在弯制成圆筒形工件过程中,由于弓面一侧受到的张应力最大,裂纹首先在该侧剪切缺陷处萌生,然后向凹面一侧扩展,最终形成图 1-381 所示的裂纹。

图 1-381　圆筒端面局部裂纹宏观形貌

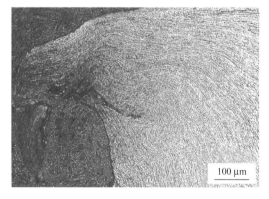

图 1-382　弓面一侧角部缺陷与组织特征

实例 90:板边剪切面缺陷引起的卷管裂纹

材料名称:Q345

情况说明:

用于加工卷管的 Q345 热轧钢板(厚度为 18 mm),在卷取加工中发现钢板弓面产生"Y"形裂纹。根据裂纹的形貌及走向判断,裂纹起始于板边小侧面,然后沿卷筒的长度方向扩展,尾端分叉,见图 1-383。

酸浸检验：

　　将板边小侧面作酸浸检验，结果表明，该面分为明显的两个区域，其中板厚约二分之一的一侧为原始剪切面，另一侧为坡口(该侧为卷管的弓面侧)。宏观粗裂纹起始于原始剪切面，然后向弓面侧扩展。原始剪切面不平整，有明显的台阶和一些细裂纹，细裂纹多起源于台阶处，长度一般为 3~6mm。而坡口则较光滑，未发现裂纹缺陷，见图 1-384。从以上特征可以判断，弓面裂纹的形成与原始剪切面上的台阶和细裂纹有关。

微观特征：

　　在板边小侧面取截面金相试样进行显微观察，原始剪切面台阶处有微裂纹(图 1-385)，裂纹长度一般为 0.6~0.8mm，深度为 0.2~0.4mm。剪切面附近的组织呈纤维状，裂纹沿金属流线延伸(图 1-386)，远离剪切面的组织则不变形，为等轴铁素体和珠光体。以上组织特征说明板边剪切时应力很大，金属发生了较大的塑性变形。

　　坡口处组织无冷变形特征，为等轴铁素体和珠光体以及部分魏氏组织。显然，该侧金属经热切割后组织已经发生了明显的变化。

硬度测定：

　　经测定，原始剪切面附近的纤维状组织硬度为 325HV10，远离剪切面部位的硬度为 189HV10，剪切面附近的硬度较正常部位偏高，说明板边冷剪切后产生了冷作硬化现象。

分析判断：

　　Q345 热轧钢板卷取裂纹是由板边原始冷剪切面上的台阶及小裂纹引起的。

　　钢板板边经冷剪切后，在剪切面上产生了一些台阶和小裂纹，同时剪切面附近的金属发生了剧烈的塑性变形(组织呈纤维状)，使其产生了冷作硬化现象。钢板在卷取过程中，台阶及小裂纹处产生应力集中，随外应力的增大，裂纹迅速扩展即形成图 1-383 所示的粗裂纹。

　　对比观察发现，板边坡口侧未发现裂纹，说明对冷剪切后的板边进行适当正火处理可消除冷剪切造成的不良影响。

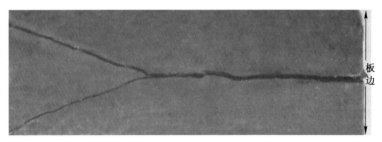

图 1-383　钢板弓面裂纹宏观形貌

图 1-384　板边小侧面上的台阶和细裂纹

图 1-385　台阶处微裂纹

图 1-386　台阶处微裂纹及冷变形组织

实例 91:板边切割面缺陷引起的工件裂纹

材料名称:60Si2MnA

情况说明:

　　厚度为 6 mm 的 60Si2MnA 弹簧钢热轧板,在使用过程中(主要受弯应力)板边产生裂纹,裂纹长度约 55 mm,宏观形貌见图 1-387。

　　将裂纹打开后,断裂面上可见明显的人字形条纹,根据条纹的指向判断,裂纹起源于板边小侧面(即火焰切割面)。

　　试样经盐酸水溶液浸泡后,板边出现一些小裂纹。

微观特征:

　　垂直于板边火焰切割面制备金相截面试样观察,板边小裂纹起源于切割面,然后向纵深扩展,裂纹附近无夹杂物,见图 1-388。

　　火焰切割面附近有一层热影响区,如图 1-389 所示。由切割面向里的组织依次为马氏体 + 少量贝氏体(深度为 0.5~0.6 mm)→屈氏体 + 珠光体→片状、球粒状珠光体 + 少量铁素体(基材组织)。裂纹分布在热影响区,见图 1-390。

分析判断:

　　钢板经火焰切割后,在板边产生了马氏体组织和微裂纹,马氏体是一种硬而脆的组织相,当工件受弯时,起源于火焰切割面的微裂纹沿脆性的马氏体组织扩展,最终形成宏观可见的裂纹缺陷。

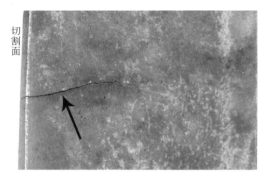

图 1-387　板边裂纹宏观形貌

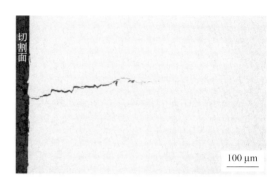

图 1-388　板边小裂纹微观特征

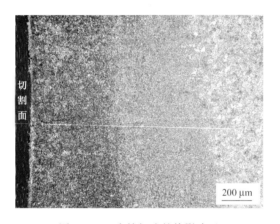

图 1-389　火焰切边的热影响区

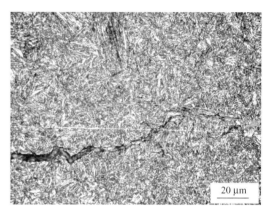

图 1-390　热影响区裂纹及组织特征

实例 92：折叠引起的帽型钢裂纹

材料名称：09CuPTiRe

情况说明：

一批 09CuPTiRe 耐候钢卷（8 mm × 1310 mm × C mm）生产的帽型钢，在安装铁道车辆过程中发现裂纹。裂纹产生在帽型钢弯角内壁（即受挤压面），并沿着试样的长度方向分布，实物照片见图 1-391。

试样经过硫酸铵水溶液浸泡后，弯角内壁有明显的机械压痕以及由此引起的折叠缺陷，裂纹起源于折叠缺陷处，见图 1-392。

微观特征：

取帽型钢横截面金相试样观察，弯角内壁组织变形严重，起源于折叠处的裂纹沿变形流线扩展，见图 1-393。

分析判断：

裂纹是在生产帽型钢过程中形成的，主要与弯角内壁机械损伤引起的折叠缺陷有关。因此在生产帽型钢之前应仔细检查模具是否处于正常状态，如发现模具有缺陷或磨损严重等应及时更换。

图1-391 帽型钢弯角处裂纹(箭头所示)

图1-392 弯角内壁机械压痕处的折叠及裂纹

图1-393 试样横截面裂纹与组织

实例93:焊渣引起的圆筒形工件裂纹

材料名称:Q345-J

情况说明:

厚度为40mm的一块Q345-J钢板,用于生产建筑上用的圆筒形工件。生产中先在板边焊制钓钩,然后再进行弯制,在弯制过程中弓面产生一条纵向裂纹,裂纹总长度约1.2m,最深约30mm,图1-394为焊钩附近裂纹特征。

用机械的方法将圆筒端面裂纹打开,靠近焊接一侧的断口(简称B断口)宏观形貌如图1-395所示。断口呈脆性特征,断口上有明显的放射状条纹,根据条纹的走向判断,裂纹起始于圆筒一端焊制钓钩的部位,然后沿圆筒长度方向(即纵向)扩展,裂纹起始部位距圆筒弓面仅9mm,如图1-395中箭头所示。

微观特征:

直接磨制B断口,且经试剂浸蚀后,从焊缝的宏观特征可以判断,焊接属手工电弧焊,焊缝处有大型夹渣,其中较大的一个呈三角形(图1-396箭头所示),面积约2.5mm²。该焊渣距熔合线约1.5mm,距工件弓面约9mm,其位置与图1-395箭头所示的断裂源部位相对应。

用光学显微镜观察,焊缝部位除焊渣外,还有细裂纹以及未焊透缺陷。

用扫描电镜观察,上述三角形夹渣形貌如图 1-397 所示。能谱分析结果表明,夹渣有
Ti、Si、Mg、Mn、O 等元素,谱线示于图 1-398。

分析判断:

Q345 - J 圆筒形工件纵向裂纹系焊接缺陷造成。钢板边部经手工电弧焊焊制钓钩后,
在焊缝区留下了大颗粒的夹渣。弯制圆筒时,在应力的作用下,裂纹首先在应力较集中的夹
渣处萌生,随着应力的增大,裂纹沿圆筒应力最大的纵向迅速扩展成纵向裂纹。

图 1-394　圆筒端面焊接处裂纹宏观形貌(箭头所示处为裂纹起源部位)

图 1-395　B 断口宏观形貌(箭头所示处为断裂源)

图 1-396　焊缝处夹渣(箭头所示处)

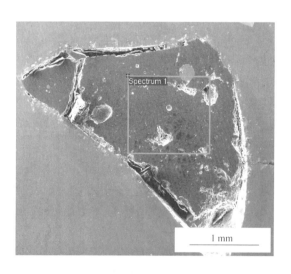

图 1-397　夹渣形貌(方框为能谱分析部位)

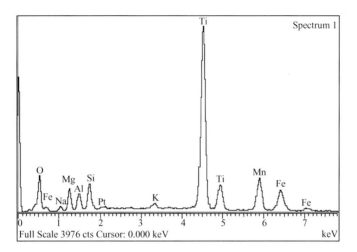

图 1-398 夹渣能谱分析图

第 2 章　线材和型材缺陷与失效

2.1　热轧线材缺陷

2.1.1　线状缺陷

实例 94：铸坯表面纵裂纹引起的线状缺陷

材料名称：SWRH82B

情况说明：

SWRH82B 方坯热轧成 ϕ12.5 mm 的线材后，在表面出现较长的沿纵向分布的线状缺陷，经盐酸水溶液热浸蚀后，其特征更加明显，缺陷较深，看不到底部，如图 2-1 所示。

微观特征：

取线材横截面试样磨制抛光后观察，缺陷呈由表面向内斜向延伸的裂纹，裂纹中有氧化铁，周围有细密的氧化圆点，见图 2-2。

试样经试剂浸蚀后，正常部位组织为索氏体和少量珠光体，裂纹周围组织严重脱碳，脱碳区索氏体量明显减少，出现大量铁素体，见图 2-3。

分析判断：

SWRH82B 热轧线材表面线状缺陷呈裂纹形态向内延伸，附近存在严重的氧化脱碳，这种重度的氧化与脱碳只可能在加热炉内的环境条件下发生，说明该缺陷来源于连铸坯表面纵裂纹。铸坯经高温加热后，表面裂纹被严重氧化，在线材的生产过程中，裂纹缝隙内氧化铁不能被消除，它破坏变形金属的连续性且随着加工形变而延伸，导致表面产生线状缺陷。

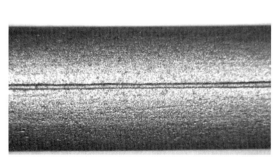

图 2-1　SWRH82B 线材表面线状缺陷

图 2-2　裂纹周围氧化圆点

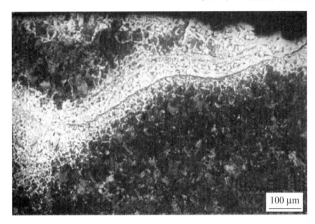

图 2-3   裂纹周围组织脱碳(白色区域)

实例 95:铸坯边部裂纹引起的线状缺陷

材料名称:45 号
情况说明:

棒材中间产品表面出现一些长短不一的线状缺陷,宏观特征见图 2-4。

加工横截面低倍试样且经盐酸水溶液热浸蚀后观察,缺陷呈单条深入钢基(图 2-5 箭头 1),深度一般为 1.5 mm。距表面约 3 mm 的区域可见短条状细裂纹(图 2-5 箭头 2),其形貌类似 YB4002—91(连铸钢方坯低倍组织缺陷评级图)中的边部裂纹。

微观特征:

将低倍试样打磨抛光后进行高倍观察,缺陷在横截面上呈尾端圆钝的条状裂纹,同时还观察到形貌相同但与表面未连通的裂纹,见图 2-6。裂纹附近无非金属夹杂物和氧化脱碳。

分析判断:

棒材内部存在类似铸坯边裂的缺陷,说明棒材表面线状缺陷是铸坯边裂在轧制过程中暴露于表面并随变形金属延伸而形成的。孔型系统设计不合理对这种线状缺陷的形成有促进作用。

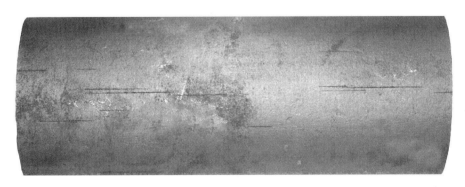

图 2-4   45 号钢棒材表面线状缺陷

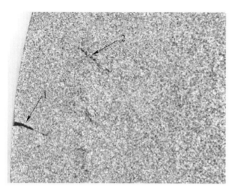

图2-5 棒材横截面低倍边裂(箭头所示)

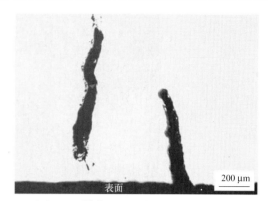

图2-6 横截面抛光态下裂纹微观特征

实例96:热轧划伤引起的线状缺陷

材料名称:SWRM8

情况说明:

φ6.5 mm 的 SWRM8 热轧线材经盐酸水溶液热浸蚀后,表面存在沿纵向分布的直线状缺陷,缺陷较浅,一般可见底部,如图2-7所示。

微观特征:

垂直线状缺陷取横截面试样观察,缺陷呈底部平滑的圆弧形凹坑,周围无氧化脱碳现象,组织与正常部位相同,为等轴铁素体和少量珠光体,见图2-8。

分析判断:

SWRM8 热轧线材表面线状缺陷底部圆滑,周围无氧化脱碳和流变特征,说明缺陷是热轧过程中奥氏体相变之前产生的热划伤。

热轧过程中,导卫粘钢、有氧化铁皮堆积或加工不良、损伤等都会产生表面热划伤,生产中应注意对这些环节的控制。

图2-7 SWRM8 线材表面线状缺陷

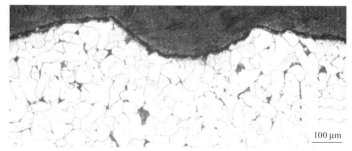

图2-8 凹坑周围组织特征

2.1.2　疤状缺陷

实例97：铸坯表面裂纹引起的疤状缺陷

材料名称：SWRH82B

情况说明：

SWRH82B 方坯热轧成 ϕ12.5mm 的线材后，其表面出现沿轧向分布的疤状缺陷带，带宽约4mm，如图2-9所示。

微观特征：

疤状缺陷在线材横截面上的特征如图2-10中所示的白色弧形区域，该区域除两端与正常部位分离外，其余部位与正常处相连，可见疤状缺陷属于本体金属。白色弧形区组织脱碳严重，出现大量铁素体，正常部位组织为索氏体和少量片状珠光体。

分析判断：

SWRH82B 线材表面疤状缺陷源自原铸坯上的表面裂纹（或局部小裂纹簇），表面裂纹经高温加热其附近的组织产生严重的脱碳，组织发生变化，在轧制过程中形成疤状缺陷。

图2-9　SWRH82B线材表面疤状缺陷

图2-10　横截面上疤状缺陷显微特征

实例98：TiN 夹杂物引起的疤状缺陷

材料名称：70S－G

情况说明：

规格为 200 mm×200 mm 的 70S－G 连铸方坯，经热轧轧制成 ϕ6 mm 的盘条后，表面多处出现疤状缺陷（图2-11），缺陷大小不一，分布无规律。

微观特征：

从金相磨片上观察到疤状缺陷处有微裂纹，裂纹附近存在大量聚集分布的金黄色 TiN

夹杂物,见图 2-12 和图 2-13。

对同一炉 70S - G 钢的一支连铸方坯进行金相检验,试样中 TiN 夹杂物颇多,大多聚集分布,见图 2-14。与盘条上的 TiN 相比,铸坯上的 TiN 颗粒较粗大。

分析判断:

线材疤状缺陷及缺陷处成群的 TiN 夹杂物来源于铸坯。聚集分布的 TiN 夹杂物破坏变形金属的连续性,在轧制时产生裂纹,并随着轧制的进行演变成疤状缺陷。

铸坯中 TiN 夹杂物主要与浇铸过程中卷渣有关,生产中应严格控制浇铸工艺,避免卷渣。

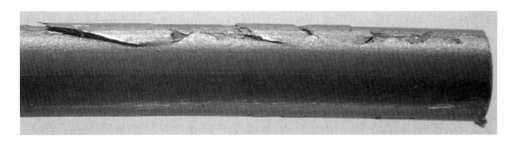

图 2-11　70S - G 线材表面疤状缺陷

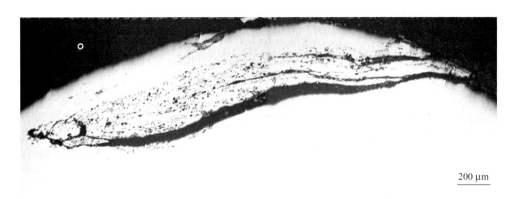

200 μm

图 2-12　裂纹附近聚集分布的 TiN 夹杂物

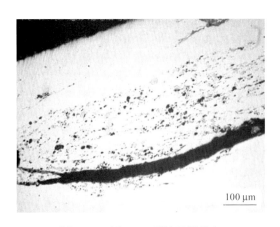

100 μm

图 2-13　图 2-12 裂纹局部放大

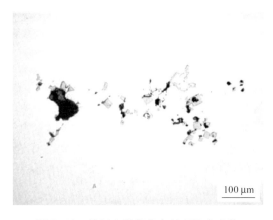

100 μm

图 2-14　铸坯中聚集分布的 TiN 夹杂物

实例99:铸坯表面(或皮下)气泡引起的疤状缺陷

材料名称: GM10Mn

情况说明:

规格为200mm×200mm的GM10Mn连铸方坯,热轧成ϕ8mm的线材后,表面多处出现如图2-15所示的疤状缺陷。检查同一炉号的中间产品ϕ105mm圆钢,发现圆钢表面有数量颇多的短条状裂纹,裂纹沿轧向分布,长度一般为3~15mm,少数为20~30mm。

将圆钢加工成低倍试样作热酸蚀检验,原始外表面去除氧化铁皮后裂纹特征更加明显,裂纹数量增多,几乎布满整个圆钢表面;在其横截面上,裂纹沿周边分布,多数呈单条,也有部分交织在一起,深度3~8mm,见图2-16。

微观特征:

分别在圆钢和线材缺陷处取金相试样观察,圆钢表面缺陷在横截面上呈条状,形貌类似被拉长的气泡(图2-17),其内嵌有氧化铁,附近存在严重的高温氧化和脱碳。

线材表面缺陷在横截面上呈向内斜向延伸的微裂纹,裂纹内嵌有氧化铁,见图2-18。

分析判断:

GM10Mn线材表面疤状缺陷是由圆钢表面缺陷造成的。缺陷具有气泡特征,说明它是原铸坯表面(或皮下)气泡引起的。

原铸坯表面(或皮下)气泡在高温加热过程中内壁被严重氧化,轧制时无法被焊合而遗留在圆钢和成品盘条上,最终在盘条表面形成疤状缺陷。

铸坯表面(或皮下)气泡的形成与炼钢期间脱氧不良或保护渣潮湿等因素有关。

图2-15　热轧线材表面疤状缺陷

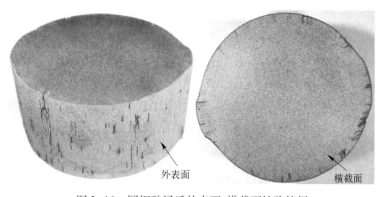

外表面　　　横截面

图2-16　圆钢酸浸后外表面、横截面缺陷特征

200 μm

图 2-17　圆钢横截面缺陷微观特征

100 μm

图 2-18　盘条横截面缺陷微观特征

实例 100：热轧折叠引起的小疤块

材料名称：SWRH72A

情况说明：

　　φ5.5mm SWRH72A 热轧线材，尾段（相当于方坯的尾部）有一些断续分布的小疤块（图 2-19），疤块出现在耳子上，分布比较有规律，间隔几乎相等。

微观特征：

　　缺陷在线材横向剖面上呈折叠形态（图 2-20），周围组织无明显的脱碳特征。

分析判断：

　　线材表面小疤块的分布比较有规律，微观特征呈折叠状，说明这种缺陷是在热轧过程中产生的。缺陷仅出现在尾段，这是由于热轧时线材头尾在机架间无张力，变形不稳定，尺寸波动大而形成的。

　　为保证线材表面质量，线材头尾应按标准规定切除。

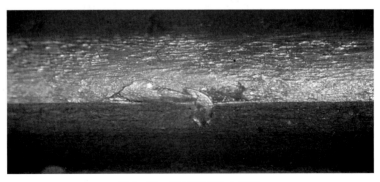

图 2-19　线材耳子处小疤块

图 2-20 横截面抛光态下缺陷微观形貌

实例 101:异金属压入引起的疤块

材料名称:WS 03

情况说明:

WS 03 焊丝钢热轧成规格为 $\phi 9\ mm$ 的盘条后,表面出现严重的疤状缺陷,宏观特征见图 2-21。

分别磨制盘条纵、横截面试样且经试剂浸蚀后,疤块区域颜色呈深灰色(疑为异金属块),正常部位呈浅灰色,如图 2-22 所示。

微观特征:

疤块周边与正常部位分离,组织为索氏体和块状碳化物以及细片状石墨,且存在较多孔隙,见图 2-23。正常部位组织为铁素体和贝氏体(图 2-24)。

用电子探针能谱仪对疤块和正常部位成分(质量分数,%)做对比分析,疤块处的成分与正常部位存在明显差异,疤块处 Si、Mo 的含量比正常部位高,Mn 的含量比正常部位低,且还存在 Cr、V、Ni 元素,见表 2-1。

表 2-1 疤块与正常部位微区成分($w/\%$)

分析部位	Si	Mn	Cr	V	Ni	Mo	Fe
疤块 1	1.01	1.01	17.97	0.34	1.10	0.92	77.65
疤块 2	1.13	1.00	18.23	0.40	1.05	1.14	77.06
正常部位	0.12	1.88	—	—	—	0.41	97.59

分析判断:

盘条表面疤块处的组织和成分与正常部位明显不同,这种组织类似于高铬铸铁中的共晶组织,说明疤块是轧制中异金属压入盘条表面造成的。根据其成分和组织特征判断,异金属与轧辊或模具掉块有关。

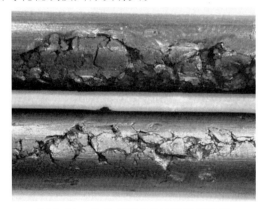

图 2-21 盘条表面疤状缺陷宏观特征

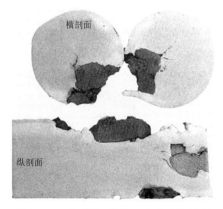

图 2-22 盘条纵、横磨面上的疤块特征

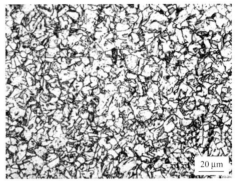

图 2-23 疤块部位组织特征   图 2-24 正常部位组织特征

2.1.3 折叠

实例 102:由耳子引起的折叠

材料名称:60Si2MnA

情况说明:

规格为 ϕ11 mm 的 60Si2MnA 热轧线材,冷拔至 ϕ7.12 mm 时表面有沿轧制方向分布的无缝隙折叠缺陷(图 2-25 箭头所示)。

微观特征:

取线材横截面金相试样观察,缺陷处有两条裂纹,裂纹附近无高温氧化特征,见图 2-26,图中裂纹呈倒"八"字形对称分布。

分析判断:

缺陷在线材横截面上呈倒"八"字形裂纹对称分布,这是线材上的耳子在后续道次轧制中被压入本体而形成的折叠缺陷。

图 2-25 线材表面折叠缺陷

图 2-26 线材横截面裂纹呈倒"八"字形对称分布

2.1.4　裂纹、蛇鳞状缺陷

实例 103：铸坯中间裂纹引起的圆钢内部裂纹

材料名称：20 号

情况说明：

由 20 号连铸钢方坯轧制的 $\phi130$ mm 圆钢，做横截面低倍检验时发现内部有裂纹，裂纹分布在近中心部位的两侧，附近可观察到一些点状夹杂物，见图 2-27。裂纹分布特征类似 YB4002—91（连铸钢方坯低倍组织缺陷评级图）中的中间裂纹。

微观特征：

取金相试样进行显微观察，裂纹处伴有 MnS 夹杂物（图 2-28），附近亦有此类夹杂。经试剂浸蚀后，裂纹及夹杂物附近的组织与正常部位相同，为铁素体和珠光体，无成分偏析特征。

分析判断：

圆钢内部裂纹是连铸坯中间裂纹遗传的结果。由于裂纹处伴有 MnS 夹杂物，在轧制中不能被轧合而遗留在其内部。

图 2-27　圆钢横截面低倍裂纹特征

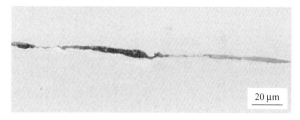

20 μm

图 2-28　裂纹及 MnS 夹杂物

实例 104：铸坯表面缺陷引起的树皮状裂纹

材料名称：WQ－2

情况说明：

一批 200 mm×200 mm 的 WQ－2 连铸方坯，经热轧成 $\phi6.5$ mm 的成品盘条后，盘条表面缺陷和断裂现象比较严重。检查中间产品 $\phi30$ mm 的轧制中间棒，发现棒材表面存在大量树皮状裂纹（图 2-29）。

据调查，同炉同批次 WQ－2 钢的连铸方坯在吊装时曾有个别坯发生断裂事故。从该坯断口面上可以观察到柱状晶十分粗大，且排列整齐，在其相邻的表面有缺陷。

微观特征：

用金相显微镜观察棒材横向抛光面,表层存在大量裂纹,裂纹斜向深入部位,其内充满氧化铁,附近存在严重的高温氧化和组织脱碳,见图 2-30 和图 2-31。

在断裂坯表面缺陷部位取金相试样观察,铸坯表层存在一定深度的裂纹和孔洞,该区域组织脱碳,见图 2-32。正常部位组织为铁素体和珠光体以及区域性分布的魏氏组织。

分析判断：

WQ-2 棒材表面裂纹附近存在严重的氧化脱碳,这种重度的氧化与脱碳说明裂纹来源于铸坯表面缺陷。

对 WQ-2 连铸方坯的检验结果进一步证实,棒材表面树皮状裂纹是原方坯上的表面缺陷经加热轧制演变成的。

图 2-29　棒材表面树皮状裂纹宏观形貌

20 μm

图 2-30　棒材试样裂纹附近氧化特征

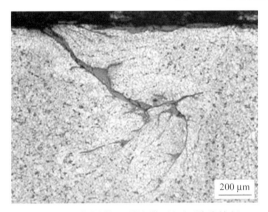

200 μm

图 2-31　棒材截面裂纹附近组织脱碳特征

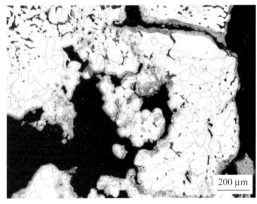

200 μm

图 2-32　方坯截面缺陷区域组织特征

实例 105:过烧引起的裂纹

材料名称:SWRH82B

情况说明:

规格为 φ12.5 mm 的 SWRH82B 热轧盘条,表面出现沿轧向分布的裂纹,裂纹形状不规则,宏观特征如图 2-33 所示。

微观特征:

浅磨盘条表面缺陷部位进行显微观察,裂纹大多呈断续的网状分布,附近有一些黑色小孔洞,孔洞处无非金属夹杂物,如图 2-34 所示。

取盘条截面金相试样观察,表层裂纹区域也有数量颇多的小孔洞。该区域组织脱碳严重,出现数量较多的铁素体组织,见图 2-35。

用扫描电镜观察上述试样孔洞,孔洞内具有高温熔融的特征。

分析判断:

盘条表面裂纹呈断续网状分布,该区域组织脱碳严重,且还出现了一些具有高温熔融状态的小孔洞,这些特征表明,裂纹的形成与铸坯在高温加热过程中局部过烧有关。

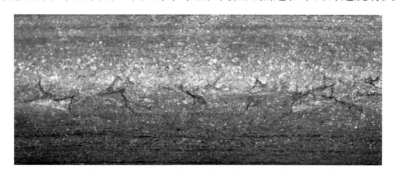

图 2-33 盘条表面裂纹特征

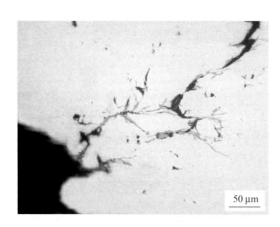

图 2-34 盘条表面裂纹及小孔洞特征

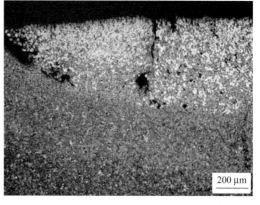

图 2-35 盘条截面裂纹、小孔洞及组织脱碳特征

实例 106:过烧引起的蛇鳞状缺陷

材料名称:60Si2MnA

情况说明：

规格为 ϕ12.5 mm 的 60Si2MnA 热轧线材,表面有两条对称分布的缺陷带,缺陷呈蛇鳞状(图 2-36)。

微观特征：

磨制线材表面蛇鳞状缺陷部位观察,缺陷区域存在较多趋于网状分布的微裂纹,裂纹中有氧化铁,见图 2-37。

取线材纵、横截面金相试样观察,缺陷处观察到多条裂纹,裂纹分布在表层,最大深度约 75.3 μm,其内有氧化铁。

经试剂浸蚀后,试样整个周边均有严重的脱碳,脱碳层总深度达 172.5 μm,其中表层全脱碳,晶粒明显长大,表层裂纹及组织脱碳特征见图 2-38,正常部位组织为索氏体和珠光体及网状铁素体。

分析判断：

线材表面蛇鳞状缺陷区域存在趋于网状分布的细裂纹,周边组织脱碳较严重,表明缺陷是由于钢坯过烧造成的。

由于 60Si2MnA 钢对高温比较敏感,温度和时间控制不好容易出现过烧和严重的脱碳,因此烧钢时应严格执行操作规程。

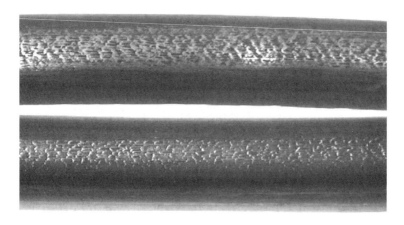

图 2-36　线材表面蛇鳞状缺陷

图 2-37　表面微裂纹特征

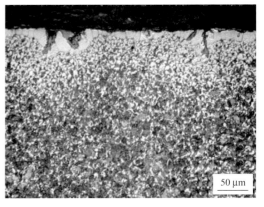

图 2-38　表层裂纹及组织脱碳特征

2.1.5　脆断

实例 107：白点引起的脆断

材料名称：SWRH82B

情况说明：

ϕ12.5 mm 的 SWRH82B 线材，还未使用即发生自然断裂，断裂面较平坦，呈脆性断裂特征，见图 2-39。

酸浸检验：

在线材断裂部位取纵截面试样（沿中心剖开），经热盐酸水溶液浸蚀后观察，纵截面中心部位有数条沿轧向平行分布的锯齿状发纹，发纹长度一般为 0.7~0.8 mm，见图 2-40。

微观特征：

用金相显微镜观察试样抛光面，发纹穿晶分布，周围无异常夹杂物和氧化脱碳，其边缘呈锯齿状（图 2-41），具有典型的白点特征。

分析判断：

SWRH82B 线材脆断是由白点造成的，亦称氢致开裂，它是由于原材料中存在过量的氢和热轧过程中所引起的残余应力共同作用的结果。

为避免盘条中产生白点，生产中应降低钢中氢含量，此外采取缓冷也是消除白点的有效方法。

图 2-39　断口宏观特征

图 2-40　纵截面低倍锯齿状发纹

图 2-41 抛光态下的锯齿状发纹

实例 108：马氏体组织引起的脆断

材料名称：SWRH82B

情况说明：

规格为 φ8mm 的 SWRH82B 盘条，在仓库检查时发现部分脆断，断裂面较平坦，呈脆性断裂特征，见图 2-42。

微观特征：

盘条断裂试样组织为马氏体(85%)和屈氏体(13%)及少量残余奥氏体，见图 2-43。

分析判断：

SWRH82B 热轧盘条的正常组织应为索氏体 + 少量片状珠光体，而该盘条是马氏体和屈氏体及少量残余奥氏体的混合组织，它的形成与盘条在斯太尔摩控冷线上的冷却速度过快有关。由于高碳钢具有较强的淬透性，因而在水冷条件下易形成马氏体，当这种组织在截面上占一定数量时，盘条在卷取或搬运过程中很容易发生脆断。

在生产中，应控制盘条在斯太尔摩控冷线上的冷却速度，避免形成马氏体组织。

图 2-42 线材断面宏观形貌

图 2-43 断裂试样组织特征

2.2 冷拔线材缺陷

2.2.1 笔尖状断裂

实例 109：中心缩孔引起的断裂

材料名称：77MnA

情况说明：

77MnA 高碳钢线材在冷拔过程中常出现断线、断丝的现象，其断口形貌多呈笔尖状和漏斗状（也称杯、锥状），因笔尖状和漏斗状是同一匹配断口，一般将此类断口统称为笔尖状断口，该断裂亦称为笔尖状断裂。典型断口宏观形貌如图 2-44 所示，图中下方断口从盘条周边到心部逐渐突起，形如笔尖，上方为与之匹配的断口，呈漏斗状。这是线材中断裂起始于截面心部，并逐渐沿周边向外扩展的一种特殊断裂方式。

用冷切方法截取断裂线材纵截面（沿中心剖开）和横截面试样，试样经磨制抛光后肉眼（或放大镜）可观察到断口纵截面呈比较规则的 V 形，其底部延伸处有一些沿轴向断续分布的裂纹和孔隙，裂纹也多呈 V 形；在横截面中心部位缺陷为孔隙，见图 2-45。

从图 2-45 中可以看出，线材在冷拔过程中产生笔尖状断裂主要与其心部缺陷相关。

微观特征：

用扫描电镜观察 77MnA 漏斗状断口，低倍形貌如图 2-46 所示，漏斗壁均为韧窝特征，其底部呈撕裂形变韧窝特征且存在裂隙，见图 2-47。断裂起源于底部裂隙处，并向周边放射扩展。

用金相显微镜观察图 2-45 所示的试样，裂纹在纵截面呈 V 形；在横截面中心呈近似圆形的孔洞，孔洞附近存在向周边放射扩展的细裂纹，见图 2-48。缺陷处未见严重的夹杂物，附近组织与正常部位相同，为索氏体 + 少量片状珠光体。

低倍特征：

检验同炉次同浇铸工艺的 77MnA 方坯酸浸试样，该批铸坯枝晶较发达，铸坯中心存在严重的缩孔缺陷，缩孔在方坯纵截面断续密集分布（图 2-49），最大直径为 10 mm。其分布特征与拉拔线材心部的裂纹和孔隙相近。

分析判断：

由断口和金相分析可知，线材断裂起始于截面心部。由于心部存在孔隙，在冷拔过程中，孔隙破坏变形金属的连续性且形成 V 形裂纹，裂纹逐渐沿周边向外扩展，导致线材断裂，形成笔尖状和漏斗状断口。

线材心部的孔隙是方坯中的缩孔缺陷经热轧→冷拔演变的结果。

铸坯中的缩孔与连铸时中间包过热度过大等因素有关。因此在生产中控制过热度不能太高，以减轻或消除缩孔。对严重的缩孔应予以切除。

图 2-44　笔尖状、漏斗状断口宏观形貌

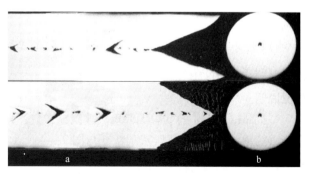

图 2-45　线材纵(a)、横(b)截面中心缺陷宏观特征

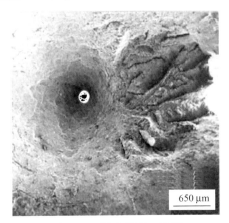

图 2-46　漏斗状断口特征

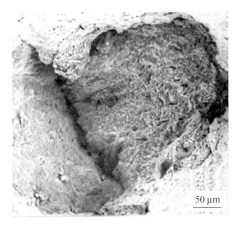

图 2-47　断口底部裂隙

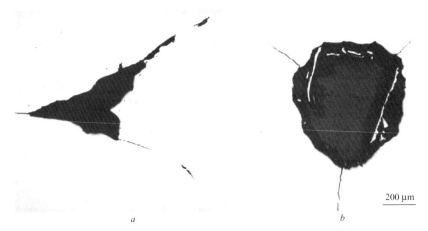

a　　　　　　　　　　　*b*

图 2-48　线材纵截面(*a*)、横截面(*b*)中心缺陷微观特征

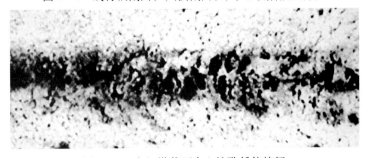

图 2-49　方坯纵截面中心缩孔低倍特征

实例 110：中心磷、铬、锰元素偏析引起的断裂

材料名称：SWRH82B

情况说明：

一批 φ12.5 mm 的 SWRH82B 热轧线材，当冷拔至 φ10 mm、φ6 mm 和 φ5 mm 规格时出现严重的笔尖状断裂，断口宏观特征与图 2-44 所示相似。

微观特征：

用扫描电镜观察不同规格的线材断裂试样，笔尖状断口尖端放大后均可见明显裂隙

（图2-50）。

取断裂线材纵、横截面试样，试样抛光面经磷偏析试剂浸蚀后，纵截面中心有一条偏析带，偏析带的一端正好位于断口笔尖的尖端（图2-51a），在横截面的中心，偏析呈一小黑点（图2-51b），在偏析带上存在孔隙和裂纹。

用金相显微镜观察上述纵截面试样，中心偏析带呈白亮色，孔隙和裂纹呈链状分布在偏析带上（图2-52）。

为弄清线材中心偏析和缺陷是在何工序产生的，对同一炉SWRH82B钢的ϕ12.5 mm原料样品进行了检验。结果显示，纵截面中心同样存在沿轧向分布的白亮色偏析带，但偏析带上未观察到裂纹和孔隙（图2-53）。上述结果说明，断裂试样上的偏析带是原料带来的，孔隙和裂纹则是在拉拔过程中产生的。

用电子探针对冷拔断裂样品和未经拉拔的原料样品进行微区成分（质量分数，%）分析，中心偏析带上的磷、铬、锰元素比其他区域偏高，见表2-2和图2-54。

表 2-2　试样中心偏析区与正常区成分对比（w/%）

试样名称	分析部位	Si	P	Cr	Mn
断裂样品	偏析区	0.31	0.21	0.68	1.55
	正常区	0.30	0.00	0.18	0.75
原料样品	偏析区	0.32	0.23	0.70	1.56
	正常区	0.31	0.00	0.18	0.76

分析判断：

SWRH82B线材在冷拔过程中产生笔尖状断裂与盘条中心存在磷、铬、锰元素的偏析有关。这类元素的偏析使得该区域脆性增大，强度和塑性降低，在冷拔过程中由于偏析区与正常基体间不协调的形变导致偏析带产生孔隙，孔隙扩展为裂纹后，逐渐沿周边向外扩展即造成线材断裂。

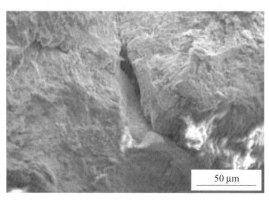

图 2-50　笔尖状断口尖端裂隙

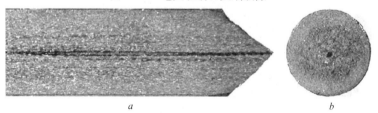

a　　　　　　　　　　　*b*

图 2-51　纵截面（*a*）、横截面（*b*）中心偏析特征

图 2-52　冷拔断裂样品偏析带上的孔隙和裂纹

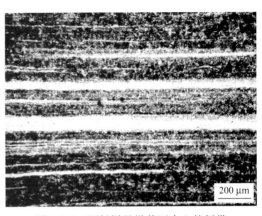

图 2-53　原料样品纵截面中心偏析带

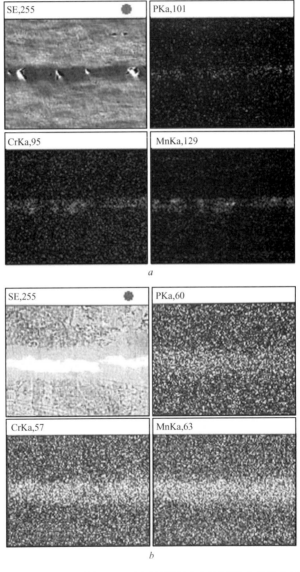

图 2-54　冷拔断裂样品(a)和原料样品(b)偏析带元素分布情况

实例 111：中心硫、磷元素偏析引起的断裂

材料名称：70 号
情况说明：

ϕ6.5 mm 的 70 号钢线材冷拔至 ϕ3.5 mm 时产生笔尖状断裂。

微观特征：

断裂试样的纵截面中心存在一条由 V 形裂纹、孔隙和条状 MnS 夹杂组成的缺陷带，MnS 夹杂数量颇多且聚集分布，孔隙多萌生于硫化物夹杂处（图 2-55）。

试样经磷偏析试剂浸蚀后，中心缺陷区域显示出较强的 P 偏析带特征。电子探针分析结果表明，偏析区 $w(P)$ 偏高，达 0.09%。

分析判断：

线材心部存在严重的 MnS 夹杂物和 P 元素的偏析带，导致该区域延塑性降低，脆性增大，冷拔过程中，由 MnS 夹杂处萌生的孔隙扩展为 V 形裂纹，最终导致断裂发生。

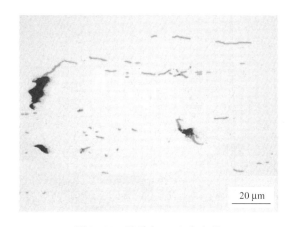

图 2-55 孔隙与 MnS 夹杂物

实例 112：中心夹渣引起的断裂

材料名称：77MnA
情况说明：

规格为 ϕ12.5 mm 的 77MnA 热轧线材，冷拔至 ϕ7 mm 时产生笔尖状断裂。

微观特征：

沿断裂线材轴心截取纵截面试样观察，中心部位存在大量聚集分布的深灰色夹渣，夹渣处有一些孔隙和裂纹（图 2-56）。电子探针能谱分析结果表明，夹渣有 Si、Ca、Al、O、Mn，另有微量 K、Mg、Ti 等，见图 2-57。

分析判断：

线材在冷拔过程中产生笔尖状断裂是由于截面中心存在尺寸粗大的夹渣引起的。夹渣成分与保护渣变质体类似。

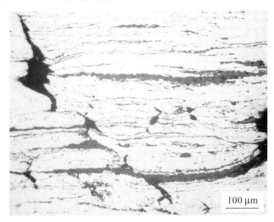

图 2-56　夹渣处孔隙和裂纹

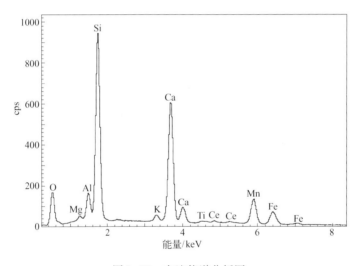

图 2-57　夹渣能谱分析图

实例 113：中心 TiN 夹杂物引起的断裂

材料名称：77MnA

情况说明：

　　ϕ12.5 mm 的 77MnA 线材，拉拔至 ϕ7 mm 时产生笔尖状断裂。

微观特征：

　　通过线材轴心取纵截面试样观察，其心部有一些呈链状分布的 TiN 夹杂物，夹杂与钢基的界面上有黑色孔隙，见图 2-58。

分析判断：

　　线材心部存在聚集分布的 TiN 夹杂物，由于该夹杂物硬而脆，变形性能极差，拉拔时易在此处产生孔隙，随着拉拔或形变的继续，孔隙逐渐扩展为裂纹，造成线材产生笔尖状断裂。

图 2-58　线材心部 TiN 夹杂及孔隙

实例 114：中心网状渗碳体引起的断裂

材料名称：SWRH82B

情况说明：

规格为 ϕ12.5 mm 的 SWRH82B 热轧盘条在冷拔过程中产生笔尖状断裂。

微观特征：

笔尖状断口附近的纵截面中心存在较多的裂纹、孔隙以及与之相关的网状二次渗碳体，渗碳体沿原奥氏体晶界分布，多呈封闭状，裂纹和孔隙产生于渗碳体处，且沿着渗碳体网络扩展，见图 2-59。线材心部以外的其他区域组织为索氏体及少量粗片状珠光体，未观察到二次渗碳体。

观察另一批次性能良好的冷拔试样，无网状渗碳体。

经电镜观察，性能良好的试样冷拔前为片状珠光体，片层间距均匀（图 2-60a），冷拔后，渗碳体片发生明显变形（图 2-60b）。冷拔断裂试样珠光体片层不均匀，晶粒被沿晶的网状渗碳体包围（图 2-60c），经变形后，由于网状渗碳体的束缚晶粒变形小，渗碳体片变形也不明显，而网状渗碳体附近的铁素体发生明显塑性变形（图 2-60d）。可以看出，沿晶网状渗碳体是影响 SWRH82B 钢冷拔性能的主要原因。

分析判断：

产生笔尖状断裂的线材，其心部组织中存在包围晶粒周边的网状二次渗碳体。网状渗碳体是高碳盘条中的有害组织，它是一种硬而脆的组织相，在冷拔过程中，由于网状渗碳体的束缚晶粒变形小，因而在此处产生应力集中，形成裂纹或孔隙，最终导致笔尖状断裂。

高碳钢线材正常组织以索氏体为主，没有网状二次渗碳体产生。这是盘条生产上采取了控制冷却（吐丝后水冷和相变前风冷），使奥氏体过冷至 Ac_1 温度以下，先共析的二次渗碳体转变被遏制而直接发生共析转变，冷却后得到索氏体组织。二次渗碳体的析出是由于盘条冷却速度相对较小和中心碳含量更高（碳偏析）而引起的，因此生产中应减轻钢中碳偏析，热轧时严格控制相变前的冷却速度（吐丝前、后的水冷、风冷及轨道运行速度），遏制二次渗碳体的析出。

图 2-59　裂纹和孔隙产生于渗碳体处

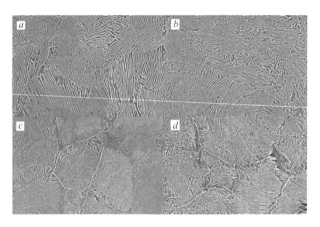

图 2-60　不同冷拔性能的 SWRH82B 钢变形前、后组织

实例 115：中心马氏体偏析带引起的断裂

材料名称： 77MnA

情况说明：

规格为 $\phi 9\ \text{mm}$ 的 77MnA 盘条拉拔至 $\phi 7\ \text{mm}$ 时产生笔尖状断裂。

微观特征：

用扫描电镜观察到断口笔尖尖端有裂隙，该处呈沿晶断裂特征（图 2-61），其他区域呈韧窝特征。

沿断裂线材轴心剖开制备金相试样进行观察，漏斗状断口其纵截面呈 V 形缺口，其延伸处有一条马氏体组织偏析带，偏析带上有孔隙和裂纹；非偏析区组织为形变索氏体和少量片状珠光体，见图 2-62。

抽检同一批号 77MnA 钢的 $\phi 9\ \text{mm}$ 原料样品，纵截面中心同样存在马氏体组织偏析带（图 2-63），但未发现孔隙和裂纹，说明孔隙和裂纹是在拉拔过程中产生的。

用显微硬度计对上述样品组织进行测定，马氏体组织硬度为 588HV0.1；索氏体组织硬度为 318HV0.1,可见马氏体组织的显微硬度值比索氏体偏高。

电子探针微区成分(质量分数,%)分析结果表明,无论是冷拔断裂试样还是原料样品,马氏体区域均存在 Cr、Mn、Si 和 P 元素的偏析,见表 2-3。

表 2-3　马氏体区域与正常区域成分(w/%)

部　位	Si	Cr	Mn	P
马氏体区域	0.31	0.71	1.38	0.11
正常区域	0.26	0.19	0.78	0.00

分析判断:

线材心部存在马氏体组织偏析带,其类型为高碳马氏体,这种组织相对于其余部位的索氏体,其强度、硬度高,延塑性低。在随后的冷拔过程中,不协调的形变导致马氏体带出现孔隙和裂纹,并最终产生笔尖状断裂。

线材心部马氏体组织的形成与该区域存在严重的 Mn、Cr 元素偏析有关。该类元素均属于提高钢的淬透性的元素,使该偏析部位的奥氏体稳定性增大,“C”曲线右移(相对于非偏析区更靠右),形成马氏体的临界冷却速度降低,从而在非淬火条件下得到马氏体组织。

线材心部 Mn、Cr 元素的偏析与连铸方坯中心偏析有关。

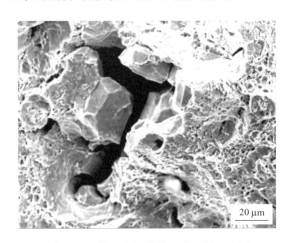

图 2-61　断口尖端裂隙和沿晶断裂特征

图 2-62　拉拔样马氏体偏析带上的裂纹和孔隙

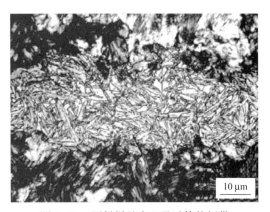

图 2-63　原料样品中心马氏体偏析带

实例 116：中心铁素体偏析带引起的断裂

材料名称：65 号

情况说明：

规格为 $\phi6.5$ mm 的 65 号钢热轧线材冷拔至 $\phi2.1$ mm 时产生笔尖状断裂。

微观特征：

在断裂试样的纵剖面上观察到中心有大量裂纹、孔隙和严重的铁素体偏析带，裂纹和孔隙均沿铁素体偏析带分布（图 2-64）。线材心部以外的其他区域组织正常，为均匀分布的形变索氏体和铁素体。

分析判断：

线材心部存在严重的铁素体偏析带，这种组织相对于正常部位的组织（均匀分布的形变索氏体和铁素体），其强度较低，因而在拉拔过程中导致铁素体偏析带产生孔隙→裂纹，最终导致线材产生笔尖状断裂。

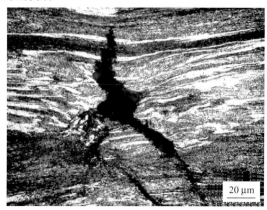

图 2-64　裂纹和孔隙产生于铁素体偏析区

实例 117：中心粗片状珠光体引起的断裂

材料名称：SWRH72A

情况说明：

规格为 $\phi5.5$ mm 的 SWRH72A 热轧线材，初拉拔至 $\phi4.0$ mm 和 $\phi3.5$ mm 时断裂现象较严重，断口的形貌呈较规则的笔尖状和漏斗状。

微观特征：

用扫描电镜分别对 $\phi4.0$ mm 和 $\phi3.5$ mm 两种不同规格的线材断口试样进行观察，笔尖尖端和漏斗底部可见明显裂隙和片状珠光体形态（图 2-65）。

沿断裂样品轴向剖开，宏观可见剖面中心区域存在数量较多且大小不一的孔隙和裂纹（图 2-66）。

分别用金相显微镜和扫描电镜观察，孔隙和裂纹附近无严重的夹杂物和成分偏析现象，组织为片状珠光体和索氏体以及沿珠光体团分布的铁素体，片状珠光体不仅数量多（约占 50%），而且片层粗大，平均片间距约为 0.435μm，孔隙和裂纹多分布于粗片状珠光体处（图 2-67）。

观察另一批次性能良好的线材试样,组织为索氏体(含量约占95%)和少量片状珠光体及少量铁素体,索氏体平均片层间距约0.202 μm。

根据铁素体勾画的晶粒轮廓评定原奥氏体晶粒度,断裂线材中心奥氏体晶粒度为3~4级,其他部位为5~5.5级;性能良好的线材原奥氏体晶粒尺寸较均匀,晶粒度为8级。

分析判断:

SWRH72A热轧线材属高碳钢,正常组织为索氏体和少量粗片状珠光体及少量铁素体。按照有关标准要求,组织中的索氏体量需控制在80%以上,才能确保其具有良好的综合性能。索氏体也称细珠光体,它与一般的珠光体同属于铁素体-渗碳体的整合组织。二者均属于共析转变产物,在组织形貌上的差别仅只是"片层间距"的粗细不同。珠光体在光学金相显微镜下放大500倍能分辨其片层,索氏体则难分辨其片层。由于索氏体组织片层间距小,相界多,钢的强度、硬度高,冷塑性变形能力强,因此具有良好的拉拔性能。相比之下,珠光体冷塑性变形能力就比较差,它属于盘条中的不良组织。

断裂线材中粗片状珠光体数量较多,索氏体含量仅占50%,尤其是中心区域更为突出。因此在冷拔时容易沿粗大的渗碳体片产生微裂纹,进而引起盘条发生笔尖状断裂。

造成线材珠光体数量多且片层粗大的原因与终轧温度偏高、吐丝后盘条冷却条件不佳、盘条堆积过密导致冷却速度过慢等因素有关。因为冷却速度缓慢,奥氏体相变温度较高(700℃以上),相变时碳的扩散较充分,有利于共析组织中的铁素体和渗碳体片生长,所形成的珠光体片层间距较大,得到较多的粗片状珠光体组织。

为避免粗片状珠光体产生,严格控制相变前的冷却速度(吐丝前、后的水冷和风冷),使过冷奥氏体在大约670~550℃发生相变,以获得综合力学性能较好的索氏体组织。

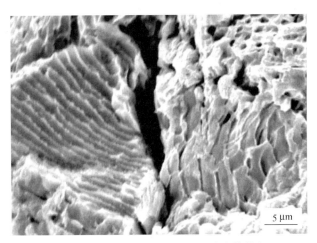

图2-65 漏斗底部裂隙和片状珠光体特征

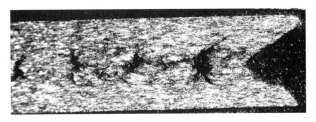

图2-66 纵剖面中心孔隙和裂纹特征

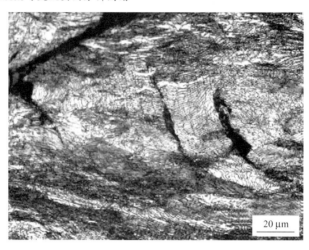

图 2-67   粗片状珠光体与孔隙、裂纹

2.2.2   机械损伤断裂

实例 118：刮伤引起的断裂

材料名称： SWRH82B

情况说明：

ϕ12 mm 的 SWRH82B 盘条开卷后在矫直过程中断裂。断裂盘条表面一侧有明显的刮伤，根据断口上的放射状花样判断，断裂起源于盘条表面刮伤处，如图 2-68 所示。

微观特征：

用扫描电镜观察断口形貌，断裂起源于图 2-69 的下部边缘（即小扇形区底部），该区域存在沿晶断裂特征，断裂源以外区域均呈解理特征。对应断裂源部位的盘条侧向表面可见明显的机械损伤痕迹，局部放大后该部位有多条排列整齐的横向细裂纹（图 2-70）。

用金相显微镜观察盘条纵截面抛光面，刮伤区域表面有一很薄的白亮层。白亮层显微硬度高达 985HV0.1，可见该层为硬化层；在其下面的次表层为冷变形组织，显微硬度约 538HV0.1；正常部位组织为索氏体和少量片状珠光体，索氏体组织的硬度为 370HV0.1。图 2-70 所示横裂纹均分布在硬化层区域内，裂纹中无氧化铁。表面硬化层与次表层特征见图 2-71。

分析判断：

观察结果表明，盘条表面存在机械刮伤以及由此引起的硬化层，这种硬化层塑性极差，在矫直应力作用下会形成有规律的细裂纹，当裂纹扩展至一定深度时导致断裂。

这种硬化层组织的微观细节目前尚不明确，有文献认为硬化层是局部表面经强力摩擦而引起表面异常升温产生马氏体相变的微细组织。而有的认为硬化层是由极其破碎的渗碳体和铁素体组成的机械混合物。

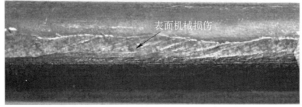

图 2-68　试样表面刮伤缺陷(箭头所示)

图 2-69　断口边缘小扇形区

图 2-70　表面刮伤处横裂纹

图 2-71　盘条表面硬化层及次表层特征

实例 119:刮伤引起的断裂

材料名称:SWRH82B

情况说明:

　　φ12.5 mm 的 SWRH82B 热轧盘条在初拉拔时产生脆性断裂,断口上有明显的放射状条纹,从条纹的指向判断,断裂起源于盘条表面机械刮伤处,见图 2-72。

微观特征:

　　取盘条纵、横剖面进行显微观察,表面刮伤处为形变组织,正常部位则为索氏体和少量片状珠光体,见图 2-73。

图 2-72　盘条表面刮伤缺陷(箭头所示)

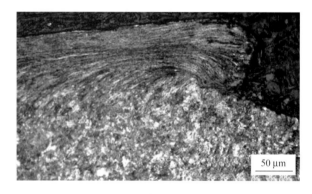

图 2-73　刮伤处表层形变组织

分析判断:

　　盘条断裂起源于表面机械刮伤处。刮伤引起该处组织形变,这种冷形变组织存在加工硬化及残余应力,受拉拔应力的作用,在此处产生裂纹导致盘条断裂。

实例 120:撞伤引起的断裂

材料名称:SWRH82B

情况说明:

　　规格为 φ12.5 mm 的 SWRH82B 盘条在矫直过程中断裂,断面与盘条外表面交界位置有一处撞伤,距此处 55 mm 部位也有一相同的撞伤,如图 2-74 所示。

微观特征：

用扫描电镜观察断口形貌，断裂起源于表面撞伤处，该处呈凹槽状且塑性变形较明显（图 2-75），其余部位呈解理特征。

用金相显微镜观察盘条截面试样，撞伤处的表层组织形变严重（图 2-76），形变层深度达 0.2 mm。

分析判断：

盘条表面经撞伤后其有效截面减小，且产生塑性极差的冷形变组织，因此在矫直过程中产生断裂。

图 2-74　线材表面撞伤

图 2-75　撞伤部位断口形貌

图 2-76　撞伤处组织变形严重

实例 121：擦伤引起的断裂

材料名称：SWRH72A

情况说明：

规格为 $\phi 5.5$ mm 的 SWRH72A 线材，在机械除鳞过程中发生脆断，根据断口上的放射状条纹判断，断裂起源于表面擦伤处。线材表面擦伤特征见图 2-77。

微观特征：

用金相显微镜观察线材截面试样，表面擦伤处凸凹不平，表层组织不仅形变严重，而且还出现了亮白色的硬化层，见图 2-78。

分析判断：

SWRH72A 线材表面擦伤处凸凹不平，且产生了冷形变组织及硬化层，它是导致线材在机械除鳞中发生脆断的主要原因。

为防止盘条表面受到擦伤，在运输等过程中应避免盘条与硬物发生强烈碰撞。

图 2-77　线材表面擦伤

图 2-78　擦伤处表面层冷变形组织及硬化层

2.2.3　其他类型的断裂

实例 122：炉渣卷入引起的断裂

材料名称:SWRH72B

情况说明:

　　规格为 φ6.5mm 的 SWRH72B 线材,在除鳞工序产生断裂,图 2-79 为线材匹配断口宏观形貌。断口上有一平行于轴向的深色小台阶,除小台阶外,其余部位比较平齐,反映出脆性的断裂特征。

微观特征:

　　对断裂线材进行扫描电镜分析,断口上的"台阶"类似于冲击断口的分层裂缝(两匹配断口为缝),台阶起始于盘条中心,一直贯通至盘条的外缘。台阶的平面相应于分层裂缝的缝壁,微观断裂形貌为解理和准解理混合特征,与主断口的断裂形貌类似。在靠近断口心部的台阶面上可观察到一条明显的长条状夹渣,见图 2-80 和图 2-81。能谱分析表明,该夹渣含有 Mg、Si、Ca、Al、O 等元素。

　　在断口部位取纵截面金相试样观察,盘条截面中心有一条裂纹,裂纹起始于断口面的台阶处,沿台阶面向内延伸。在裂纹尾端延伸处观察到一条长度约 0.9mm 的夹渣(图 2-82),说明裂纹与盘条中心的夹渣偏聚有关。

　　用电子探针对金相磨面上的长条状夹渣进行微区成分分析,该夹渣 $w(Mg)=8.89\%$,$w(Al)=7.20\%$,$w(Si)=16.26\%$,$w(Ca)=22.90\%$,$w(Mn)=1.46\%$,$w(Ba)=2.63\%$,$w(O)=40.66\%$,应为卷入的炉渣,其组成和含量范围与扫描电镜对断口上夹渣的分析结果类似。

　　试样浸蚀后观察,裂纹及夹渣附近组织与盘条正常部位相同,均为索氏体和珠光体及少量铁素体,没有其他组织缺陷存在。

分析判断:

　　SWRH72B 热轧线材除鳞时脆性断裂是由于炉渣造成的。浇铸时炉渣的卷入在线材内形成聚集的夹渣条带,除鳞过程中成为断裂源,裂纹由此萌生并不断扩展,发生脆性断裂。

图 2-79　断口宏观形貌

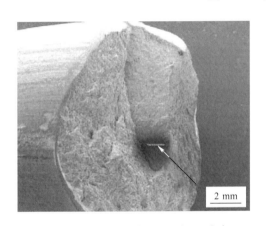

图 2-80　断口上的"台阶"和夹渣(白条)

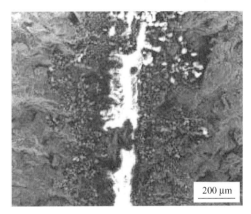

图 2-81　夹渣局部放大

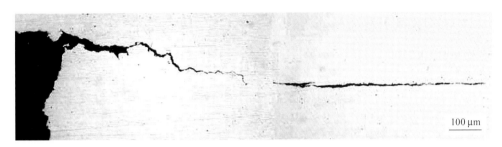

图 2-82　裂纹尾端延伸处条状夹渣

实例 123：耐火材料卷入引起的断裂

材料名称:SWRH82B

情况说明:

　　规格为 ϕ12.5 mm 的 SWRH82B 热轧线材,当冷拔至 ϕ5 mm 时产生断裂,断口面呈斜断状,根据断口特征判断,断裂起源于图 2-83 中箭头所指部位。

微观特征：

紧挨着断口制备横截面金相试样，观察到表层局部区域有裂纹，裂纹两端有尺寸较大的深灰色块状夹渣聚集群（图 2-84）。电子探针分析结果表明，块状夹渣含有 $w(SiO_2) = 32.68\%$，$w(MgO) = 15.66\%$ 和 $w(TiO_2) = 22.93\%$，其成分与耐火材料类似。

分析判断：

SWRH82B 热轧线材拉拔中产生的斜状断口是断裂源自表面而逐渐扩展的一种韧性断裂方式，引起断裂的原因是由于表层局部区域存在聚集的外来夹渣。在拉拔过程中夹杂物聚集区成为断裂源，裂纹由此萌生并不断扩展，产生断裂。根据夹渣的成分判断，其来源于耐火材料。

图 2-83　断裂试样宏观形貌（箭头所指部位为断裂源）

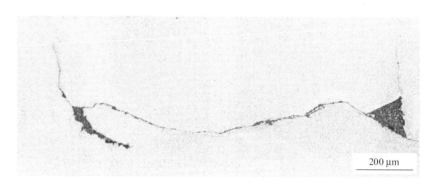

200 μm

图 2-84　裂纹两端夹渣

实例 124：表面裂纹引起的断裂

材料名称：SWRH82B

情况说明：

规格为 $\phi12.5\,mm$ 的 SWRH82B 热轧线材，当冷拔至 $\phi3.5\,mm$ 时发生断裂，断口面呈斜状，在低倍率下检验发现断裂起源于钢丝表面（图 2-85 中箭头所指位置）。

微观特征：

用扫描电镜观察，断口呈撕裂状，高倍下呈韧窝特征，对应断裂源的钢丝表面存在一条较长的缺陷条带，该条带上的微裂纹、凹坑等如图 2-86 所示。

取钢丝横截面金相试样观察，断裂源部位有微裂纹，裂纹内嵌有氧化铁（图 2-87）。经试剂浸蚀后，裂纹区域组织严重脱碳（图 2-88），脱碳区组织为铁素体和少量索氏体，正常部位组织为冷变形状态的索氏体和珠光体。

分析判断：

引起 SWRH82B 钢丝拉拔断裂的主要原因是由于钢丝表面存在微裂纹。裂纹附近存在严重的氧化脱碳现象，说明裂纹在加热轧制之前已存在，为铸坯表面裂纹。

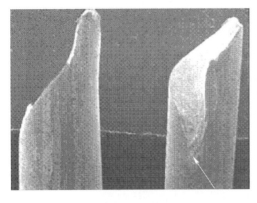

图 2-85　匹配断口宏观形貌

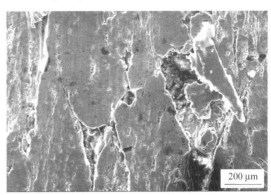

图 2-86　钢丝表面微裂纹及凹坑

图 2-87　钢丝表层微裂纹形貌

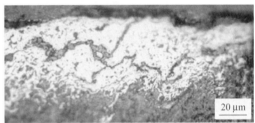

图 2-88　裂纹区域组织脱碳特征

实例 125：表面疤块引起的断裂

材料名称：SWRH72A

情况说明：

SWRH72A（规格 ϕ5.5mm）盘条用于生产钢帘线，当钢丝拉拔至 ϕ3.1mm 时，断头严重，经检查发现断头附近的钢丝表面有孤立的疤块缺陷（图 2-89）。

微观特征：

取钢丝横截面试样磨制抛光后观察，与表面疤块相截处有细裂纹，裂纹分布在钢丝表层，长度约 0.15mm，其内嵌有氧化铁，见图 2-90。裂纹附近组织脱碳，脱碳区组织为数量颇多的铁素体和少量索氏体，正常部位组织为形变索氏体，见图 2-91。

分析判断：

SWRH72A 钢丝在拉拔过程中断裂是由于表面疤块缺陷造成的。缺陷在钢丝横截面上的微观特征表现为微裂纹形态，裂纹附近组织脱碳，说明疤块缺陷是原材料带来的。

图 2-89　钢丝表面疤块

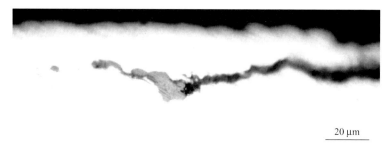

20 μm

图 2-90 钢丝横截面裂纹形貌

50 μm

图 2-91 裂纹附近组织脱碳特征

实例 126：表面疤块及砂眼状缺陷引起的断裂

材料名称： H08MnA

情况说明：

规格为 φ8 mm 的 H08MnA 盘条，当冷拔至 φ3 mm 时产生断裂。宏观检查发现钢丝表面存在连贯分布的疤块、砂眼状缺陷带（图 2-92）。

微观特征：

用扫描电镜观察，钢丝断口为韧窝形貌，断裂起源于钢丝表面缺陷处。

取横截面金相试样进行显微观察，与表面缺陷相截处有裂纹，裂纹一侧近表面处有链状氧化铁（图 2-93）。经试剂浸蚀后，该侧组织变形严重且有脱碳现象（图 2-94）。

分析判断：

H08MnA 钢丝在拉拔过程中断裂是由于表面缺陷造成的。缺陷的微观特征表现为裂纹形态，附近存在氧化铁和脱碳，表明疤块、砂眼状缺陷来源于原材料表面缺陷。

图 2-92 钢丝表面疤块、砂眼状缺陷宏观特征

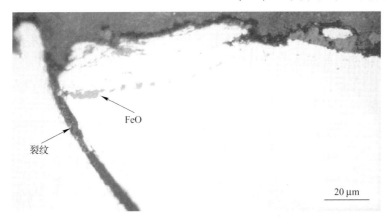

图 2-93 钢丝横截面裂纹及链状氧化铁形貌

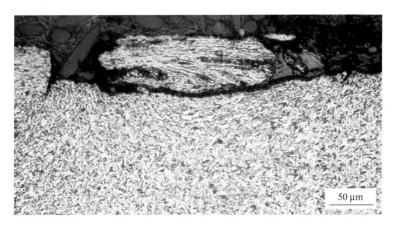

图 2-94 裂纹附近组织特征

实例 127:热轧冷却速度过快引起的断裂

材料名称:ER70S - 6

情况说明:

ER70S - 6 焊接用钢属低合金钢,连铸方坯(200 mm × 200 mm)经加热后,在具有斯太尔摩控冷线的高速线材生产线上进行无扭控冷热轧盘条的生产。

一批规格为 $\phi6.5$ mm 的 ER70S - 6 焊丝盘条,当冷拔到 $\phi1.2$ mm 时常发生脆断,试样断面较平坦。

微观特征:

用扫描电镜对焊丝断口进行形貌观察,可以看到在断裂韧窝的底部存在大量的硬质相(图 2-95),对硬质相与钢基进行微区成分分析,硬质相的 Si、Mn 含量($w(\text{Si}) = 1.03\%$,$w(\text{Mn}) = 1.70\%$)比钢基($w(\text{Si}) = 0.87\%$,$w(\text{Mn}) = 1.62\%$)明显偏高。

沿脆断焊丝轴向磨制金相试样观察其显微组织,在形变铁素体基体上分布着颇多岛状马氏体(图 2-96),在马氏体岛与铁素体的界面处存在显微裂纹和孔隙。马氏体岛(即图 2-95中的硬质相)显微硬度为 601HV0.1,而相邻铁素体则为 387HV0.1,二相硬度相差较大。

分析判断：

　　ER70S-6 焊丝盘条的正常组织应为铁素体+珠光体,而断裂盘条的组织为形变铁素体+岛状马氏体,由于马氏体是一种硬质相,铁素体则较软,在拉拔过程中造成应变不均匀,在难以变形的马氏体岛与铁素体的界面处产生微裂纹和孔隙,导致焊丝断裂。

　　试验结果表明,岛状马氏体组织的形成与盘条在斯太尔摩控冷线上的冷却速度过快有关。

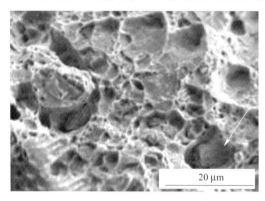
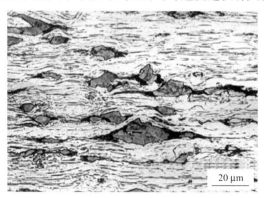

图 2-95　断口上的硬质相(箭头所示)　　　　图 2-96　岛状马氏体

实例 128：热轧冷却速度过快引起的断裂

材料名称： 55SiCr

情况说明：

　　一批规格为 ϕ12.5 mm 的 55SiCr 热轧盘条,当粗拉至 ϕ11.5 mm 时发生脆断。断裂面上除心部有小凸包(或小凹坑)外,其余部位较平坦,部分试样断口宏观特征见图 2-97,图中 b 样系同一匹配断口。

微观特征：

　　用扫描电镜观察试样断口,断裂起源于心部,心部可见一些沿晶断裂形貌,其余扩展区为韧窝和准解理小平面特征,如图 2-98 所示。

　　沿断裂试样中心剖开,用金相显微镜观察纵向抛光面,组织为马氏体(约占50%)和网状屈氏体,心部以马氏体组织为主,且存在横裂纹,见图 2-99 和图 2-100。

　　用扫描电镜能谱仪对中心马氏体偏析区以及非偏析区做微区成分分析,结果表明,中心马氏体偏析区的 Si、Cr、Mn 含量偏高(偏析区 $w(Si)=2.10\%$, $w(Cr)=1.23\%$, $w(Mn)=1.25\%$;非偏析区 $w(Si)=1.68\%$, $w(Cr)=0.76\%$, $w(Mn)=0.81\%$)。中心区域呈沿晶断裂特征,与这类元素偏析引起的晶界弱化有关。

分析判断：

　　55SiCr 热轧盘条正常组织应为索氏体和珠光体以及铁素体,而该批盘条的显微组织为马氏体和网状屈氏体,尤其是中心区域马氏体含量更多。

　　上述组织导致盘条脆性增大,韧性降低,在拉拔过程中受拉应力的作用首先在心部晶界弱化处产生裂纹,裂纹在脆性的钢基中迅速扩展导致盘条断裂。

　　盘条中出现的非正常组织(马氏体和网状屈氏体)是由于热轧盘条在斯太尔摩控冷线上的冷却速度过快所造成的。心部马氏体组织偏多与 Cr、Mn 元素的偏析相关。

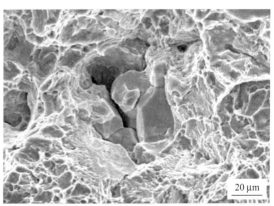

图 2-97　试样断口宏观形貌　　　　　图 2-98　断口形貌

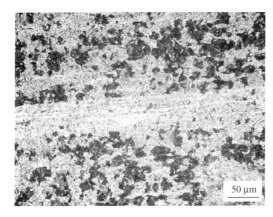

图 2-99　盘条纵截面组织特征　　　　图 2-100　盘条心部横裂纹及组织特征

实例 129:终轧温度过高引起的断裂

材料名称: SWRCH22A

情况说明:

一批 φ6.5 mm 的 SWRCH22A 热轧盘条,在冷拔过程中发生脆性断裂。

微观特征:

在盘条断裂处制备金相试样,经试剂浸蚀后观察,试样组织不正常,为严重的魏氏组织,见图 2-101。

分析判断:

SWRCH22A 热轧盘条正常组织为均匀分布的铁素体和珠光体,该盘条出现严重的魏氏组织,这种组织使得盘条塑性、韧性下降,导致盘条在拉拔中产生脆性断裂。

魏氏组织的形成一般与终轧温度过高、原奥氏体晶粒粗大及冷速稍快等热轧因素有关。生产中若发现盘条为魏氏组织,应采取正火处理。

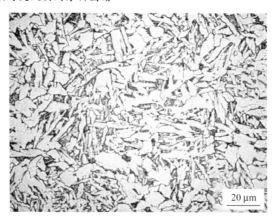

图 2-101　魏氏组织特征

实例 130：线材不圆度超标引起的断裂

材料名称：77MnA

情况说明：

　　一批规格为 ϕ11 mm 的 77MnA 热轧盘条用于生产 ϕ9 mm 的线材，在拉拔和卷取过程中断裂现象严重。为此，取同一原料批号的 1 号、2 号线材断裂试样进行分析，其中 1 号是进行第一道拉拔在模具入口处断裂的试样；2 号是拉拔至 ϕ9 mm 后卷取时断裂的试样，断裂试样宏观形貌如图 2-102 所示。1 号断口呈斜断状，断口面损伤较严重，有啃伤缺陷。2 号表面存在两条对称分布的纵向亮带，亮带颜色稍发黄，宽度约 4 mm，上面有一些排列整齐的横向裂纹。断口上可见明显的放射状条纹，根据条纹的指向判断，断裂起源于表面亮带处。

　　取 1 号纵、横截面试样（图 2-103），纵截面上可见明显啃伤；横截面呈椭圆形，长轴约 12 mm，短轴约 10 mm，不圆度为 2，而标准中（GB/T 1498—1994）要求热轧盘条的不圆度要小于 0.5，可见盘条不圆度严重超标。

微观特征：

　　用金相显微镜观察图 2-103 所示的 1 号纵截面试样，试样啃伤处有裂纹，表面有一层腐蚀发黑的冷变形组织，正常部位组织为索氏体和少量珠光体，见图 2-104。

　　2 号试样亮带纵截面组织如图 2-105 所示，由表至里共分为三层，表层（图中标为 1）不仅有一些排列整齐的横裂纹，而且有一层腐蚀发亮的白亮层，部分区域呈多层分布，白亮层深度约 30 ~ 40 μm；次表层（图中标为 2）为冷变形组织；正常部位（图中标为 3）组织为稍变形的索氏体和少量珠光体。各层组织在扫描电镜下的二次电子像形貌如图 2-106 所示。

　　对 2 号试样进行显微硬度（HV）测试，表层白亮带显微硬度达 993HV0.1；次表层冷变形组织为 547HV0.1；正常部位索氏体组织硬度为 379HV0.1。

分析判断：

　　1 号试样是进行第一道拉拔时在模具入口处断裂的，该盘条不圆度严重超标，拉拔时由于长轴方向压应力和拉应力最大，使盘条不能顺利通过模具而产生啃伤并被卡在模具入口处,最终在啃伤处产生断裂。

　　2 号试样是拉拔后卷取时断裂的,该试样的原材料规格、批号与 1 号试样相同,由此推断,断裂与原料不圆度超标有关。

　　不圆度超标的线材,勉强进入模具后,因长轴方向变形较大,要经受强力加工摩擦,由此而产生硬化层,该硬化层脆性较大,延塑性极差,在随后的拉拔和卷取过程中,较硬的表层比其他部位难于变形,这种不协调的变形导致表面产生小裂纹,当小裂纹扩展至一定深度时导致线材断裂。

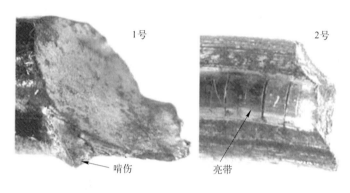

图 2-102　断裂试样宏观形貌

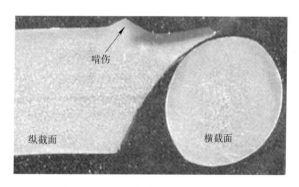

图 2-103　1 号断头处纵、横截面试样

图 2-104　啃伤处表层组织及裂纹特征

图 2-105　亮带纵截面组织及裂纹特征

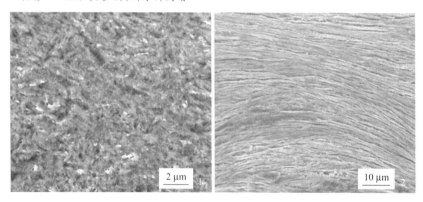

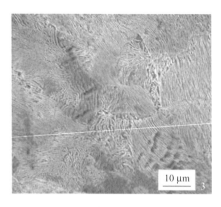

图 2-106　表层(1)、次表层(2)、正常部位(3)组织二次电子像形貌

实例 131：由耳子引起的断裂

材料名称：SWRH72A

情况说明：

　　φ5.5mm 的 SWRH72A 热轧线材在初拉拔过程中产生断裂，经检查发现，盘条表面两侧带有耳子，断口附近的耳子处有小裂口，宏观特征见图 2-107。

微观特征：

　　在断口附近取横截面金相试样观察，耳子突出于线材圆周正常部位并与其相连，其中一侧过渡区近似直角状，在其尖角处有细裂纹，裂纹内嵌有氧化铁，见图 2-108。耳子部位的组织与正常部位相同，为轧制过程的非正常挤出部分，见图 2-109。

分析判断：

　　SWRH72A 线材在初拉拔过程中产生的断裂是由于耳子尖角处萌生的细裂纹造成的。耳子主要与热轧过程中轧制中心调整不当，孔型设计不合理或局部磨损程度过大等因素相关。

图 2-107　断裂试样宏观特征

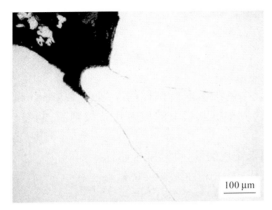

图 2-108 耳子尖角处细裂纹

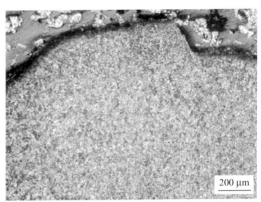

图 2-109 横截面耳子及其附近组织特征

实例 132:拉拔工艺不当引起的断裂

材料名称:80MnA

情况说明:

ϕ13mm 的 80MnA 热轧线材用于生产钢丝,当拉拔至 ϕ5mm 时线材表面一侧变得较为光亮,在亮带上出现周期性的舌状横向裂口,裂口长度 2.5 ~ 3 mm,间隔 13 ~ 15 mm,如图 2-110 所示。

微观特征:

取纵截面金相试样观察,舌状裂口在纵截面表层呈折叠型缺陷向内斜向延伸,其内无氧化铁,周围无内氧化和组织脱碳特征,缺陷内侧(靠钢基一侧)组织变形程度比其他部位严重,正常部位组织为冷变形状态的索氏体 + 少量珠光体,见图 2-111。

分析判断:

80MnA 冷拔线材表面出现的舌状横向裂口,其附近无内氧化和组织脱碳特征,可排除原料带来的缺陷。缺陷呈周期性分布,且内侧组织变形严重,说明缺陷是由于冷拔工艺不当(如拉丝模安装不正或破损等因素)造成的。

图 2-110 线材表面舌状横向裂口宏观形貌

图 2-111 线材纵截面折叠型缺陷微观特征

实例 133:拉拔工艺不当引起的断裂

材料名称:70 号

情况说明:

ϕ6.5 mm 的 70 号钢热轧线材,冷拔时在模具中断裂。断裂试样的一端直径为 ϕ4 mm,其表面一侧有数条排列整齐的横裂纹(图 2-112)。根据断口上的放射状条纹判断,断裂起源于表面横裂纹部位。

断裂试样的另一端直径约 ϕ5 mm,该端表面未发现裂纹,不圆度未超标。

检查还未拉拔的同批号原材料盘条,不圆度未超标,表面无裂纹缺陷。

微观特征:

垂直横裂纹取纵截面金相试样观察,表层有数条斜向小裂纹,裂纹沿相同位向倾斜,内部无氧化特征(图 2-113)。经试剂浸蚀后,表面有一层硬化层,上述小裂纹均分布在硬化层内(图 2-114)。

分析判断:

70 号钢线材表面一侧横裂纹是导致拉拔断裂的主要原因,横裂纹则是表面马氏体硬化层引起的。

宏观检验结果表明,原料盘条外观质量正常,且硬化层仅出现在拉细的一端,由此可推断硬化层是在拉拔中产生的。主要与拉拔工艺不当(如压缩率过大或拔制速度过快;模具入口锥度太大造成变形区太短;冷却条件不好或润滑条件不良;模子不正或破损等因素)相关。

图 2-112　线材表面横裂纹宏观形貌

图 2-113　纵截面表层小裂纹

图 2-114　纵截面表面硬化层与小裂纹

实例 134：刻痕尖锐引起的断裂

材料名称：SWRH82B

情况说明：

　　ϕ12.5 mm 的 SWRH82B 热轧盘条，刻痕后进行冷拔，当拉至 ϕ7 mm 时发生断裂，断口呈劈裂状（图 2-115），从断口的宏观特征判断，断裂起始于刻痕角部。

微观特征：

　　取断口附近的横截面金相试样观察，刻痕处的 R 角呈两种形态：一种较尖锐且有微裂纹（图 2-116a 箭头所示）；另一种则较圆钝且无裂纹（图 2-116b）。

分析判断：

　　由于盘条刻痕处的 R 角较尖锐，冷拔时在尖角处产生应力集中而萌生微裂纹，当裂纹扩展到一定深度时即造成盘条断裂。因此对钢筋进行刻痕时，刀具不能太尖锐，应保证 R 角为钝角。

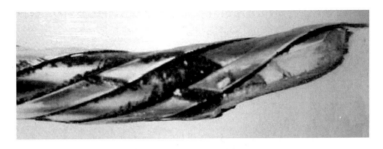

图 2-115　断裂钢筋宏观形貌

 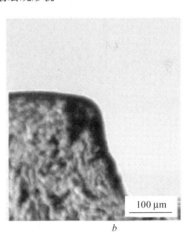

图 2-116　刻痕角部特征

实例 135：点焊引起的断裂

材料名称：30MnSi

情况说明：

　　ϕ9.2 mm 的 30MnSi 刻痕钢筋编笼后做张拉试验时产生断裂。对应断裂处的钢筋表面存在如图2-117所示的凸块。

微观特征：

用扫描电镜观察，钢筋断口低倍形貌如图2-118a所示，可见剪切唇明显，中部扩展区呈放射状，断裂起源于图2-118a中下部边缘小区，该小区对应于图2-117中的钢筋凸块处。清洗前该小区呈暗褐色，说明是前期开裂部位，放大后该区呈图2-118b所示的沿晶断裂特征。扩展区呈韧窝特征，且有明显的二次裂纹（图2-118c）。剪切唇部位亦呈韧窝特征。

在断口附近取金相试样观察，凸块与钢筋交界处有裂纹。低倍下该区域呈半圆弧形且由三层构成（类似焊接），即焊缝（凸块部位）、热影响区和基体，见图2-119。焊缝组织为马氏体和贝氏体（图2-120a），正常部位组织为索氏体（图2-120b）。

分析判断：

钢筋断裂起源于表面凸块处，该处断口呈沿晶断裂特征，对应的组织为马氏体和贝氏体，这种异常组织是导致钢筋断裂的直接原因。

钢筋正常组织为索氏体，而凸块处出现类似焊缝的组织，这种组织只有在高温激冷的条件下才能形成，可见钢筋在张拉之前表面局部区域遭受到点焊。

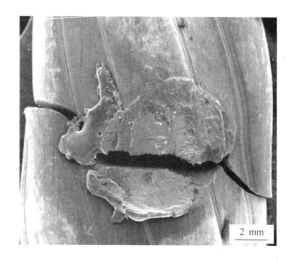

图2-117　断裂钢筋表面凸块

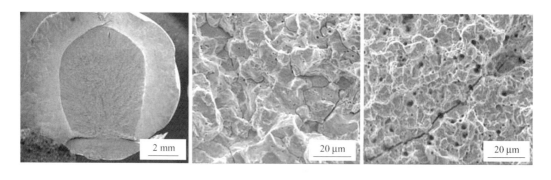

a　　　　　　　　　*b*　　　　　　　　　*c*

图2-118　断口形貌

图 2-119　凸块(左侧)及附近组织特征

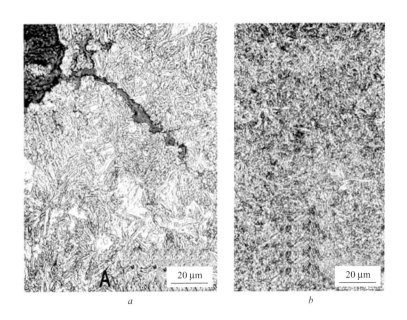

图 2-120　焊缝(a)与正常部位组织特征(b)

2.2.4　疤块、翘皮、裂纹及裂口

实例 136:表面缺陷引起的疤块、翘皮

材料名称:70 号

情况说明:

$\phi6.5\,mm$ 的 70 号钢线材,冷拔到 $\phi3.0\,mm$ 时表面一侧出现一些断续分布的小疤块(部分已剥落),见图 2-121。缺陷间距不等,有的相距 15 ~ 20 mm,有的相距 40 ~ 60 mm。继续

拉拔至 $\phi1.9\,mm$ 时,线材表面多处出现间距不等的翘皮(图 2-122)。

微观特征:

在上述两种不同规格的线材缺陷部位取横截面金相试样观察,疤块和翘皮在横向抛光面上的微观特征基本相同,均表现为裂纹形态,裂纹延伸处有氧化铁,附近组织有明显的脱碳,见图 2-123 和图 2-124。

分析判断:

70 号钢线材在拉拔到 $\phi1.9\,mm$ 时出现的翘皮,其微观特征与拉拔到 $\phi3.0\,mm$ 时出现的小疤块相同,说明翘皮是由小疤块之类的缺陷演变成的。缺陷处存在氧化铁和明显的脱碳现象,表明该类缺陷是由原材料带来的。

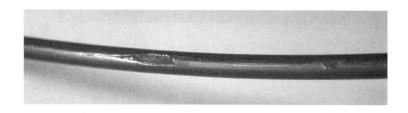

图 2-121 $\phi3.0\,mm$ 试样表面结疤和剥落块

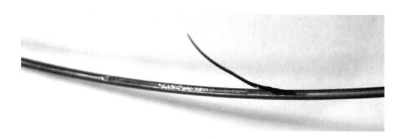

图 2-122 $\phi1.9\,mm$ 试样表面翘皮

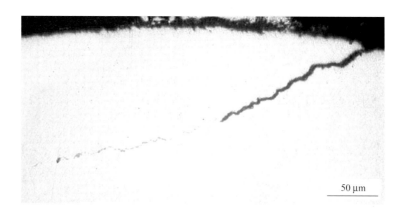

50 μm

图 2-123 $\phi1.9\,mm$ 试样横截面裂纹微观特征

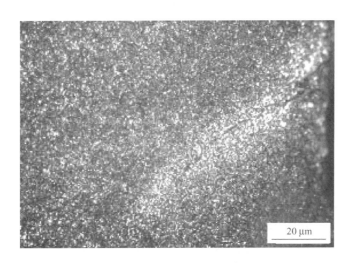

图 2-124 ϕ1.9mm 试样横截面裂纹周围组织脱碳特征

实例 137：表面增碳引起的横裂纹

材料名称：SWRM6

情况说明：

规格为 ϕ6.5mm 的 SWRM6(w(C) =0.06%)热轧线材,冷拔至 ϕ4.0mm 时表面产生数量较多且有规律的横向裂纹,裂纹沿线材长度方向分布,见图 2-125。

微观特征：

取线材纵截面试样磨制抛光后观察,与表面横向裂纹相截处的裂纹特征见图 2-126,裂纹分布在试样表层,附近无高温氧化特征。

裂纹区组织为珠光体和少量网状铁素体(图 2-127 和图 2-128a);正常区组织为变形铁素体和少量珠光体(图 2-128b),属 M6 线材的正常组织。与正常区相比,裂纹区珠光体量较多,由珠光体含量估算出该区碳含量约 0.7%。

分析判断：

SWRM6 线材属低碳钢,w(C)仅为 0.06%,而线材表层裂纹区碳含量达到高碳钢的程度,可见裂纹是由线材表面局部增碳造成的,其来源与连铸时保护渣熔融特性不好,钢液面不稳定及铸坯表面局部粘有粉渣等因素相关。

图 2-125 线材表面横向裂纹

图 2-126　线材纵截面表层裂纹特征

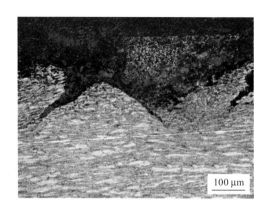

图 2-127　裂纹区组织特征(黑区为增碳区)

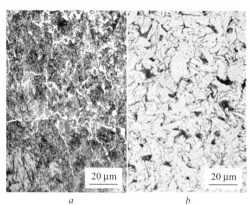

图 2-128　裂纹区(a)与正常区(b)组织特征

实例 138:疤块压入引起的鱼嘴状裂口

材料名称:SWRH72A

情况说明:

　　φ5.5mm 的 SWRH72A 热轧线材,在初拉拔阶段表面一侧出现沿轧向断续分布的鱼嘴状裂口,裂口内嵌有粗颗粒状"异物"(图 2-129)。

微观特征:

　　观察线材横截面金相试样,裂口内"异物"呈一金属块,周边与正常部位分割,经试剂浸蚀后颜色呈灰白色,见图 2-130。金属块组织为铁素体 + 离异珠光体,显微硬度值为 212HV0.05;正常部位组织为索氏体 + 少量片状珠光体 + 少量铁素体,显微硬度值为 287HV0.05,组织特征见图 2-131。不同的组织特征反映出金属块的碳含量偏低。

　　试样经电子探针分析,除 C 不能分析外,金属块的成分主要为 Si、Mn 和 Fe,与正常部位主要组成元素相同。

分析判断:

　　线材表面鱼嘴状裂口处的金属块组织与正常部位不同,显微硬度值(HV)偏低,但成分与正常部位主要组成元素相同,说明该金属块并非异金属压入,而是线材表面粘附的金属疤块(已变冷),在热轧过程中随轧件进入轧机被压进线材表面所致。疤块压入线材表面后,无法与钢基有效密合而形成鱼嘴状裂口。

图 2-129　试样表面鱼嘴状裂口

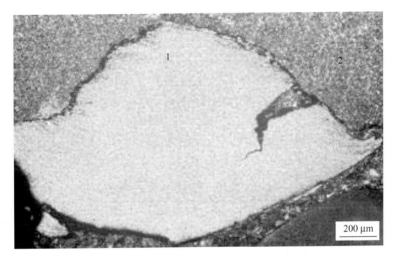

图 2-130　裂口横截面上的金属块(1)与正常区(2)特征

金属块　　　　　　　　　正常区

图 2-131　金属块与正常区组织特征

2.3 后续加工或应用中出现的缺陷

2.3.1 冷镦鼓腰开裂

实例139：铬、锰、钼元素偏析引起的鼓腰开裂

材料名称： ML42CrMo

情况说明：

规格为 φ20 mm 的 ML42CrMo 线材，进行冷镦试验时在变形较大的鼓腰处开裂，裂纹贯穿至圆柱的上、下表面，呈典型的 45°交叉裂口的开裂特征，宏观形貌见图 2-132。

微观特征：

制备金相试样观察，试样周边有许多裂纹，裂纹由鼓腰表面向内延伸，在远离周边的部位也有一些细裂纹，裂纹附近及尾端无聚集分布的夹杂物。

试样经试剂浸蚀后，整个金相磨面上均可观察到方向性明显的白亮色偏析条带，偏析区组织为马氏体，非偏析区为较粗大的贝氏体（图 2-133），裂纹大多沿偏析带扩展，见图 2-134 和图 2-135。

用电子探针分析仪对试样正常区与白亮色偏析区进行成分（质量分数，%）对比分析，结果表明，白亮色区域除 P 的偏析外，还存在 Cr、Mn、Mo 等元素偏析，见表 2-4。

表 2-4 试样正常区与白亮色区成分对比（w/%）

部 位	Cr	Mn	Si	Mo
正常区	1.15	0.73	0.23	0.06
白亮色区	1.50	1.05	0.34	0.59

分析判断：

ML42CrMo 冷镦钢在热轧空冷状态的正常组织是索氏体和珠光体以及铁素体，而上述冷镦开裂试样的组织不正常，为较粗大的贝氏体。另外，开裂试样中存在较多的 Cr、Mn、Mo 等元素的偏析带（区），元素偏析造成组织不均匀且偏析区组织异常，内应力较大，偏析带的脆化和不正常的显微组织导致试样在冷镦时沿变形较大的鼓腰处开裂。

图 2-132 冷镦试样鼓腰开裂特征

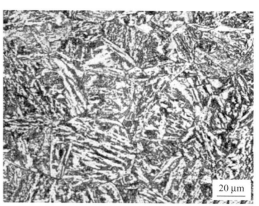

图 2-133 非偏析区组织

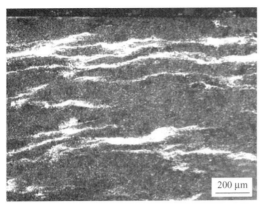

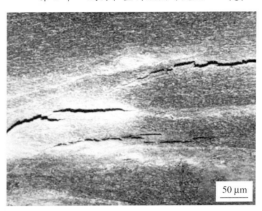

图 2-134　白亮色偏析条带　　　　　　图 2-135　裂纹沿偏析带扩展

实例 140：表面缺陷引起的开裂

材料名称：SWRCH22A

情况说明：

　　SWRCH22A 盘条试样冷镦后圆柱腰表面开裂，裂口中间粗两头细，附近还有一些细条纹，裂口和条纹均沿盘条轧制方向分布，宏观形貌见图 2-136。

微观特征：

　　裂口和细条纹在横截面金相试样上均表现为裂纹形态，裂纹附近有明显的高温氧化特征（大量的氧化铁和氧化圆点），但无聚集分布的夹杂物，见图 2-137。

　　试样经硝酸酒精溶液浸蚀后，裂纹附近组织明显脱碳并伴有晶粒长大现象，其他部位组织为晶粒细小的铁素体和珠光体，见图 2-138。

分析判断：

　　SWRCH22A 盘条试样冷镦开裂与盘条表面存在裂纹有关。裂纹附近存在明显的氧化脱碳，这种重度的氧化与脱碳只能在加热炉内的环境条件下发生，说明裂纹是原铸坯上的表面缺陷经轧制后遗传的结果。

　　当盘条表面存在裂纹，一经冷镦，盘条的宏观尺寸变化较大，裂纹不但不能焊合，反而受到胀力作用使缺陷扩大成中间粗两头细，并沿轧制方向分布的裂口或裂缝。

图 2-136　冷镦试样圆柱腰表面缺陷特征

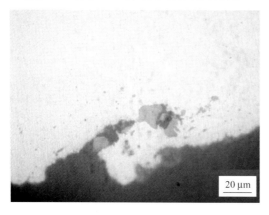

图 2-137　裂纹附近氧化特征

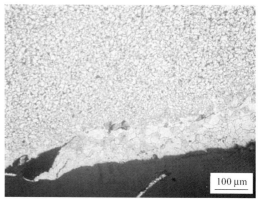

图 2-138　裂纹附近组织及晶粒特征

实例 141：热轧划伤引起的鼓腰开裂

材料名称： ML35

情况说明：

　　ML35 线材进行冷镦试验时在变形较大的鼓腰处出现纵向开裂，缺陷宏观特征见图 2-139。

微观特征：

　　磨制金相试样观察，试样表面缺陷在横截面上呈矩形缺口，缺口宽约 0.12 mm，长度约 0.20 mm，尖角部位有一条细裂纹，裂纹内无氧化铁，附近无高温氧化和组织脱碳特征，见图 2-140。

分析判断：

　　冷镦试样鼓腰开裂缺陷在横截面上呈矩形缺口，由此可判断缺陷属热轧划伤，细裂纹则是在冷镦过程中沿应力集中的缺口尖角处萌生的。

图 2-139　冷镦试样鼓腰处缺陷宏观特征

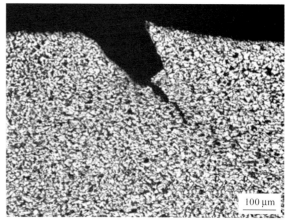

图 2-140　横截面缺陷微观特征

2.3.2 紧固件缺陷

实例 142:原材料表面纵裂纹引起的帽头开裂

材料名称:SWRM8

情况说明:

$\phi6.5\,mm$ 的 SWRM8 低碳钢线材主要用于加工螺栓,螺栓加工的过程一般为:原料($\phi6.5\,mm$)→酸洗去氧化皮→冷拔($\phi5.5\,mm$)→切分后冷镦螺栓→攻丝→成品。

用该料加工的一批半成品圆头和六角螺栓,帽头边缘多处出现纵向裂口,部分螺栓杆部隐约可见线状缺陷,典型试样如图 2-141 所示。

开裂螺栓经盐酸水溶液热浸蚀后,杆部表面均出现较明显的深色线状缺陷,该缺陷正好与螺栓头部侧面开裂部位相连,见图 2-142。

微观特征:

截取螺栓杆部横截面金相试样观察,杆部线状缺陷在横向抛光面上呈裂纹形态向内延伸,裂纹内及尾端延伸处有氧化铁,周围无严重的夹杂物,见图 2-143。有时在螺栓帽头裂口延伸处可观察到这类微裂纹(图 2-144)。

分析判断:

螺栓经盐酸水溶液热浸蚀后杆部出现与螺栓帽头裂口相连接的线状缺陷,说明螺栓帽头开裂与冷镦前原杆部存在的线状缺陷相关。表面存在线状缺陷,加工时由于帽头的变形方向与线状缺陷垂直,变形最大,受力也最大,因此在帽头边缘开裂。

螺栓杆部线状缺陷在横向抛光面上呈微裂纹形态,从裂纹的氧化特征判断,这类裂纹多是方坯表面纵裂纹遗传的结果。

图 2-141 开裂螺栓宏观特征

图 2-142 酸洗后的螺栓杆部线状缺陷特征

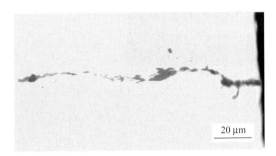

图 2-143 螺栓杆部横截面微裂纹

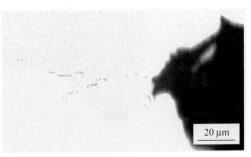

图 2-144 螺栓帽头裂口延伸处微裂纹

实例 143：夹渣引起的帽头开裂

材料名称：SWRM8

情况说明：

$\phi6.5$ mm 的 SWRM8 线材加工成螺栓后，帽头边缘出现开裂，与开裂部位相对应的杆部存在明显线状缺陷，见图 2-145。

微观特征：

截取杆部横截面试样用金相显微镜观察，杆部线状缺陷为斜向深入钢基的裂纹，裂纹处存在大量尺寸粗大的灰色块状夹渣（图 2-146），附近非裂纹部位亦有大量未暴露的夹渣。

用电子探针能谱仪对夹渣进行成分（质量分数，%）分析，结果表明，该夹渣主要有 O、Al、Mn、Si 和微量的镁元素，表 2-5 列出了夹渣中各氧化物含量。

表 2-5　夹渣中各氧化物含量($w/\%$)

块状夹渣	MgO	Al_2O_3	SiO_2	MnO
第 1 点	0.63	54.85	9.48	35.04
第 2 点	0.84	54.86	1.93	42.37
第 3 点	1.05	61.91	1.36	35.68

分析判断：

以上观察结果表明，线材杆部缺陷部位及附近表层存在尺寸粗大的夹渣。该夹渣破坏了金属的连续性，故在冷镦过程中导致螺栓帽头开裂。

夹渣主要含有 Al_2O_3 和 MnO，属钢液脱氧产物，它是在浇注过程中被卷入钢液中而形成的。

图 2-145　螺栓裂纹宏观形貌

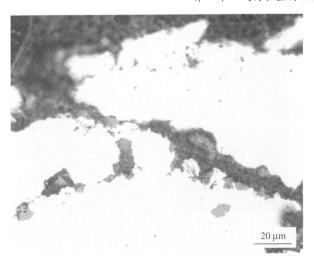

图 2-146　裂纹处夹渣形貌

实例 144：热轧划伤引起的帽头开裂

材料名称： 35 号

情况说明：

　　规格为 φ10 mm 和 φ9 mm 的一批 35 号钢热轧盘条，加工成螺栓后，部分螺栓帽头侧面开裂。开裂螺栓经盐酸水溶液热浸蚀后，杆部存在明显的深色线状缺陷，该缺陷正好与螺栓头部侧面开裂部位相连，见图 2-147。

微观特征：

　　螺栓杆部线状缺陷在横截面表层呈凹坑形态，凹坑尾部较钝，周围组织与正常部位相同，为铁素体和珠光体，无氧化脱碳和流变特征，见图 2-148。

分析判断：

　　根据以上观察结果判断，螺栓帽头侧面开裂是由杆部线状缺陷引起的，该缺陷属热轧划伤。

图 2-147　酸蚀后杆部线状缺陷宏观特征

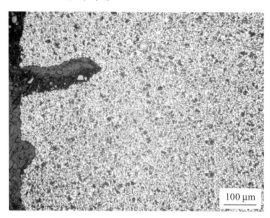

图 2-148　凹坑及附近组织特征

实例 145：热轧折叠引起的帽头开裂

材料名称：SWRM8

情况说明：

　　一批 φ8 mm 的 SWRM8 热轧线材用于制作圆头螺栓。经检查，部分半成品螺栓表面出现沿轧向平行分布的双条直裂纹（图 2-149）。检查还未冷镦的同批次 φ8 mm 线材原料，表面也有类似的双条裂纹（图 2-150）。

微观特征：

　　取螺栓帽头横截面金相试样观察，裂纹特征如图 2-151 所示，图中裂纹呈倒"八"字形对称分布，裂纹两侧组织差异较大，其中靠表面一侧的组织有明显的流变，另一侧组织与正常部位相同，为等轴铁素体＋珠光体，见图 2-152。

　　观察线材原料横截面金相试样，裂纹呈如图 2-153 所示的倒"八"字形分布，除局部晶粒稍粗外，裂纹两侧组织无明显差异，均为铁素体＋珠光体。另外，靠表面一侧外缘金属整齐地向外凸起，形成明显的台阶。

分析判断：

　　SWRM8 螺栓裂纹分布特征与线材原料裂纹相同，说明该裂纹是由线材带来的。裂纹靠表面一侧组织流变严重与线材外缘凸起的金属最先受到冷挤压有关。

　　线材原料表面裂纹在横截面上呈"八"字形对称分布，这种特征属于典型的折叠缺陷。它是轧件上的耳子在后续道次轧制中被压入本体而形成的，主要与轧机中心调整不当，孔型设计不合理或局部磨损程度过大等因素有关。

图 2-149　螺栓表面双条裂纹

图 2-150　线材原料表面双条裂纹

图 2-151 螺栓帽头裂纹呈倒"八"字形对称分布

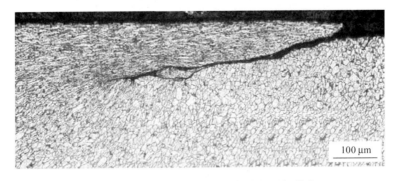

图 2-152 图 2-151 中裂纹两侧组织局部放大

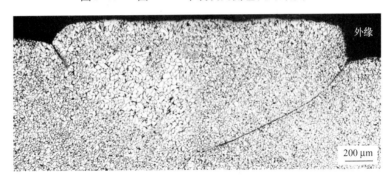

图 2-153 线材裂纹及组织特征

实例 146：冷拔划伤引起的帽头开裂

材料名称：SWRM8

情况说明：

一批 ϕ6.5mm 的 SWRM8 热轧盘条用于生产螺栓，生产工艺为：原料盘条（ϕ6.5mm）→冷拔至 ϕ5.5mm→切分→冷镦。检查半成品的圆头螺栓，发现部分螺栓帽头边缘出现开裂，对应的杆部存在明显线状缺陷，见图 2-154。

微观特征：

取螺栓杆部横截面试样磨制抛光后观察，缺陷呈凹坑形态，坑底平滑，周围组织有流变的痕迹，距凹坑稍远处组织为不变形的铁素体和珠光体，见图 2-155。

分析判断：

螺栓杆部线状缺陷在横截面上呈凹坑形态，其周围组织有流变特征，由此可判断缺陷系冷拔过程中产生的冷划伤，螺栓帽头开裂与该缺陷相关。

图 2-154　帽头裂口与杆部线状缺陷

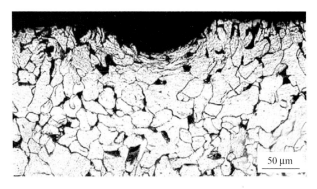

图 2-155　杆部横截面缺陷及周围组织特征

实例 147：表面脱碳严重引起的帽头开裂

材料名称：SWRCH22A

情况说明：

　　一批 $\phi6.5$ mm 的 SWRCH22A 热轧线材用于加工螺钉，其生产工艺流程为：$\phi6.5$ mm 热轧盘条→冷拔至 $\phi5$ mm→850℃退火→冷镦成螺帽直径为 $\phi16.5$ mm 的螺钉。检查螺钉表面质量发现，其帽檐多处开裂，裂纹呈 45°交叉特征，如图 2-156 所示。

微观特征：

　　在螺钉杆部取横截面金相试样观察，试样周边组织脱碳严重，周边全脱碳区域约占线材横截面的 1/3，非脱碳区为粗大魏氏组织，见图 2-157a。另外，在试样周边还存在大量沿铁素体晶界分布的细裂纹，裂纹处无氧化特征，见图 2-157b。

　　取未加工的同批号线材原料样品做对比观察，周边无裂纹，组织与心部相同，为铁素体和珠光体，无脱碳现象，说明脱碳是在冷拔后的退火阶段产生的。

分析判断：

　　线材冷拔后经退火处理，由于退火时温度过高（或时间较长），周边组织产生严重的脱碳，造成线材表面强度降低，故在冷镦过程中沿变形较大的螺钉帽檐处开裂。

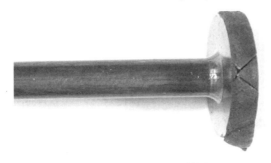

图 2-156　螺钉帽檐开裂特征

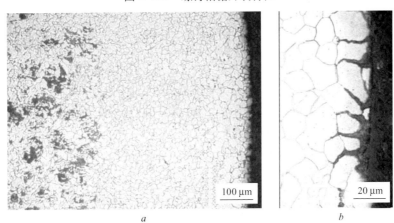

图 2-157　试样横截面显微组织(a)及表层微裂纹(b)特征

实例 148：中心疏松引起的螺钉断裂

材料名称： SWRCH22A

情况说明：

$\phi6.5\,mm$ 的 SWRCH22A 热轧盘条加工成 $\phi4\,mm \times 80\,mm$ 的螺钉，加工工艺为粗拉→退火→精拉→冷镦头部→搓丝→调质处理。当对该批螺钉进行扭转试验时，部分螺钉发生早期断裂，在螺钉心部出现孔洞，如图 2-158 所示。

微观特征：

用扫描电镜观察螺钉断口，心部有大孔洞，断裂起源于心部孔洞部位，孔洞处未发现严重的非金属夹杂物，但附近存在一些大韧窝（孔坑），见图 2-159，大韧窝有撕裂扩展特征。断口微观形貌为韧窝特征，说明材料具有较好的韧性。

通过螺钉轴心取纵剖面试样观察，中心部位有长形孔洞，该孔洞与横断面上的孔洞相连，低倍特征如图 2-160 所示。放大高倍观察，在图 2-160 所示的 A、B、C 区某些局部自由表面特征较明显，呈蛇形滑移（图 2-161A 区）、波纹花样（图 2-161B 区）和自由结晶表面（图 2-161C 区），这些特征是沿凝固缺陷的自由表面经变形后演变的结果。

制备纵截面金相试样观察，除上述长形孔洞外，近螺尖中心区域还存在数量颇多的孔洞和显微孔隙，这些孔洞和孔隙大小不一，均沿变形方向被拉长，见图 2-162。试样中夹杂物主要为细颗粒状氧化物，级别为 3~5 级，在标准要求范围。孔洞和孔隙附近的组织无异常，为回火索氏体，属螺钉调质后的正常组织。

选取搓丝后未经调质处理的同批号螺钉,沿螺钉中心剖开观察其纵截面,螺钉中心同样存在孔洞和显微孔隙,说明缺陷产生于调质处理之前。

分析判断:

螺钉在扭转试验过程中断裂,主要是由于内部存在严重的孔洞和孔隙造成的。搓丝后未经调质处理的螺钉,内部同样存在类似的孔洞和孔隙缺陷,说明缺陷在调质之前的搓丝螺钉中业已存在。孔洞处无非金属夹杂物,其内表面存在残留的原始自由表面,说明孔洞和孔隙来源于铸坯内部的凝固缺陷——中心疏松。

螺钉经过多道制造工序,受到各种应力的作用,尤其是在搓丝过程中要承受很大的压应力和切应力,这些应力导致疏松沿变形方向被拉长,有的扩展成大孔洞,螺钉有效承载面积减小,从而造成螺钉在扭转过程中断裂。

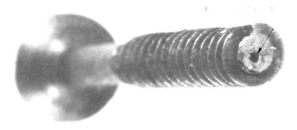

图2-158 断裂螺钉心部孔洞

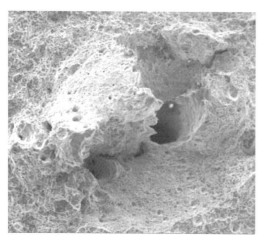

图2-159 断口心部孔洞及韧窝形态

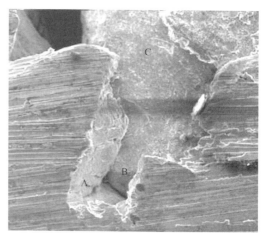

图2-160 纵截面孔洞特征

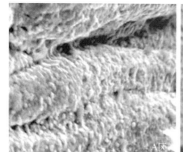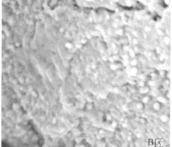

图2-161 图2-160A区、B区、C区局部放大特征

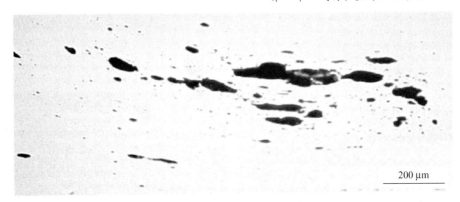

图 2-162　孔洞和显微孔隙特征

实例 149：游离渗碳体引起的螺钉断裂

材料名称： SWRCH15A

情况说明：

　　ϕ6.5mm 的 SWRCH15A 热轧盘条用于加工规格为 ϕ2mm×10mm 的螺钉,加工工艺为：粗拉→退火→精拉→冷镦头部→搓丝→电镀。当对螺钉进行扭力试验时,螺钉未达到标准要求即发生断裂,断裂螺钉形貌见图 2-163。

微观特征：

　　用扫描电镜观察螺钉断口形貌,断口主要表现为韧窝断裂特征,说明材料具有较好的韧性。断口上有一些大小不一的孔洞,中心部位颇多,孔洞较深,该处未发现非金属夹杂物,见图 2-164。

　　沿螺钉的轴向制备纵截面试样,抛光后在显微镜下观察：距断面约 1.5mm 的范围内有数量颇多的显微孔隙,孔隙处无夹杂物,见图 2-165。这些孔隙分布在螺钉的中心部位,部分贯通断口,距断口越近,孔隙越大且数量较多,距断口越远,孔隙尺寸越小且数量减少。

　　试样经试剂浸蚀后,组织为铁素体 + 沿晶界分布的游离渗碳体,游离渗碳体颗粒粗大,显微孔隙均产生于渗碳体处。图 2-166 为距断口约 1.5mm 处孔隙萌生于渗碳体处的特征；图 2-167 为距断口约 1mm 处孔隙在渗碳体处长大特征；图 2-168 为断口附近组织特征,从中可见晶粒变形较严重,孔隙粗大,其边缘可见渗碳体。采用扫描电镜观察,孔隙沿游离渗碳体萌生的特征更加明显,见图 2-169 和图 2-170。

分析判断：

　　SWRCH15A 螺钉用材属低碳钢,热轧后的盘条组织为铁素体和珠光体,粗拉后经退火处理,退火的目的一方面是消除钢丝拉拔后产生的加工硬化,另一方面是获得铁素体和均匀分布的细小颗粒状游离渗碳体组织,以利于随后的加工。而该螺钉中的游离渗碳体聚集分布于晶界且颗粒较粗大,这种组织对加工螺钉是不利的。

　　螺钉在搓丝过程中承受很大的压应力和切应力,比较容易变形的铁素体基体的塑性流变,经过硬而脆不易变形的粗颗粒渗碳体界面时,很容易产生位错塞积和应力集中而形成显微孔隙。在进一步扭转过程中孔隙逐渐长大,导致螺钉有效截面减少,从而造成螺钉断裂。

图 2-163 断裂螺钉外观

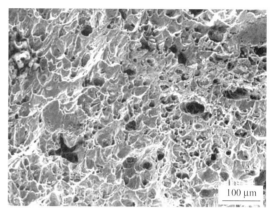

图 2-164 断口特征

图 2-165 断口附近显微孔隙图

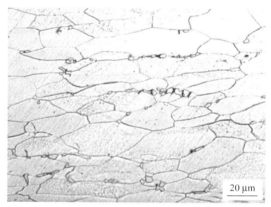

图 2-166 显微孔隙萌生于渗碳体处

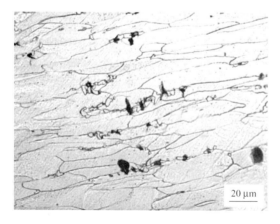

图 2-167 渗碳体处孔隙长大特征

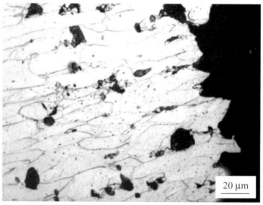

图 2-168 断口附近孔隙与渗碳体特征

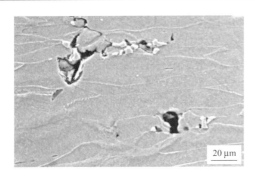

图 2-169　孔隙沿游离渗碳体萌生

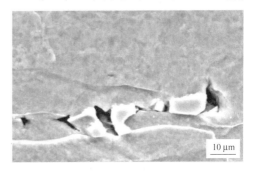

图 2-170　孔隙沿游离渗碳体萌生

实例 150：表层粗大晶粒引起的螺帽皱折

材料名称：SWRM8

情况说明：

某制品厂使用一批规格为 ϕ6 mm 的 SWRM8 热轧盘条生产螺栓,冷镦时沿螺栓帽头周边出现皱折,皱折线沿帽头圆周横向分布,宏观形貌见图 2-171。

微观特征：

分别在螺栓的杆部和帽头取纵、横截面试样,试样经硝酸酒精溶液试剂浸蚀后用体视显微镜观察,在低倍率下可见试样周边表面有一层晶粒异常粗大的粗晶区,这层粗晶区的深度为 1.0~1.3 mm,晶粒直径为 0.5~2 mm,约占其圆截面面积的 40%,其余部位为细晶区,见图 2-172 和图 2-173。

用光学金相显微镜观察螺栓杆部横截面试样,表层晶粒尺寸与心部差异颇大,按 GB/T 6394—2002 标准对晶粒度进行评定,表层铁素体晶粒度达 -1~00 级,组织为铁素体及少量沿晶游离渗碳体。心部晶粒较细,晶粒度为 9.5 级,组织为铁素体和沿晶分布的游离渗碳体,在游离渗碳体处可见显微孔隙,见图 2-174 和图 2-175。

螺栓帽头纵截面显微组织特征如图 2-176 所示,图中右侧对应于帽头侧面皱折部位,该侧表层凹凸不平,表层粗大的铁素体晶粒沿变形方向伸长,晶粒内可见大量形变带。图中左侧细晶区亦有形变痕迹,且渗碳体处的孔隙较杆部多,这是由于镦头承受较大冷变形的缘故。

观察同批号的原料盘条,其周边与内部的组织及晶粒特征与螺栓杆部试样相同。

分析判断：

SWRM8 螺栓帽头出现皱折的试样,其杆部及其镦头表层存在异常粗晶区,这层粗晶区的晶粒一般比细晶区大 10 个晶粒度级别以上,可见该缺陷与异常粗晶区相关。

与螺栓同批号的原料试样表层亦出现异常粗晶区,说明该区来源于原料盘条。

SWRM8 属低碳钢,在正常生产工艺条件下,热轧盘条组织为铁素体 + 少量珠光体,且从表至里组织基本上是均匀的。而该盘条表面层出现的异常粗晶区属于不正常组织,它主要与热轧终轧温度偏低和吐丝温度高、冷却较缓慢有关。同时,心部组织中出现大量沿晶分布的游离渗碳体也进一步反映了盘条热轧吐丝温度过高、冷却太缓慢的特征。

在终轧温度偏低的情况下,由于盘条表面冷却速度较心部快,表层将会在终轧道次前形成铁素体晶粒。这些铁素体晶粒经终轧形变后储存一定量的畸变能(例如满足晶粒异常长大的临界形变量)。而当在较高吐丝温度吐丝,某些晶粒就会发生晶界迁移(形变诱导晶界迁移),吞食周围的小晶粒而长大,由于表面能的差异,这种晶粒愈长愈大,愈大愈长,最终会形成晶粒尺寸异常粗大的表层粗晶区。而晶粒大小(即晶粒度)对材料的各种性能都有影响,其中影响最大的就是力学性能。根据 Hall-Petch 公式,钢材的屈服强度与晶粒尺寸的平方根成反比,晶粒越细阻碍滑移的晶界越多,屈服强度也就越高,反之晶粒越粗大,屈服强度也就越低。因此,当这种表面晶粒异常粗大的原料冷镦时其表层与内部的屈服强度具有较大的差异,表层就会过早发生形变,不一致的形变状态会最终导致表层产生皱折。

综合分析表明,SWRM8 盘条冷镦产生的螺栓帽头皱折缺陷与盘条表层存在的异常粗晶区相关。在原料冷镦时,其表层与内部的屈服强度具有明显的差异,帽头不一致的形变状态导致表层产生皱折。晶粒异常长大的粗晶区的形成与热轧终轧温度偏低和吐丝温度过高、冷却缓慢有直接关系。为此,生产中应该严格控制轧制工艺,防止晶粒发生反常长大。

图 2-171 螺栓帽头皱折形貌

图 2-172 螺栓杆部纵(a)、横(b)截面宏观特征

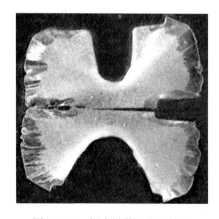

图 2-173 帽头纵截面宏观特征

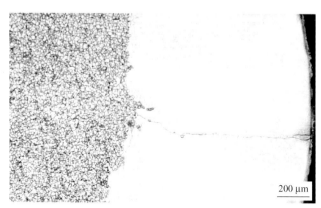

图 2-174 螺栓杆部横截面显微组织特征

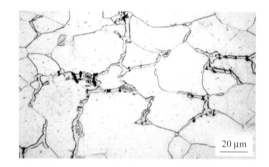

图 2-175 螺杆心部沿晶碳化物及显微孔隙

图 2-176 帽头纵截面显微组织特征

实例 151：夹渣引起的螺杆黑线

材料名称： 45 号钢

情况说明：

用 45 号钢盘条加工螺栓,加工工艺为:拉拔($\phi22\,mm\rightarrow\phi19.5\,mm$)→剪切下料→头部加热→头部热镦成型→酸洗→850℃正火→滚压精加工→成品。加工过程中钢的拉拔性能和酸洗后的表面质量都很好,但在滚压精加工后,发现部分螺栓杆部表面出现黑线状缺陷,见图 2-177 箭头所示。

化学成分：

取螺栓试样做化学成分(质量分数,%)分析,分析结果见表 2-6。从表中可见,螺栓试样的化学成分符合 GB/T 699—1999 标准中 45 号钢的技术要求。

表 2-6　螺栓试样的化学成分($w/\%$)

元　素	C	Si	Mn	P	S
实测值	0.47	0.23	0.60	0.026	0.014
标准值	0.42 ~ 0.50	0.17 ~ 0.37	0.50 ~ 0.80	< 0.035	< 0.035

低倍检验：

在螺栓的六角螺帽处取横截面试样做热酸蚀检验,从低倍试样上可观察到聚集分布的夹渣(图 2-178 箭头所示),夹渣所在部位正好对应于杆部线状缺陷。

微观特征：

分别在图 2-177 和图 2-178 箭头所示部位取横截面试样磨制后观察,杆部黑线处存在尺寸粗大且聚集分布的深灰色夹渣,夹渣形状不规则,见图 2-179。该夹渣与低倍试样抛光面上的夹渣类型相同。试样组织为珠光体 + 铁素体,与 45 号钢正常组织相符。

用电子探针能谱仪对金相磨面上的夹渣成分(质量分数,%)进行分析,结果见表 2-7和图 2-180。为作对比分析,表中还列出了与 45 号钢相关的钢渣、连铸使用的中间包覆盖剂和结晶器保护渣成分。

表 2-7　夹渣与中间包覆盖剂、钢渣和保护渣成分($w/\%$)对比

名　称	CaO	SiO_2	Al_2O_3	MgO	TiO_2	Na_2O	MnO	TFe
中包覆盖剂	15	45	12	—	—	8	—	—
钢　渣	50	12	—	1.3	—	—	—	20
保护渣	32	32	5	2	—	7	—	—
夹　渣	9.83	47.40	19.14	1.71	3.04	13.57	4.44	—

分析判断：

螺栓杆部经机加工后出现的黑线是钢中夹渣暴露。

从表 2-7 可以看出,钢渣是以 CaO 为主的碱性渣,保护渣为 $CaO/SiO_2 = 1.0$ 的中性渣。只有中间包覆盖剂与 45 号钢中夹渣成分十分接近,夹渣中 MnO 的来源是锰脱氧剂脱氧的产物。可见该夹渣是中间包覆盖剂卷入钢水所致。

要防止钢水卷渣,首先要保持连铸工序的稳定,其次使用低熔化温度高黏度的中间包覆盖剂(熔化温度高的覆盖剂易结渣壳;影响生产操作)。

图 2-177　螺栓杆部黑线(箭头所示)

图 2-178　螺帽横截面低倍夹渣(箭头所示)

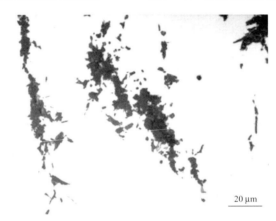

图 2-179　螺杆横截面聚集分布的夹渣

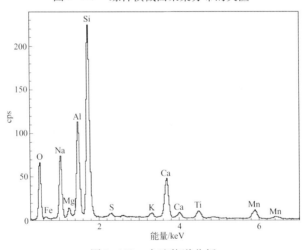

图 2-180　夹渣能谱分析

2.4　型材缺陷

2.4.1　重轨裂纹

实例 152：方坯表面裂纹引起的重轨底裂

材料名称：U71Mn

情况说明：

重轨底裂缺陷是指出现在重轨底部宽度 1/3 部位的表面裂纹缺陷。裂纹较直，多为单根，深度、长度不等。裂纹有两种：一种开度在 0.5 mm 以上，肉眼就可分辨（图 2-181）；另一种为探伤细裂纹，肉眼分辨不了，经盐酸水溶液擦拭后才可见。

微观特征：

在轨底取横截面金相试样观察，裂纹由表面向内延伸，不分叉。肉眼可辨的粗裂纹深度一般为 23~32 mm，在其根部（起源处）1.1~2.7 mm 的范围内附近有高温氧化和脱碳，脱碳区组织为铁素体和少量珠光体，见图 2-182。除此段外，整个裂纹的扩展部位呈锯齿状，两侧及尾端无氧化和脱碳现象。

细裂纹深度一般小于 2.5 mm，从裂纹的根部至尾端均有较严重的高温氧化和脱碳，见图 2-183 和图 2-184。

分析判断：

裂纹附近存在严重的高温氧化和脱碳，说明在成品轧制前，方坯表面就已经存在裂纹。因为带有裂纹的铸坯在高温加热过程中，炉气中的氧沿着裂纹向内扩散，从而使裂纹附近产生氧化和脱碳。

粗裂纹只有根部一段有氧化脱碳，其他部位则无此特征，说明该裂纹是在矫直应力作用下，以原始裂纹为源扩展而成。

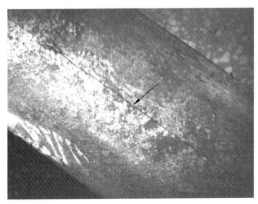

图 2-181　重轨底裂

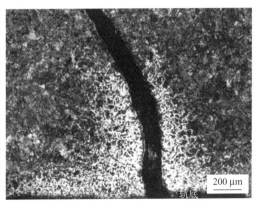

图 2-182　横截面粗裂纹根部组织脱碳特征

图 2-183　横截面细裂纹周围高温氧化特征

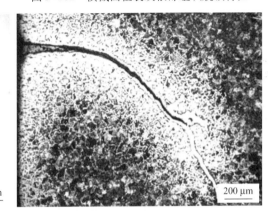

图 2-184　细裂纹周围组织脱碳特征

实例 153：方坯皮下夹渣引起的轨底细裂纹

材料名称：U71Mn

情况说明：

重轨轨底表面有数条断续分布的纵向细裂纹（图 2-185）。

微观特征：

在重轨底部取横截面金相试样观察，裂纹较浅，深度在 0.5 ~ 1.5 mm，裂纹处有大块状的深灰色夹渣（图 2-186）。另外，在轨底近表层多个部位也有此类条、块状的夹渣。

经电子探针分析，夹渣成分为：$w(Si) = 63\%$，$w(Al) = 5.2\%$，$w(Ca) = 1.0\%$，$w(K) = 0.8\%$，$w(Mn) = 8.2\%$，$w(Fe) = 21.8\%$。

分析判断：

在浇铸过程中，夹渣被卷入钢液中来不及上浮且分布在方坯皮下，由于其塑性较钢材低，在轧制时便在此处形成轨底细裂纹。

对夹渣的能谱分析结果表明，夹渣中钙很少，则可以判断不是炉渣或钢渣；而硅高铝低，故不是黏土砖之类耐火材料。夹渣中含有少量钾，比较结果，只有保护渣成分中含有钾，另外其他元素与保护渣成分也很近似，由此认为该夹渣来源于保护渣。

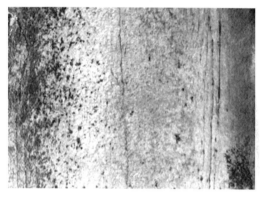

图 2-185　轨底纵向细裂纹

图 2-186　横截面裂纹处夹渣特征

实例 154：方坯表面气孔引起的重轨踏面发纹

材料名称：U71Mn

情况说明：

某厂生产的一批 U71Mn 重轨，在部分重轨的踏面出现线状细小发纹，发纹沿重轨长度方向分布。经磁粉探伤检查，发纹特征更加明显，见图 2-187。

化学成分：

用直读光谱仪对踏面发纹试样进行化学成分（质量分数，%）分析，结果列于表 2-8。从表中可以看出，样品成分符合 TB/T 2344—2003 标准中对 U71Mn 钢的要求。

表 2-8　踏面发纹缺陷试样成分(w/%)

项　　目	C	Si	Mn	P	S
实测值	0.70	0.24	1.27	0.015	0.005
标准值	0.65~0.76	0.15~0.35	1.10~1.40	≤0.030	0.030

低倍检验:

在重轨踏面缺陷处取横截面试样。另外,取经过加热但未轧制的同炉号重轨方坯试样的原始表面和横截面做热酸蚀低倍检验。

从重轨酸蚀面上观察到轨头踏面表层存在不同程度的裂纹及孔坑。

方坯试样原始表面呈现数量较多的气孔,气孔大小不一,最大直径约 2mm,其特征见图 2-188。

从方坯的横截面上可以看到,气孔位于表层(图 2-189),部分气孔的深度约 1.5mm。

微观特征:

在重轨踏面发纹处取横截面金相试样观察,发纹在踏面表层表现为裂纹和孔隙缺陷。裂纹向内斜向延伸,尾端圆秃,与表面垂直深度为 0.017~1.43mm;孔隙处有细裂纹,裂纹与表面连通。裂纹和孔隙中有氧化铁,周围有密集分布的氧化圆点。经试剂浸蚀后,裂纹和孔隙周围有明显脱碳,脱碳区组织为铁素体和少量珠光体,而正常部位组织为珠光体,见图 2-190 和图 2-191。

分析判断:

U71Mn 重轨踏面发纹缺陷在踏面表层表现为裂纹和孔隙,其附近有氧化脱碳。另外,从方坯低倍试样上观察到原始表面存在数量较多的气孔。由这些特征分析,"发纹"缺陷是由方坯表面气孔经高温加热→轧制演变成的。

分布于方坯原始表面或近表面的气孔,在加热过程中其内壁被氧化形成氧化铁,同时气孔周围的组织也产生严重的脱碳。这样的气孔在轧制时无法被焊合,它随金属的流变沿轧向拉长,最终演变成图 2-187 所示的发纹缺陷。

图 2-187　重轨踏面发纹缺陷宏观形貌

图2-188　方坯原始表面气孔特征

表面

图2-189　方坯截面表层气孔特征

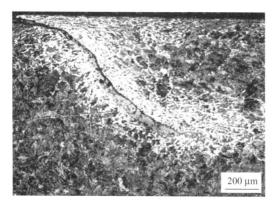

200 μm

图2-190　踏面表层裂纹及附近组织特征

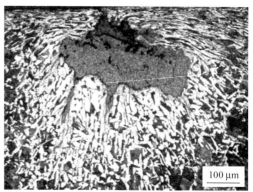

100 μm

图2-191　踏面表层孔隙及附近组织特征

实例155：冷却速度过快引起的轨底横裂

材料名称： U71Mn

情况说明：

　　U71Mn重轨在矫直后出现数量颇多的横向裂纹，裂纹均分布在轨底一侧的棱角部位，宏观形貌见图2-192。而轨底另一侧的棱角部位未发现裂纹。

微观特征：

　　在轨底裂纹部位取纵截面试样磨制后观察，裂纹在截面表层呈矩形缺口，尾端较秃，附近无高温氧化特征，见图2-193。磨面经试剂浸蚀后，有裂纹的表层呈现出颜色不同的三个区域，如图2-194所示的A、B和C区。A区（外表层）深度较浅，组织为贝氏体（图2-195），裂纹基本位于该区域内；B区（次表层）组织为细珠光体＋粗片状珠光体（图2-196）；C区为正常部位，组织为珠光体＋少量铁素体（图2-197）。

　　观察轨底另一侧无裂纹的棱角截面试样，外表层无上述不同的区域，组织均为细珠光体＋少量铁素体。

分析判断：

　　U71Mn重轨的正常组织应为珠光体＋少量铁素体，但上述重轨轨底一侧的棱角部位表层组织为贝氏体，该组织相对于其余部位组织，其强度、硬度较高，延塑性低，矫直时重轨在反复弯曲过程中有一定程度的塑性变形,因而在此处拉裂,形成横裂纹。

贝氏体组织的形成与生产重轨过程中该部位发生不正常的冷却有关。

图 2-192　轨底棱角横裂纹宏观特征

图 2-193　轨底纵截面表层缺陷特征

图 2-194　轨底纵截面表层浸蚀后的形貌

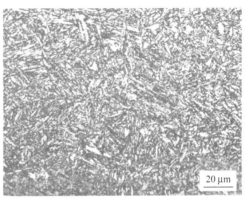

图 2-195　图 2-194A 区组织特征

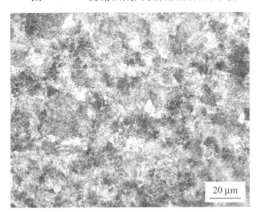

图 2-196　图 2-194B 区组织特征

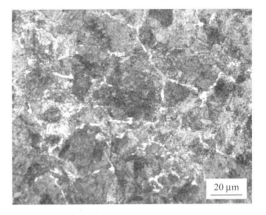

图 2-197　图 2-194C 区组织特征

2.4.2　重轨掉肉、结疤、条纹、线状缺陷

实例 156:踏面补焊区缺陷引起的掉肉

材料名称:U71Mn 重轨

情况说明：

在 U71Mn 重轨踏面的中心及其两端发现掉肉,局部有小裂口,宏观形貌见图 2-198 和图 2-199。

化学成分：

用直读光谱仪对重轨踏面缺陷试样作化学成分(质量分数,%)分析,结果表明,样品成分符合 TB/T2344—2003 标准中对 U71Mn 钢的要求。

表 2-9　踏面缺陷试样成分($w/\%$)

项　　目	C	Si	Mn	P	S
实测值	0.70	0.22	1.31	0.013	0.0062
标准值	0.65 ~ 0.76	0.15 ~ 0.35	1.10 ~ 1.40	≤0.030	≤0.030

低倍特征：

取轨头横截面低倍试样作热酸蚀检验,对应踏面缺陷处出现与基体颜色不同的扇形区域,分别标为 A、B 和 C 区。A 区尺寸约 20 mm(宽)×10 mm(深);B 区尺寸约 17 mm(宽)×7 mm(深);C 区尺寸约 17 mm(宽)×8 mm(深)。A、B、C 区与基体交界处有一层颜色发白的区域,似焊接试样的热影响区,宏观特征如图 2-200 所示。

用体视显微镜观察低倍试样,A、B、C 区域可见明显的粗大枝晶特征(图 2-201),以及聚集分布的孔洞,有的孔洞已暴露到踏面。

微观特征：

将上述低倍试样磨制抛光后用电子探针观察,对应原低倍试样上的 A、B、C 扇形区域,均存在大量呈网络状分布的孔洞(图 2-202),孔洞内有自由表面特征(图 2-203)。

扇形区域内的组织较为杂乱而粗大,为粗大的贝氏体和魏氏组织;正常部位表层组织为索氏体 + 屈氏体;心部组织为珠光体。

分析判断：

重轨踏面缺陷区域存在类似铸态的组织,说明该区域曾补焊过,踏面掉肉和小裂口与该补焊区孔洞等缺陷相关。

图 2-198　掉肉和小裂口宏观形貌(箭头所示)

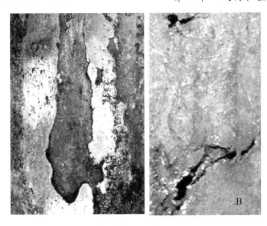

图 2-199　掉肉(A)、小裂口(B)局部放大

图 2-200　轨头酸蚀面宏观特征

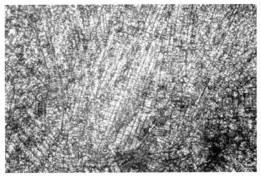

图 2-201　图 2-200 A 区粗大枝晶特征

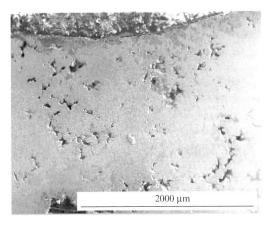

图 2-202　孔洞特征

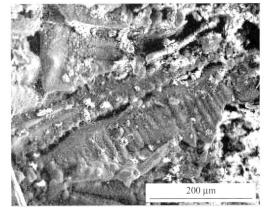

图 2-203　孔洞内自由表面特征

实例 157：由方坯表面缺陷引起的重轨轨底结疤

材料名称： U71Mn

情况说明：

　　U71Mn 方坯轧制成重轨后，轨底边部存在结疤缺陷，缺陷似薄片状疤皮黏附在本体金

属表面,宏观形貌见图 2-204。

微观特征:

在轨底结疤处取横截面金相试样,其截面特征如图 2-205 所示。

显微镜下观察到结疤与本体金属之间有缝隙,与重轨本体明显不同,结疤部分存在严重的氧化脱碳现象,见图 2-206。

分析判断:

轨底结疤是方坯表面缺陷(如氧化铁皮、疤皮等)在随后轧制中被压入,黏附于表面而造成的。

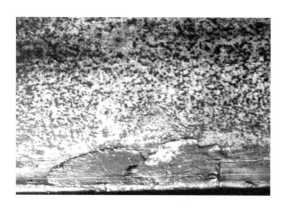

图 2-204　重轨轨底边部的结疤缺陷

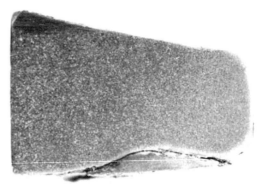

图 2-205　横截面结疤特征

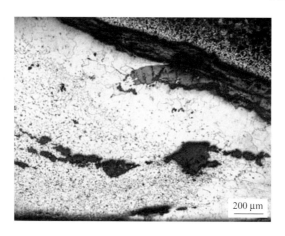

图 2-206　横截面结疤块显微特征

实例 158:矫直引起的重轨腰部横条纹

材料名称: U71Mn(60 kg/m)

情况说明:

U71Mn(60 kg/m)重轨经矫直后腰部产生多条横向短条纹,条纹相互平行排列但间距不等,宏观特征见图 2-207。

微观特征:

试样表面经超声波酒精清洗后用扫描电镜观察,缺陷区域存在与横向短条纹垂直的形变流线,条纹具有挤压起皱特征,见图 2-208。

垂直条纹取截面金相试样观察,条纹在截面表层表现为凸起的台阶,该处组织变形严重,呈纤维状,见图 2-209 和图 2-210。

分析判断:

重轨腰部缺陷区域变形严重,条纹具有挤压起皱特征,说明条纹是在矫直过程中形成的矫痕,属于表面损伤缺陷。

图 2-207 重轨腰部横条纹宏观特征

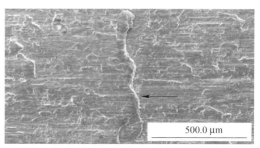

图 2-208 表面条纹二次电子像特征

图 2-209 截面缺陷二次电子像特征

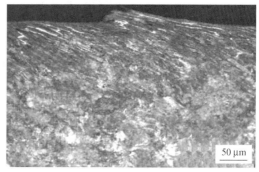

图 2-210 截面缺陷部位组织特征

实例 159:热轧划伤引起的线状缺陷

材料名称:U71Mn

情况说明:

U71Mn 重轨轨底表面存在数条沿轧制方向分布的直线状缺陷,见图 2-211。

微观特征:

垂直轨底线状缺陷取横截面试样观察,缺陷呈底部圆滑的凹坑,最深处约 0.5 mm,周围无高温氧化特征,整个轨底表层组织均有脱碳,凹坑位于表层脱碳区,见图 2-212。

分析判断:

重轨轨底直线状缺陷系热轧过程中产生的热划伤。

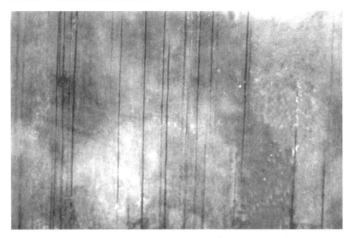

图 2-211　重轨轨底表面线状缺陷

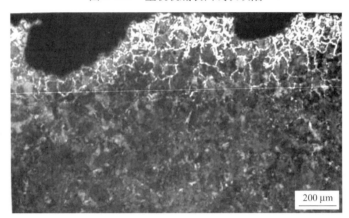

图 2-212　轨底表层缺陷特征

2.4.3　重轨断裂

实例 160：方坯缺陷引起的重轨断裂

材料名称： U71Mn

情况说明：

　　U71Mn 重轨在矫直过程中产生断裂。根据断口上放射状条纹的走向判断,断裂起始于轨头踏面疤状缺陷处,见图 2-213 和图 2-214。

微观特征：

　　在轨头缺陷部位取横截面试样磨制后观察,截面近表层观察到大量集中分布的夹渣(图 2-215)。经电子探针能谱分析,夹渣成分主要为 Si、Na、Al、Mg、Ca、K、Mn 和 O(图 2-216),与保护渣成分类似。

　　除夹渣外,缺陷区域还存在裂纹,裂纹一侧有大量呈网络状分布的孔隙,见图 2-217。

　　磨面经试剂浸蚀后,裂纹一侧组织为珠光体,另一侧(孔隙区域)组织为珠光体 + 网状碳化物(图 2-218),孔隙均沿碳化物分布(图 2-219)。正常部位组织为珠光体(图 2-220)。上述特征说明,缺陷区域有增碳现象。

分析判断：

　　重轨断裂起始于轨头踏面疤状缺陷处，该处存在大量夹渣（保护渣变质体），且有增碳现象，说明该缺陷是由方坯带来的，其形成原因主要与浇铸过程中卷入保护渣有关。

图 2-213　轨头断口宏观特征

图 2-214　踏面缺陷

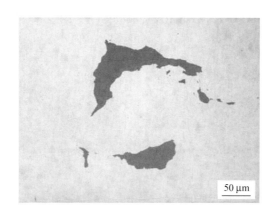

图 2-215　表层夹渣形貌

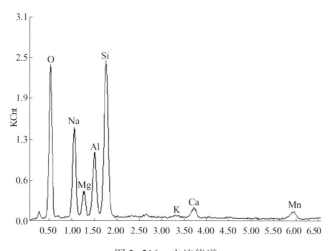

图 2-216　夹渣能谱

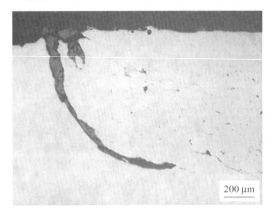

图 2-217 裂纹及附近孔隙特征

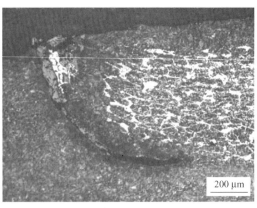

图 2-218 裂纹附近组织特征

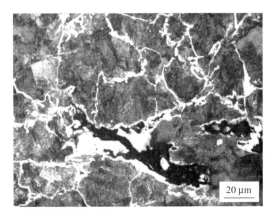

图 2-219 孔隙沿碳化物分布

图 2-220 正常部位组织

实例 161：过烧引起的断裂

材料名称： U71Mn

情况说明：

U71Mn 方坯在轧制重轨的过程中，半成品重轨发生断裂，断口一侧边缘呈渣状，从渣状处敲下的碎块具有粗大的晶粒状特征，见图 2-221。

微观特征：

在断口渣状处取样观察，表层有粗大的裂纹沿原奥氏体晶界向内延伸，裂纹内嵌有氧化铁，附近组织脱碳，脱碳区组织为魏氏铁素体和少量珠光体，正常部位组织为珠光体，见图 2-222。

分析判断：

U71Mn 方坯断口渣状物具有粗大的晶粒状特征，缺陷处有沿晶界分布的裂纹，组织脱碳，这些特征说明方坯在加热时局部温度过高(或在高温区停留时间太长)而产生了过烧。过烧造成晶界产生氧化物，使晶粒之间的结合力完全破坏，导致轧制过程中半成品重轨发生断裂。

图 2-221　半成品重轨断裂试样(A)和渣块(B)宏观特征

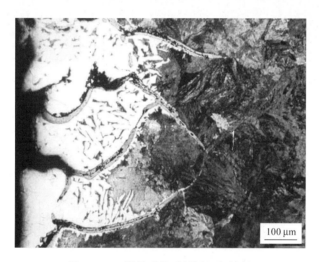

图 2-222　沿晶裂纹及周围组织特征

实例 162：挤压损伤引起的重轨断裂

材料名称： U71MnK(60kg/m)

情况说明：

一根 U71MnK 重轨(60kg/m)在矫直过程中产生断裂。根据断口上放射状条纹的走向判断,断裂起始于轨头踏面有挤压损伤痕迹的部位,见图 2-223 和图 2-224。

微观特征：

用扫描电镜观察重轨断裂起始部位,轨头踏面挤压损伤部位存在多条平行于断口面的横裂纹,如图 2-225。

垂直横裂纹取纵截面试样,磨成金相光片后观察,踏面表层有多条裂纹并排(图 2-226),裂纹附近无高温氧化特征。经试剂浸蚀后,裂纹区呈白亮色,与白亮区相邻的组织为珠光体和少量铁素体,并有形变后的纤维特征,见图 2-227。

白亮区显微硬度(HV0.1)在 959 ~ 967 范围,正常部位的显微硬度(HV0.1)在 293 ~ 325 范围。

分析判断:

重轨断裂起始于轨头踏面挤压损伤处,由于该部位产生了加工硬化层及裂纹,因而导致重轨在矫直应力作用下产生断裂。

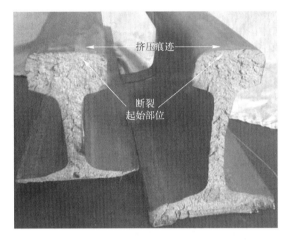

图 2-223 匹配断口宏观特征

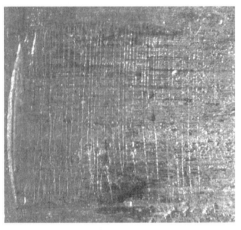

图 2-224 踏面挤压损伤处形貌

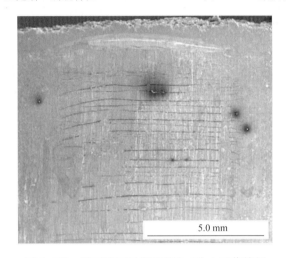

图 2-225 踏面挤压损伤处裂纹二次电子像特征

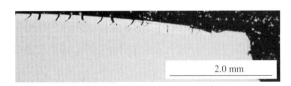

图 2-226 截面表层裂纹特征

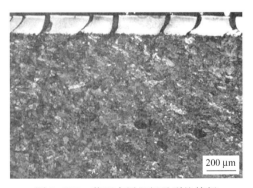

图 2-227 截面表层组织及裂纹特征

实例 163：机械损伤引起的重轨断裂

材料名称： U71Mn 重轨(50 kg/m)

情况说明：

　　一根 U71Mn 重轨(50 kg/m)在矫直过程中产生断裂。根据断口上放射状条纹的走向判断,断裂起始于轨底一侧面,该侧面较光亮且有明显的机械损伤痕迹,宏观特征见图 2-228 和图 2-229。而轨底另一侧面未受损伤,原始表面完好无损。

微观特征：

　　在轨底侧面损伤部位取截面金相试样观察,侧面表层有一些小凹坑和裂纹缺陷,凹坑为机械划伤所致,裂纹均起源于凹坑处,附近无高温氧化特征,见图 2-230。经试剂浸蚀后,裂纹周围组织呈冷变形纤维状(图 2-231);正常部位组织为珠光体和少量铁素体。

分析判断：

　　重轨属脆性断裂,断裂起源于轨底侧面机械损伤处。该部位不仅存在凹坑和微裂纹,而且表层金属产生了冷作硬化现象(组织呈冷变形纤维状),在矫直应力作用下,当损伤处的微裂纹扩展至一定深度时,导致重轨断裂。

图 2-228　重轨断口宏观形貌(箭头所示为断裂源)

图 2-229　轨底侧面机械损伤痕迹(箭头所示部位)

图 2-230　侧面表层小凹坑及裂纹特征

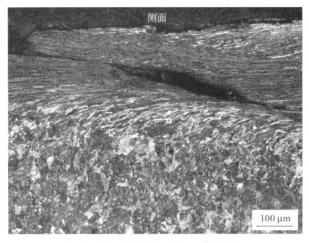

图 2-231　侧面表层裂纹附近组织

实例 164：焊接缺陷引起的重轨断裂

材料名称： U74 重轨(60 kg/m)

情况说明：

一根焊接铜铝合金的 U74 重轨(60 kg/m)在使用过程中发生断裂。经宏观分析确认，图 2-232 轨腿断面是断裂起始部位。

图 2-232 断面可分为 A、B、C、D 四个区。

A 区为焊接在轨腿上表面的铜铝焊缝，该焊接金属长度约 38 mm，厚约 3~5 mm，断面上可见蜂窝状孔洞。

B 区为紧靠铜铝焊缝的钢基，断面平坦光滑，长度与 A 区相当，深约 2 mm。

C 区呈扇形状，断面平坦且存在明显的贝壳状疲劳弧线及放射状纹路，属于疲劳裂纹扩展区，其纹路收敛于 A、B 区。

D 区断口表面粗糙且有金属光泽，为瞬时破断区。

由以上宏观特征可以看出，断裂起源于 A、B 区，然后沿 C 区→D 区扩展。

微观特征：

取轨腿断裂试样，磨制断裂面且经试剂浸蚀后，肉眼可见磨面上呈现出颜色不同的三个区域(图 2-233)。图中 A 区为铜铝焊缝区，该区有数量颇多的孔洞，较大的孔洞尺寸约 2.5 mm×1.6 mm；B 区颜色较深，为钢基热影响区；C 区呈浅灰色，为钢基母材。

用金相显微镜观察上述试样，A 区(铜铝焊缝区)除孔洞外，还有一些细裂纹，裂纹均起源于孔洞处，然后沿轨腿厚度方向扩展，见图 2-234；B 区靠铜铝焊缝一侧为钢基过热区，组织为马氏体+残余奥氏体(图2-235);C区(钢基母材)组织为珠光体(图2-236)。

分析判断:

重轨断裂的性质属疲劳断裂。其主要原因是轨腿表面铜铝焊接金属存在严重的焊接(孔洞)缺陷,造成应力集中而过早萌生疲劳裂纹,钢基过热区产生的高碳马氏体组织在一定程度上降低了材料的韧性和疲劳性能,在外应力作用下,裂纹不断扩展,导致重轨断裂。

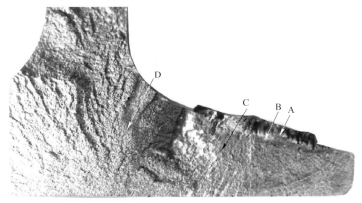

图2-232 重轨轨腿断面宏观特征

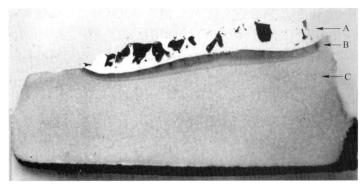

图2-233 轨腿磨面宏观特征
A—铜铝焊缝区;B—钢基热影响区;C—母材

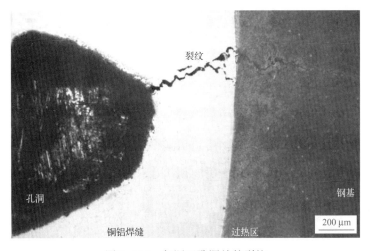

图2-234 起源于孔洞处的裂纹

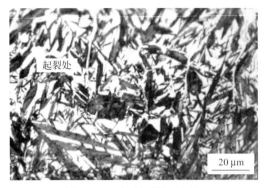

图 2-235　钢基过热区组织

图 2-236　钢基母材组织

2.4.4　工字钢断裂

实例 165：皮下气泡暴露引起的工字钢腿角破裂

材料名称： 125

情况说明：

　　一批 125 工字钢，腿角破裂，裂口呈鸡爪状，见图 2-237 和图 2-238。

低倍特征：

　　取工字钢横截面低倍试样作酸浸检验，角部表层有一些类似孔洞和裂纹的缺陷，这些缺陷多与表面连通，见图 2-239。

微观特征：

　　将低倍试样酸浸面磨制抛光后用金相显微镜观察，角部已暴露的缺陷微观特征如图 2-240 所示，缺陷呈被拉长的孔洞，孔洞尾端有细裂纹，裂纹中有氧化铁，附近存在严重的氧化脱碳。

　　距腿角表面稍远处观察到未暴露的孔洞缺陷，缺陷附近无氧化脱碳，见图 2-241。

分析判断：

　　125 工字钢腿角缺陷具有气泡被轧破的特征，说明缺陷是方坯皮下气泡经热轧后暴露所致。

图 2-237　工字钢腿角缺陷实物图

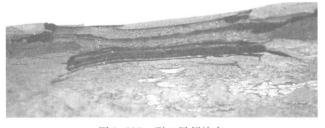

图 2-238　裂口局部放大

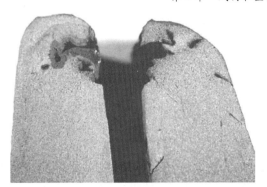

图 2-239 工字钢腿角横截面低倍组织缺陷

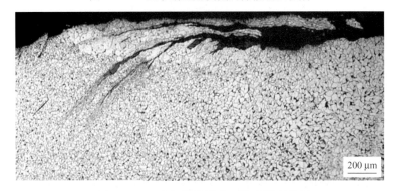

图 2-240 工字钢腿角横截面缺陷微观特征

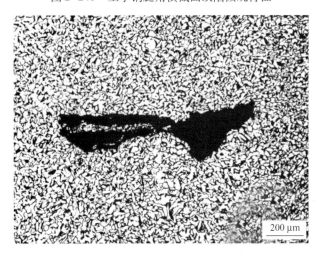

图 2-241 内部孔洞缺陷及周围组织形态

实例 166：烙印引起的工字钢断裂

材料名称：Q275

情况说明：

　　牌号为 Q275 的矿用工字钢，经冷冲压加工成拱形，然后两支焊接在一起双拱使用，在使用中陆续出现断裂现象，断裂试样宏观形貌见图 2-242。断裂面上有明显的放射状条纹，根据条纹的走向判断，断裂源有多个，均起源于工字钢表面烙印处。烙印特征如

图 2-242 箭头所示,它是用焊枪写号时留下的。

微观特征:

将工字钢断口面制备成金相抛光面(编为 A、B),对应工字钢烙印处表层由三层不同颜色的区域构成(类似焊接),即焊缝、热影响区和正常部位,宏观形貌见图 2-243。

图 2-243 中的"焊缝"部位为粗大的马氏体 + 贝氏体 + 屈氏体组织,如图 2-244 所示。工字钢正常部位的组织为铁素体 + 珠光体(图 2-245)。

分析判断:

矿用工字钢断裂起源于表面烙印处,该处存在硬而脆的马氏体组织是引起断裂的主要原因。马氏体组织是由于烙印字号时金属熔化,在随后的快速冷却中产生的。

图 2-242 断裂样宏观特征(箭头所示处为烙印)

图 2-243 金相磨面上类似焊接的特征

图 2-244 "焊缝"组织

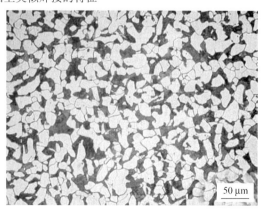

图 2-245 正常部位组织

第3章　部分连铸方坯和板坯缺陷

3.1　板坯裂纹

实例167：铜富集引起的板坯表面星形裂纹

材料名称： 16Mn 系

情况说明：

星形裂纹通常出现于铸坯氧化铁皮下，肉眼很难观察到。截取保留原始铸坯表面的试样，用1:1(容积比)的工业盐酸水溶液长时间浸泡腐蚀除去表面氧化层后，裂纹便清晰地显示出来，其宏观形貌为成簇分布的表面裂纹，每簇均呈星形、蛛网形外观，见图3-1。

在进行酸浸低倍检验法同时，采用磁粉探伤法来显示裂纹。由于磁粉法衬底与裂纹反差大，所以使裂纹更为清晰，见图3-2。

微观特征：

取金相分析试样磨去表面氧化层后，板面裂纹呈网状。用金相显微镜观察试样抛光面，裂纹中有氧化铁，周围氧化区厚度约 $12\mu m$，氧化区内分布有细密的高温氧化圆点(图3-3)，裂纹尾部一般较钝，深度 $1.0\sim4.5mm$。

试样经试剂浸蚀后，板面裂纹沿原奥氏体晶界呈网络状分布，在白光下调动焦距可观察到粉色发亮富集相，这种富集相沿裂纹周围的奥氏体晶界渗入(图3-4)。在板坯正常部位未观察到这类富集相的存在。

对金相观察到的粉色发亮富集相，用电子探针进行成分分析，结果表明，粉色发亮富集相含有铜元素(图3-5)，其 $w(Cu)$ 最高可达 4.33%。而铸坯正常基体却无铜元素集聚特征。

连铸工艺对比试验：

基于金相和电子探针分析的结果，为证实结晶器材质对产生星形裂纹的影响，对有可能引起裂纹产生的工艺条件，包括结晶器材质、浸入式水口、保护渣和连铸过程温度控制进行对比试验。结果表明：结晶器表面无镀层是星形裂纹产生的主要原因，其他工艺因素与裂纹产生并无直接、明确的联系，但控制不当也有可能使裂纹进一步恶化。

分析判断：

以上观察结果表明，16Mn 系铸坯星形裂纹与晶界铜富集有关。从高温氧化圆点、粗大奥氏体晶界轮廓等特征推断，该裂纹应发生在凝固、结晶等高温过程，即产生于结晶器内这个环节。

16Mn 系钢中铜含量均不高，自身因铜富集而形成裂纹的倾向不大。连铸工艺对比试验结果表明，该板坯表面星形裂纹产生于结晶器中，在高拉速生产中采用无镀层铜制结晶器是其主要产生原因。结晶过程中凝固坯壳与结晶器铜板间的机械摩擦，使铜附着于铸坯表面。由于铜的熔点低，高温下(1100℃左右)呈熔融状态沿奥氏体晶界渗透，导致铸坯表面晶界高温强度恶化而产生裂纹。

　　为获得良好的铸坯表面质量,采用镀层结晶器和保持良好的铸机工作状态,保持理想的浇铸温度,采用结晶器液面控制技术,均匀的二次冷却技术可以有效地遏制星形裂纹的产生。

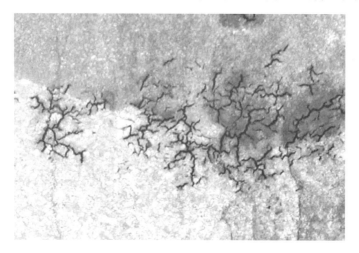

图 3-1　板坯表面星形裂纹宏观形貌(酸蚀法显示)

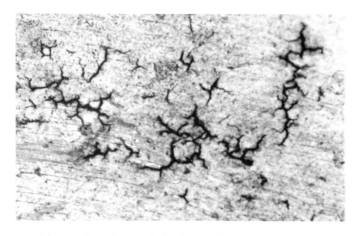

图 3-2　板坯表面星形裂纹宏观形貌(磁粉探伤法显示)

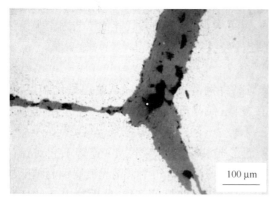

图 3-3　裂纹及附近的氧化特征

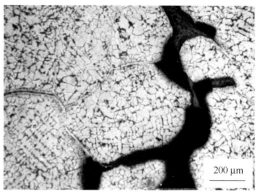

图 3-4　裂纹沿富集相形成

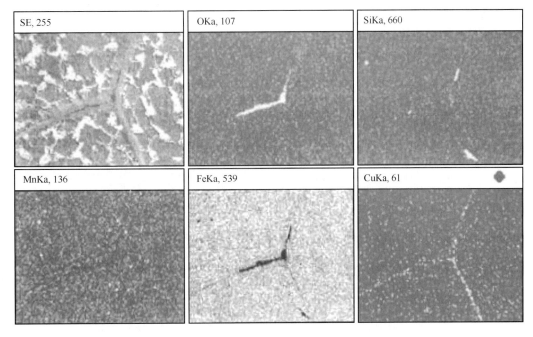

图 3-5　原奥氏体晶界上富集元素分布情况

实例 168：保护渣卷入引起的板坯裂纹

材料名称： 490E

情况说明：

　　规格为 1260 mm × 250 mm × 9000 mm 的连铸板坯，在板坯宽面中部有数条细小纵裂纹，铸坯内外弧均有。采用磁粉探伤法检验裂纹，由于磁粉法衬底与裂纹反差大，裂纹特征更加明显，见图 3-6。

微观特征：

　　在裂纹部位截取横向试片，经磨制抛光后用金相显微镜观察，裂纹内嵌有氧化铁，周围有细密的高温氧化圆点及深灰色条状夹渣（图 3-7）。

　　用电子探针对上述夹渣进行成分（质量分数，%）分析，除 C、H 元素不能分析外，测出夹渣成分为 $w(CaO) = 35.10\%$、$w(SiO_2) = 37.83\%$、$w(MgO) = 1.52\%$、$w(Na_2O) = 5.97\%$、$w(Al_2O_3) = 11.67\%$、$w(MnO) = 3.46\%$、$w(K_2O) = 0.26\%$、$w(SO_3) = 1.52\%$、$w(Fe_2O_3) = 2.67\%$。其成分与保护渣相似，说明该夹渣属保护渣变质体。

　　试样经硝酸酒精试剂浸蚀后，裂纹附近组织与板坯正常组织（铁素体 + 珠光体）不同，根据组织特征将其分为两层，里层（靠裂纹侧）为脱碳层，该层较薄，组织为单一铁素体，其间伴有高温氧化产物；外层（靠基体一侧）较厚，以珠光体组织为主，由珠光体含量估算出碳含量约达 0.7%。裂纹沿珠光体偏析区扩展，见图 3-8 和图 3-9。

　　由于保护渣中含有较高的碳，由此可认为裂纹附近产生增碳与保护渣有关。

分析判断:

上述检验结果表明,板坯裂纹附近存在保护渣变质体及增碳现象,同时又存在高温氧化和脱碳。根据以上特征判断,裂纹产生于高温阶段,主要与浇铸过程中卷入钢液中的保护渣有关。

图 3-6 板面裂纹宏观形貌(磁粉探伤法显示)

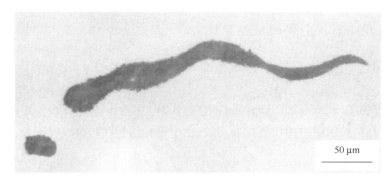

图 3-7 裂纹附近条状夹渣

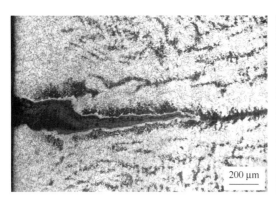

图 3-8 裂纹附近组织特征

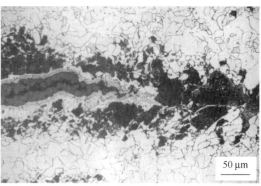

图 3-9 图 3-8 裂纹附近组织局部放大

实例169：磷、硫元素偏析等引起的板坯中间裂纹

材料名称: Q235A

情况说明:

硫印检验:Q235A连铸板坯横向断面内、外弧有裂纹,裂纹位于铸坯表面与中心之间,距铸坯表面20~90mm左右向中心延伸,裂纹多呈线状、峰状分布于柱状晶区,裂纹部位有明显的硫偏析,见图3-10。

酸蚀检验:其结果与硫印检验相同。从酸蚀面上可清楚地看到裂纹分布于柱状晶间且多与柱状晶平行分布(图3-11)。

微观特征:

铸坯组织为粗大的魏氏组织和沿柱状晶间分布的先共析铁素体,裂纹沿先共析铁素体分布,其附近及尾部常伴有数量较多的共晶状MnS夹杂,见图3-12和图3-13。

用电子探针能谱仪对金相试样进行微区成分分析,裂纹区域存在明显的磷、硫偏析,$w(P)=0.09\%$,$w(S)=0.06\%$;而正常部位磷、硫的质量分数均为0.02%。

分析判断:

根据裂纹在连铸板坯横向断面的分布特征判断,裂纹属中间裂纹。

裂纹沿磷、硫元素偏析严重的共析铁素体(柱状晶间)分布,可见裂纹的形成与之密切相关。磷、硫是容易偏析的元素,连铸坯在凝固过程中它们富集于柱状晶间,形成低熔点的液相薄膜,使钢的高温强度和塑性降低,铸坯在二冷区冷却不均及随后坯壳回温引起坯壳膨胀而产生热应力,导致沿柱状晶间形成裂纹。

另外,如矫直发生在两相区(奥氏体和铁素体),高温下奥氏体的强度高于先共析铁素体,应变集中于铁素体,也会产生裂纹。

板坯中存在比较严重的中间裂纹,对后续成品材质量造成较大影响,缺陷无法在后续轧制过程中完全焊合、消除。

为消除中间裂纹,应采取以下措施:钢坯浇铸时钢水过热度不能控制太高;减少钢中磷、硫杂质元素含量或提高Mn/S比;要经常检查喷水区水压是否均匀,防止连铸坯在二冷区冷却不均;矫直避开两相区。

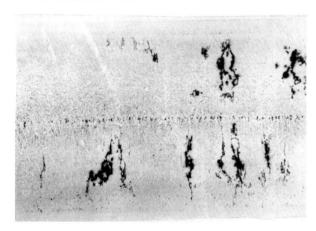
图3-10　连铸坯中间裂纹特征(硫印片)

图3-11　板坯酸蚀面裂纹特征(箭头所示)

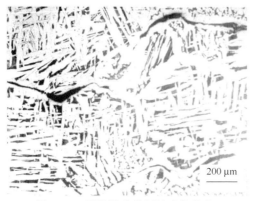

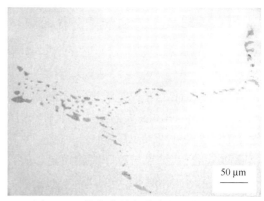

图 3-12　裂纹沿先共析铁素体分布　　　　　图 3-13　沿柱状晶间分布的硫化锰夹杂

3.2　方坯裂纹

实例 170：MnS 夹杂、疏松孔隙等引起的方坯边裂

材料名称：60Si2MnA

情况说明：

　　规格为 200 mm×200 mm 的连铸方坯，截取横截面低倍试片，经热盐酸水溶液腐蚀后检验，发现边部一侧有裂纹，见图 3-14。经测量，表层等轴晶层为 5～7 mm，柱状晶层为 27～34 mm，出现边裂的部位柱状晶较其他部位发达，该层宽度约 34 mm。

微观特征：

　　在边部裂纹部位截取试样，直接将酸蚀面磨制成金相观察面，可见较多裂纹、疏松孔隙及聚集分布的 MnS 夹杂，裂纹和孔隙处往往伴有 MnS 夹杂，见图 3-15。

　　试样经 3% 硝酸酒精试剂浸蚀后，组织为珠光体 + 先共析铁素体，先共析铁素体多数沿柱状晶晶界分布，裂纹、孔隙及 MnS 夹杂位于柱状晶晶界处，见图 3-16～图 3-18。

分析判断：

　　产生边裂的部位柱状晶较发达，在柱状晶晶界处存在 MnS 夹杂的偏聚、疏松孔隙及先共析铁素体，导致此处强度大幅度降低，当连铸坯受到应力作用（铸坯冷却不均产生的热应力、机械应力等）时就会在这些部位产生裂纹。

图 3-14　热酸蚀检验的方坯横截面边部裂纹

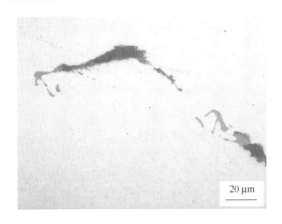

图 3-15 裂纹、疏松孔隙及 MnS 夹杂

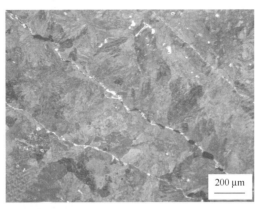

图 3-16 沿柱状晶晶界分布的裂纹、孔隙及夹杂

图 3-17 图 3-16 局部放大

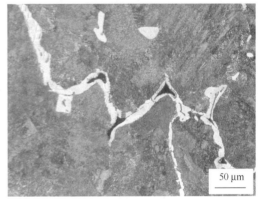

图 3-18 柱状晶晶界处的孔隙及先共析铁素体

3.3 方坯表面孔洞

实例 171：夹渣颗粒嵌入引起的方坯表面孔洞

材料名称： U71Mn

情况说明：

规格为 250 mm × 280 mm 的 U71Mn 重轨连铸方坯，酸洗后发现表面有大量圆形孔洞和黄白色残留物。

微观特征：

用电子探针二次电子像观察，孔洞和残留物形态如图 3-19 所示。能谱仪分析结果表明，残留物有两种类型，一种为氧化硅（图 3-20）；另一种为夹渣，其成分为：$w(SiO_2) = 40.93\%$，$w(CaO) = 25.22\%$，$w(Al_2O_3) = 17.96\%$，$w(Na_2O) = 9.38\%$，$w(MgO) = 3.48\%$，$w(TiO_2) = 1.18\%$ 和 $w(MnO) = 1.84\%$，元素分布形态见图 3-21。夹渣成分与保护渣类似。

分析判断：

铸坯表面残留物为氧化硅和保护渣颗粒嵌入，圆形孔洞是嵌入物脱落所致。

图 3-19 方坯表面孔洞和残留物二次电子像特征

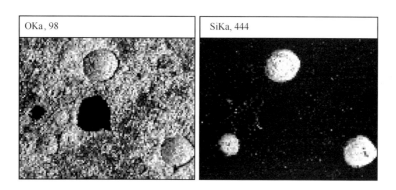

图 3-20 方坯表面残留物元素分布形态

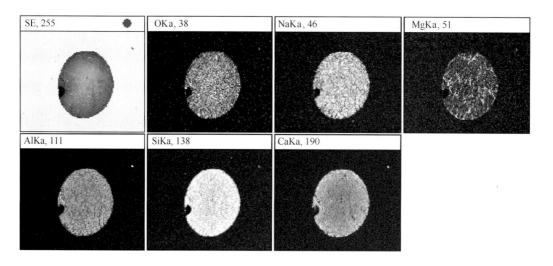

图 3-21 方坯表面残留物元素分布形态

3.4 铸坯断裂

实例 172：铸造质量差引起的方坯断裂

材料名称： WQ-1

情况说明：

生产 WQ-1 焊接用钢盘条时，有两根连铸方坯断裂，其中一根（编为 1 号）发生在炉外倒坯过程中，另一根（编为 2 号）发生在加热炉内炉尾处。

1 号断坯整个断口宏观形貌比较粗糙、齐平，属脆性断裂，在不同入射光角度观察有许多闪光小刻面，断面上可见放射状撕裂棱，柱状晶晶粒十分粗大，见图 3-22。

2 号断坯的断口宏观齐平，由于在预热炉内被氧化和取样过程中氧乙炔的加热作用，整个断面颜色呈暗褐色，无金属光泽。经磁粉探伤检验，与该断裂面相邻的表面有贯穿至断口的裂纹缺陷。

为作对比分析，取同一炉未断裂的正常铸坯（编为 3 号）作检验分析。

对 1 号和 3 号铸坯试样作化学成分分析，结果表明，无论是断裂坯还是正常坯，成分均符合技术条件要求。

低倍特征：

在 1 号、2 号铸坯断面附近，以及 3 号铸坯上取横截面低倍试样，用 50% 盐酸水溶液热酸蚀后进行低倍组织检验，1 号和 2 号铸坯的低倍组织中柱状晶十分粗大、发达，柱状晶由中心几乎贯穿至铸坯表面，柱状晶层宽 90~95 mm，急冷层 5~10 mm，中心无等轴晶区。铸坯中心有裂纹和缩孔，中心裂纹级别为 2 级，中心缩孔为 1 级。此外，在 2 号坯的 3 个边部还存在已贯穿至表面的中间裂纹，裂纹沿柱状晶晶界分布，其长度为 15~40 mm，裂纹出现的部位与上述断坯表面磁粉探伤裂纹相对应。1 号、2 号铸坯低倍组织特征见图 3-23 和图 3-24。

3 号正常铸坯只有一个面有柱状晶，且晶粒较细小，柱状晶层宽 25 mm，急冷层 5~10 mm，其余均为等轴晶区，中心缩孔 1 级，如图 3-25 所示。

微观特征：

用体视显微镜观察 1 号低倍试样中心裂纹，裂纹呈放射状向外扩展（图 3-26）。磨制金相试样在光学显微镜下观察，铸坯组织为铁素体和珠光体，裂纹呈断续状沿柱状晶晶界分布（图 3-27）。

将 2 号炉内断裂铸坯主断面的裂纹打开，浸入除锈剂中超声去锈后用扫描电镜观察，裂纹面氧化严重，局部可见少量放射状河流花样痕迹、沿晶断裂痕迹和自由表面的特征。说明裂纹是在高温凝固过程中形成的，并在应力作用下扩展。

分析判断：

WQ-1 断裂铸坯与未断裂正常铸坯对比观察结果表明：炉内、外断裂铸坯的低倍组织大部分为粗大、发达、贯穿整个截面的柱状晶，基本无等轴晶，且存在缩孔、沿柱状晶晶界分布的内部裂纹；正常铸坯无裂纹缺陷，柱状晶区域比例较少，中心部位为等轴晶区。

根据以上结果分析，WQ-1 铸坯断裂主要与铸坯较差的铸造质量（粗大柱状晶贯穿整个截面）及低倍缺陷（缩孔、裂纹）有关。浇铸该钢时温度偏高，过热度大是引起柱状晶粗大及产生低倍缺陷的主要原因。

图 3-22　1 号坯断口宏观形貌

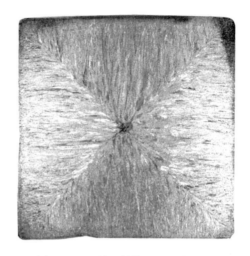

图 3-23　1 号坯低倍组织缺陷特征

图 3-24　2 号坯低倍组织缺陷特征

图 3-25　3 号正常坯低倍组织特征

图 3-26　1 号试样中心裂纹特征

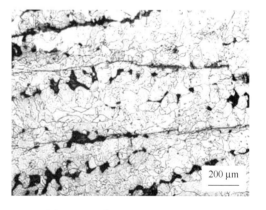

图 3-27　裂纹沿柱状晶晶界分布

实例 173：过烧引起的板坯断裂

材料名称： NH 硅钢

宏观情况：

NH 硅钢板坯在步进炉内加热时，曾多次发生板坯断裂事故。板坯为横向断裂，由于断裂发生在加热炉内，因此断裂面受到高温的氧化呈灰褐色，但断面上粗大的柱状晶特征仍十分明显，见图 3-28。

板坯断裂发生在加热炉北侧的步进梁区域，为作对比分析，分别在北侧和南侧步进梁区域各取样一件，编为 1 号（断裂样）和 2 号（正常样）。

低倍检验：

将 1 号（断裂样）和 2 号（正常样）试样加工成低倍试样，试样磨面为板坯横截面。磨面经过硫酸铵水溶液浸蚀后，显示出清晰的晶粒形貌。从 1 号试样浸蚀面上可以看到整个面上的晶粒十分粗大，表层晶粒的平均尺寸约 27 mm × 13 mm（长短轴尺寸，下同），个别晶粒尺寸达 45 mm × 13 mm。往里为柱状晶区，该区的晶粒平均尺寸约 20 mm × 5 mm，且存在数条沿晶界分布的裂纹，见图 3-29。

2 号试样浸蚀面上晶粒较 1 号细，且无裂纹缺陷，表层晶粒的平均尺寸约 20 mm × 5 mm，柱状晶区的晶粒平均尺寸约 13 mm × 4 mm，见图 3-30。

微观特征：

用金相显微镜观察试样抛光面，1 号试样断口附近有一些网络状裂纹，靠近板坯上表面，裂纹附近氧化较为严重，根据氧化物的形状将其分为两层，里层（靠近裂纹一侧）氧化物呈粗颗粒状，颜色多为灰色与浅灰色的复合；外层（靠近基体一侧）呈规则排列的点状物，颜色为灰色，见图 3-31。

试样经试剂浸蚀后，正常部位组织为铁素体和珠光体。裂纹沿晶界扩展（图 3-32），周围组织存在脱碳，尤其是靠近板坯上表面脱碳最为严重，脱碳区域的组织为铁素体及很少量的珠光体。高倍率下晶界上可看到颇多的点状析出，晶内也有呈网络状分布的点状析出，见图 3-33。

2 号试样无裂纹，亦无氧化脱碳，晶界、晶内未观察到点状析出。

透射电镜分析：

将以上金相试样复型，制成电镜样品后用透射电镜分析，1 号试样裂纹附近的氧化物分为两类：里层为 SiO_2（灰色）与 FeO（浅灰色）的复合氧化物，该氧化物称之为铁橄榄石，化学式 $2FeO \cdot SiO_2$；外层呈规则排列的灰色点状物为 SiO_2，高倍率下该 SiO_2 呈鱼骨状结晶析出。

图 3-33 中沿晶界及晶内呈网络状分布的点状析出明显分成两种尺度，即 $100 \sim 300\ \mu m$ 较大的析出及 $30 \sim 50\ \mu m$ 的细小析出，图 3-34 和图 3-35 为沿晶界的析出。能谱分析表明：粗粒子多为 MnS，部分为 MnS 与 AlN，并含有少量 Si、Ti 的复合析出。呈带状析出的细小粒子（参见图 3-35）主要为 Cu_2S 并含有少量 Al、Si、Mn。

对 2 号试样的观察结果表明，晶界上无明显的析出，仅晶内有少量细小的 MnS 与 AlN、Cu_2S 的复合析出。

分析判断：

1 号断裂试样位于加热炉北侧，2 号正常试样位于南侧，1 号晶粒尺寸 > 2 号晶粒尺寸，且晶界上有 MnS、Cu_2S 等第二相质点聚集析出，而 2 号试样的晶界析出则不明显，说明位于加热炉北侧步进梁区域的板坯温度高于南侧，因为加热温度愈高，晶粒就长得愈大。另外，固溶于钢中的硫化物也就愈多，在随后的冷却中晶界上析出的 MnS 等粒子就愈多。

在板坯上表面，裂纹附近氧化脱碳较为严重，这一现象说明加热炉北侧步进梁区域的温度已超过正常温度。在该温度下,炉内氧气沿晶界侵入板坯表层而生成 $2FeO \cdot SiO_2$ 和 SiO_2。$2FeO \cdot SiO_2$ 熔点在 1205℃,在该熔点以上的温度,使氧化向深层扩展。氧化物的出现,破坏了晶粒之间的结合力,当板坯在步进炉内运行时,由于受到步进梁运行时的振动及板坯在高温状态下的悬臂作用力,致使该区域板坯的上表面承受较大的张应力,在这种应力的作用下,裂纹沿晶界迅速扩展,造成板坯断裂。

为防止板坯在步进炉内产生断裂,需调整烧嘴,避免局部过烧,另外要减少步进梁运行时的振动。

图 3-28　1 号板坯局部断裂面宏观照片

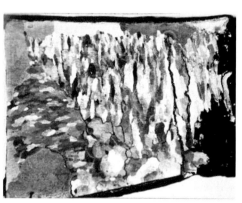

图 3-29　1 号试样横向低倍形貌

图 3-30　2 号试样横向低倍形貌

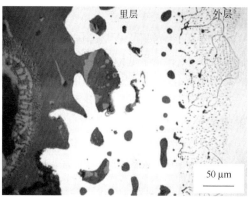

图 3-31　裂纹附近氧化物特征

图 3-32　裂纹沿晶界扩展

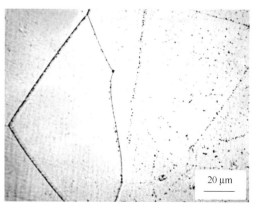

图 3-33　呈网络状分布的点状析出

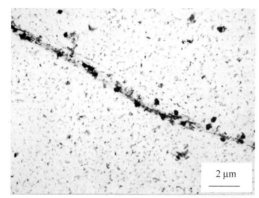

图 3-34　沿晶界的点状析出

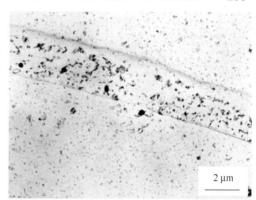

图 3-35　沿晶界的带状析出

实例 174：过烧引起的板坯断裂

材料名称： Hi-B 硅钢

情况说明：

　　一批 Hi-B 取向硅钢板坯(共 7 块)在步进炉内进行加热时,除靠近加热炉入口处的一块为正常坯(编为 3 号)外,其余六块中有四块在相同部位发生横向断裂,断裂部位均位于加热炉一端的步进梁区域,另外两块短坯(编为 1 号、2 号)虽未断开,但在相应部位出现数条沿板坯宽度方向延伸的横裂纹,裂纹长短不等,最长的达 100 mm,开口宽度约 5 mm,裂纹断续贯穿整个板坯宽度,裂纹区域宽度为 150～170 mm,该处板坯稍有向上鼓起,局部裂纹特征见图 3-36。

低倍检验：

　　为作对比分析,分别取 1 号、2 号和 3 号板坯纵截面低倍试样作热酸蚀检验,结果表明：1 号、2 号试样晶粒粗大,晶粒的平均尺寸为 37 mm×36 mm,其中板坯上表层晶粒较下表层粗大,裂纹出现在上表层且沿晶界分布,深度为 27～64 mm,见图 3-37。

　　3 号试样无裂纹,与上述裂纹坯相比,上、下表层晶粒要细得多。

微观特征：

　　取 1 号裂纹板坯试样,将裂纹掰开后肉眼可观察到裂面上粗大的晶粒状特征(图 3-38)。经清洗后用扫描电镜分析,有的裂面已氧化,氧化层呈龟裂花样(图 3-39a);有的裂面光滑,有大量自由结晶纹路,如枝晶芽(图 3-39b)、枝晶花样(图 3-39c)、自由结晶表面(图 3-39d)等。

　　制备 1 号、2 号截面金相试样用显微镜观察,板坯裂纹均沿铁素体晶界分布,裂纹根部附近氧化严重,氧化区由一些颗粒状的高温氧化产物(硅酸盐、硅酸盐与氧化铁的复合物)组成,见图 3-40。经试剂浸蚀后,在氧化区还可看到一些粗片状珠光体(图 3-41)。正常部位组织为铁素体和细珠光体。

　　3 号试样未发现显微裂纹,组织正常。

分析判断：

　　低倍检验结果表明,裂纹坯晶粒大于无裂纹坯,且裂纹部位晶粒的平均尺寸达到 37 mm×36 mm,如此粗大的晶粒说明该部位加热温度过高。

　　硅钢中由于硅含量高,硅降低硅钢的解理强度,通常情况下容易产生穿晶断裂,沿晶断裂较为少见。而裂纹坯均是沿晶裂纹,在晶界面上观察到枝晶芽、枝晶花样、自由结晶表面,裂纹附近出现粗片状珠光体,这些特征说明晶界曾发生过熔化→结晶过程。可见板坯裂纹是步进炉炉内局部温度过高引起晶界熔化使之强度降低,在步进梁张应力作用下而造成的。

炉内发生横向断裂的四块板坯,断裂部位与板坯裂纹位置相同,均位于加热炉一端的步进梁区域,可见其断裂原因与裂纹坯相同,均是步进炉中局部温度过高引起的过烧现象。

图 3-36 板坯表面局部裂纹宏观形貌

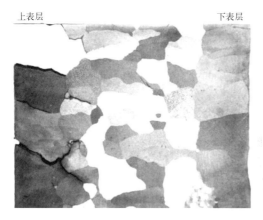

图 3-37 1 号裂纹板坯纵截面低倍晶粒特征

图 3-38 裂面上粗大的晶粒状特征

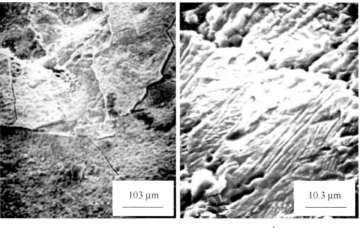

a   *b*

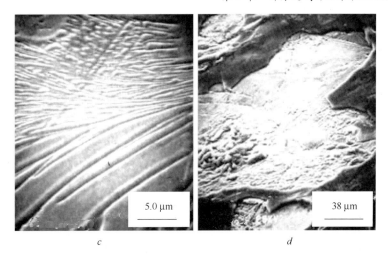

图 3-39 开裂面氧化层龟裂(a)、枝晶芽(b)、枝晶花样(c)、自由结晶表面(d)特征

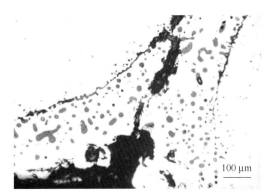

图 3-40 裂纹附近氧化特征

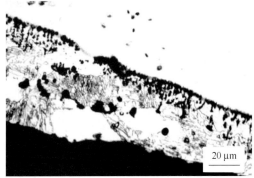

图 3-41 裂纹附近粗片状珠光体

第4章 钢铁构件与零部件失效分析

实例175：铸造缺陷引起的锯石机固定件断裂

材料名称：铸件

情况说明：

某公司使用的一台锯石机（型号 TGQ－160）锯盘轴固定件发生断裂，断裂件实物形貌见图4-1。断裂发生在固定件长度约1/5的部位，将其匹配断口分别编为1号、2号，断口两端标为A和B，其中A端断口靠近皮带轮，B端断口靠近锯片，肉眼可看到断口面上存在10多个大孔洞，孔洞尺寸约 ϕ5～15 mm，见图4-2～图4-4。根据断口上隐约可见的扩展条纹可以判断，断面分别自图4-3箭头所示的A、B端孔洞处略呈放射状，两端孔洞尺寸均在 ϕ13～15 mm 范围内，其中B端断口面油污较严重，A端断口面较干净。

低倍检验：

在1号试样断口附近取低倍试样（磨面平行断口面），试样经盐酸水溶液热浸蚀后可观察到大小不一的孔洞，大孔洞尺寸约 ϕ20 mm，见图4-5。

微观特征：

取断裂试样作金相检验，石墨形态为片状＋少量块状，同时还观察到孔洞、裂纹和夹杂物，夹杂物数量颇多且聚集分布，主要为硫化锰和氮化物，裂纹萌生于孔洞处，见图4-6。

试样组织为粗片状珠光体＋二元磷共晶＋石墨，见图4-7。

分析判断：

从锯石机断裂件的分析结果可以看出，锯盘轴固定件材质为灰口铸铁，铸铁中存在大量孔洞，夹杂物较多，表明该铸件的铸造质量较差。

上述观察到的孔洞等铸造缺陷使得锯盘轴固定件在运行中局部应力集中，形成裂纹并逐渐扩展，从而造成有效承载能力降低，致使锯盘轴固定件发生断裂。

图4-1 断裂后的锯盘轴固定件实物形貌

图 4-2　固定件匹配断口宏观特征

图 4-3　A、B 端断口局部放大

图 4-4　断口面上的大孔洞

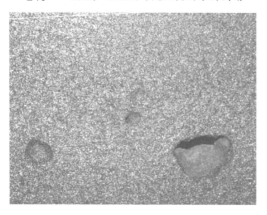

图4-5　1号低倍试样大型孔洞特征

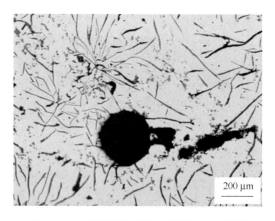

图4-6　2号样石墨、孔洞、裂纹和夹杂特征

图4-7　1号样组织特征

实例176：夹渣等铸造缺陷引起的管接件断裂

材料名称：球墨铸铁

情况说明：

　　某自动灭火系统中的沟槽式管接件在安装后的试压过程中发生断裂，断裂管接件公称直径200mm，壁厚6～9mm，断裂位于图4-8中箭头所示的固定螺栓孔附近，断裂面较粗糙，存在严重的孔洞和暗黑色斑点，见图4-9。

微观特征：

　　垂直断口取金相试样，从试样抛光面上可观察到一些孔洞和深灰色大型夹渣（图4-10），夹渣最大直径约4mm，部分与试样表面连通。能谱分析结果表明，夹渣主要成分为Si、Mg、Al、O，以及少量的S和Ca，见图4-11。

　　夹渣附近石墨呈片状（图4-12）。远离夹渣部位的石墨呈蠕虫状、团絮状和少量球状，部分石墨呈开花状，见图4-13，石墨球化级别按GB9441—88标准评定为5级。表明该铸件基本上没有球化。

　　铸件组织为铁素体＋珠光体＋石墨，夹渣附近珠光体组织偏多。

分析判断：

　　从上述分析结果可以看出，沟槽式管接件材质为球墨铸铁，铸铁中存在严重的大型夹渣和孔洞,表明铸件的铸造质量较差。夹渣主要为硅、镁、铝的氧化物,它是在浇铸之前未清除干净,随铁液浇入铸型所致。

由于大量球化剂被氧化成夹渣,造成局部球化合金含量大幅度减少,导致夹渣附近石墨呈片状。另外,整个铸件球化级别较低,并存在石墨漂浮现象,这些缺陷降低了铸件的力学性能。

上述大型夹渣和孔洞使得铸件局部应力集中及有效承载能力降低,加之石墨球化不良,最终造成铸件断裂。

图 4-8　断裂试样宏观特征　　　　　　图 4-9　断裂面宏观形貌

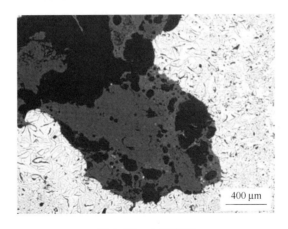

图 4-10　大型夹渣

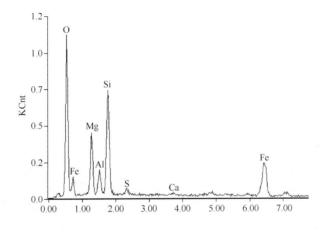

图 4-11　夹渣能谱

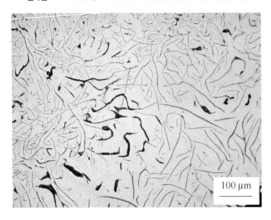

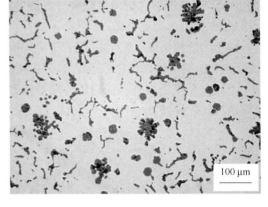

图 4-12　夹渣附近石墨形态　　　　　　图 4-13　远离夹渣部位石墨形态

实例 177：中心疏松引起的棒料剪切面裂纹

材料名称：45 号

情况说明：

　　规格为 ϕ130 mm 的 45 号 A 型管帽棒料，经 305℃ 预热处理后进行横向剪切，剪切后的棒料放置一段时间后，剪切面上出现裂纹，宏观特征见图 4-14。裂纹穿过剪切面中心，将剪切面分为近似相等的两半，剪切面四周未见异常损伤。裂纹沿棒料的纵向扩展，其深度约 17 mm。预切割后将此裂纹掰开，裂纹面上有明显的放射状条纹，根据条纹的走向判断，裂纹起源于圆棒中心靠近剪切面的部位，如图 4-15 箭头所示。

微观特征：

　　用扫描电镜对图 4-15 箭头所指的裂源区进行断口观察：该区域有两条明显的裂隙（图 4-16），裂隙内有自由表面特征（图 4-17），开裂面的扩展区域为穿晶解理特征。

　　将图 4-15 所示的裂纹面磨制成金相磨面观察，原棒中心部位有大量的疏松缺陷，裂源处的疏松缺陷聚集，且连接成串，最大的一处缺陷尺寸约 1.4 mm×0.4 mm，见图 4-18。

　　试样经硝酸酒精试剂浸蚀后，疏松附近组织与正常部位相同，均为珠光体＋铁素体，见图 4-19。

分析判断：

　　上述观察结果表明，45 号 A 型管帽圆棒中心存在粗大且聚集的疏松缺陷，该缺陷降低了局部的塑性，在剪切应力作用下，起源于疏松缺陷处的裂纹迅速扩展，最终在剪切面上形成图 4-14 所示的裂纹缺陷。

图 4-14　剪切面裂纹宏观特征（箭头所示）

图 4-15　断口特征（箭头所示处为裂纹源）

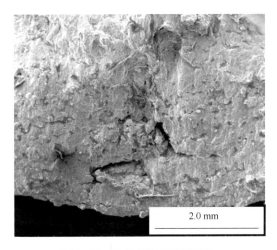

图 4-16　裂纹起源处裂隙形貌

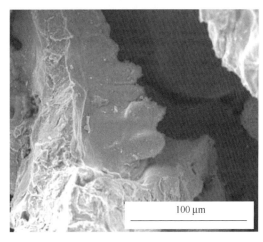

图 4-17　自由表面特征

图 4-18　疏松缺陷特征

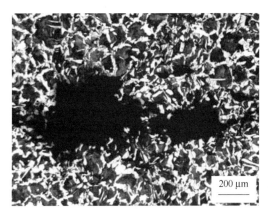

图 4-19　疏松附近组织特征

实例 178:非金属夹杂物引起的螺栓炸裂

材料名称:35 号

情况说明:

　　35 号钢螺栓在使用中杆部炸裂,裂纹由心部向四周扩展,见图 4-20。

微观特征:

　　观察螺杆横截面金相试样,心部有大量聚集分布的非金属夹杂物,夹杂物尺寸粗大,且伴有孔隙(图 4-21)。经电子探针成分分析,夹杂物主要为 Al_2O_3,另有部分由 MgO、CaO、MnO 组成的夹渣。

分析判断:

　　螺杆心部存在聚集分布的 Al_2O_3 等非金属夹杂物,这类夹杂物对后续拉拔或使用的危害较大(尤其是尺寸大于 20 μm 的夹杂),因为在应力的作用下极易在钢基与夹杂物(或夹渣)的不密合界面上形成孔隙(裂纹源),并随着形变的继续,孔隙扩展为裂纹,最终导致断裂发生。

图4-20　螺杆炸裂特征

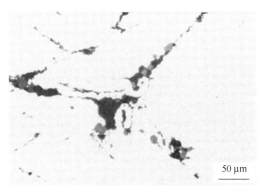

图4-21　螺杆心部夹杂物和孔隙

实例179：原材料缺陷引起的钢筋冷弯断裂

材料名称：20MnSi

情况说明：

　　规格为φ20mm的20MnSi螺纹钢筋在进行冷弯试验时发生断裂，断口较平齐，断口形貌显示了裂纹起源→扩展→断裂的过程（图4-22）。根据断口上放射状条纹的指向判断，断裂起始于图中箭头所示的钢筋边缘。

微观特征：

　　直接磨制钢筋断口面在显微镜下观察，图4-22箭头所示的部位有裂纹，裂纹向内延伸，附近分布有碎块状氧化铁及细小的氧化圆点（图4-23）。

　　试样经试剂浸蚀后，裂纹附近组织有脱碳（图4-24）。钢筋组织为铁素体和魏氏形态的贝氏体以及少量珠光体，局部晶界处还可见孤立的马氏体岛（图4-25）。

分析判断：

　　20MnSi螺纹钢筋表面存在裂纹，它是造成钢筋冷弯脆断的主要原因。钢筋正常组织应为铁素体和珠光体，而断裂钢筋的组织不正常，出现魏氏形态的贝氏体和马氏体岛，它是导致钢筋脆性增大的一个重要因素。

　　裂纹附近存在严重的氧化脱碳，说明裂纹产生于加热轧制之前，为铸坯表面缺陷。

图4-22　断口宏观形貌

（箭头所示为断裂源）

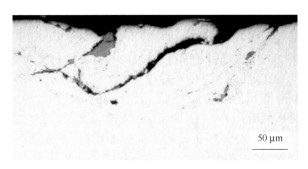

图4-23　裂纹微观特征

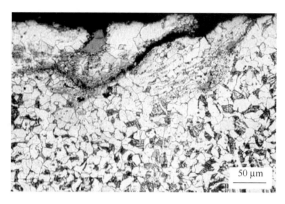

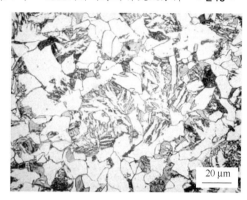

图 4-24　裂纹附近组织脱碳特征　　　　　　　图 4-25　钢筋组织特征

实例 180：板面夹杂物等引起的搪瓷鳞爆

材料名称：06YT

情况说明：

　　所谓鳞爆是搪瓷层产生的鱼鳞状脱瓷，典型宏观特征如图 4-26 所示。它是搪瓷后由于氢产生的氢气压力超过瓷釉本身所能承受的压力而产生的。在搪瓷缺陷中鳞爆所占比例最大，严重影响了搪瓷制品质量。典型实例如下：

　　某搪瓷厂用一批 06YT 冷轧板（厚度 1.5 mm）生产浴缸。浴缸生产工艺为：原板冲压成形→酸洗→涂搪→搪烧，浴缸坯经搪烧后在搪瓷表面出现鳞爆。爆点的分布特征有两种类型：一种呈密集分布的带状（图 4-27），另一种呈分散点状。

微观特征：

　　取带有爆点的试样，在爆点附近打上标记，然后用砂纸磨去表面釉层，抛光后进行显微镜观察，图 4-27 带状爆点部位钢基存在呈带状聚集分布的 Al_2O_3 夹杂物（图 4-28）；分散爆点部位钢基有一些尺寸粗大的孔洞，孔洞边缘残留着浅灰色氧化铁，如图 4-29 所示。

分析判断：

　　由于 06YT 冷轧原板表面存在夹杂物和孔洞缺陷，酸洗时夹杂物易脱落，所形成的孔隙以及孔洞内会渗入酸液，酸洗后残留的酸液与铁基产生氧化反应而形成锈蚀（$H_2SO_4 + Fe \longrightarrow FeSO_4 + H_2\uparrow$），导致孔洞处聚集过量的氢而引起搪瓷鳞爆。

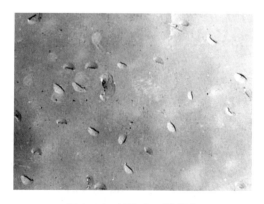

图 4-26　搪瓷表面鳞爆点　　　　　　　图 4-27　底釉表面呈带状密集分布的爆点

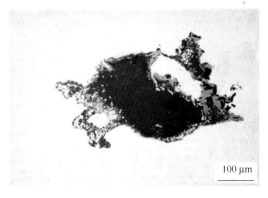

图 4-28 板面聚集分布的 Al₂O₃ 夹杂物

图 4-29 钢基孔洞

实例 181：原板游离渗碳体引起的鳞爆

材料名称： 06YT

情况说明：

某搪瓷厂采用一批板厚 1.5 mm 的 06YT 冷轧板生产浴缸，经搪烧后在搪瓷表面出现鳞爆，鳞爆率达 60% 以上。检查酸洗后还未涂搪的浴缸坯表面质量，发现在板坯变形较大的部位有严重的锈蚀（图 4-30），锈蚀点分布较密集并且范围较广。一般来说，酸洗的毛坯经碱中和后放置几天都不会生锈，而这批浴缸坯酸洗后的第二天就锈蚀严重，说明板坯有问题。

微观特征：

在锈蚀点密集之处取纵截面试样观察，夹杂物很少，组织为铁素体和游离渗碳体，游离渗碳体较粗大，呈网状（或趋于网状）分布，级别 A 列 2 级（按 GB/T13299—91 标准评定）。在试样的表层有沿晶分布的孔洞，孔洞大小不一，常与晶界上岛状的游离渗碳体相连（图 4-31）。

为了进一步弄清锈蚀点是否与游离渗碳体组织相关，浅磨板面后（仍保留锈蚀点）用硝酸酒精溶液浸蚀后观察，这些锈蚀点大多分布于晶界处，从形状较小的锈蚀点看出，锈蚀点多产生于晶界岛状游离渗碳体处（图 4-32）。

分析判断：

游离渗碳体是一种硬而脆的相，显微硬度值（HV）最高可达 1000 多；铁素体则较软，HV 一般为 150～250。一般来说，细小弥散分布的游离渗碳体对搪瓷表面质量无影响，而粗颗粒的网状（或趋于网状）的游离渗碳体则危害较大，因为在冲压时，比较容易变形的铁素体基体的塑性流变，经过不易变形的粗大游离渗碳体界面时，很容易产生比较大的应力集中而形成微孔隙。这些微孔隙会使搪瓷钢坯在酸洗时渗入酸液而形成密集分布的锈蚀点，涂搪后产生鳞爆正是与这些锈蚀点处的氢含量较高有关。因此，生产搪瓷用薄钢板时应严格控制游离渗碳体的级别。

图 4-30 表面锈蚀点宏观照片

图 4-31 钢板表层孔洞与游离渗碳体

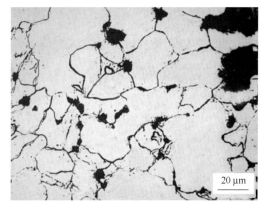

图 4-32 板面锈蚀点与游离渗碳体

实例 182：疏松缺陷引起的不锈钢接骨板断裂

材料名称：00Cr18Ni15Mo3N

情况说明：

不锈钢接骨板（全称为直型加压接骨板）是医用外科手术中用于固定断骨的医用植入器械，植入人体待断骨基本愈合后再手术取出。

某接骨板植入患者体内发生早期断裂。该接骨板规格型号为 5 mm × 14 mm × 160 mm（长），外侧为凸面，内侧为凹面，其上有 8 个加压型长孔，断裂发生在接骨板一端靠近断骨端的一个孔洞，其位置偏离孔的中心线，见图 4-33。

经成分分析复验，接骨板的化学成分符合 GB4234—94 标准（外科植入物用不锈钢）中对 00Cr18Ni15Mo3N 不锈钢的要求（分析结果略）。

微观特征：

接骨板断裂面放大后的宏观形貌见图 4-34。孔两侧的断口较平齐，无塑性变形。将断口试样经超声波清洗后置于电子探针下用二次电子像观察，低倍率下可见断裂面上有明显的放射状条纹，根据条纹的指向初步判断，裂纹起源于接骨板外侧螺钉孔边缘（记为 A 区），见图 4-35。侧向观察外侧原始表面,孔洞附近有裂纹(图4-36),裂纹出现的部位正好对应于 A 区。

直接磨制接骨板断口面进行显微观察,与断口 A 区相对应的螺钉孔边缘存在尺寸粗大的疏松孔隙和微裂纹,见图4-37。

试样经王水浸蚀后观察,组织为奥氏体,晶粒度为 8.5 级,见图4-38。其中 A 区组织变形严重。

分析判断:

综合上述检测结果,可知不锈钢接骨板材质为 00Cr18Ni15Mo3N,其金相组织、晶粒度及主要元素含量符合 GB4234—94 标准要求。但接骨板一端靠近断骨端的一个孔洞边缘存在疏松孔隙,断裂起源于该缺陷处,可见它是造成接骨板断裂的主要原因。

接骨板在使用过程中,不仅要承受静止的应力,还受到循环载荷的作用,其中近断骨端第一孔处应力最大。因此,在疏松孔隙和微裂纹处产生应力集中,裂纹逐渐扩展导致接骨板断裂。

图 4-33　接骨板断裂试样宏观特征(箭头所示处为断裂部位)

图 4-34　接骨板孔两侧断口宏观形貌

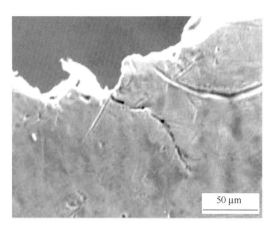

图 4-35　图 4-34 断口局部放大(A 区为裂源)　　　图 4-36　孔洞附近裂纹特征

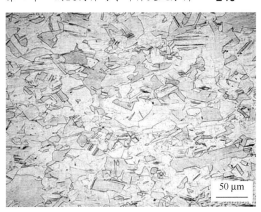

图 4-37　接骨板螺钉孔边缘疏松孔隙　　　　　　图 4-38　接骨板组织

实例 183：加工毛刺引起的不锈钢骨钉断裂

材料名称：00Cr18Ni14Mo3

情况说明：

　　某不锈钢骨钉(全称为骨髓内钉)植入患者体内后发生断裂。骨钉规格型号为 $\phi 8\,mm$ ×360 mm(长)，断裂试样宏观形貌见图 4-39。

　　经成分分析复验，骨钉的化学成分符合 GB4234—94 标准(外科植入物用不锈钢)中对 00Cr18Ni14Mo3 不锈钢的要求(分析结果略)。

微观特征：

　　断口放大后的宏观形貌见图 4-40。断口上有放射状条纹，根据条纹的走向初步判断，断裂起源于骨钉一端边缘(图 4-40 所示的 B 区)。该部位由于磨损严重，断口微观形貌模糊不清，但仍可观察到数条微裂纹。侧向观察棱边，棱边不光滑，有许多毛刺和微裂纹，微裂纹多起源于毛刺处，见图 4-41。观察与之对称的另一端棱边则较光滑，无毛刺和裂纹。

　　直接磨制骨钉断口面观察，对应图 4-40 所示的 B 区(裂源区)存在微裂纹，裂纹起源于毛刺处，附近无夹杂物和高温氧化特征，见图 4-42。

　　骨钉的显微组织为奥氏体和链状铁素体，晶粒度 9.5 级，见图 4-43。B 区组织变形严重，微裂纹沿金属流线扩展。

分析判断：

　　不锈钢骨髓内钉材质为 00Cr18Ni14Mo3，主要元素含量符合 GB4234—94 标准要求。

　　骨钉一端棱边毛刺使得骨钉在使用中局部应力集中，形成裂纹并逐渐扩展，从而造成有效承载能力降低，致使骨钉断裂。毛刺的产生与钢质无关，它是在制造骨钉时形成的瑕疵。

　　骨钉组织为奥氏体和链状铁素体，GB4234—94 标准中要求不应有游离铁素体相存在，铁素体的出现降低了骨钉的强度，加速了裂纹的扩展。

图 4-39　骨钉断裂试样宏观特征

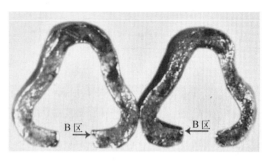

图 4-40　匹配断口放大后的宏观形貌

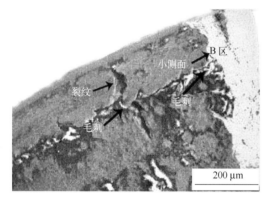

图 4-41　骨钉棱边毛刺和裂纹

图 4-42　起源于毛刺处的微裂纹

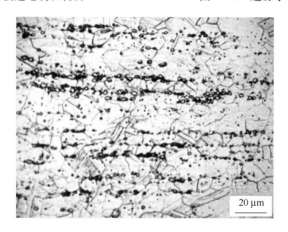

图 4-43　骨钉组织

实例 184：疏松孔洞引起的电力机车车轴断裂

材料名称：EA4T

情况说明：

　　某厂依据 BS. EN13261 标准，采用 EA4T 钢生产制造直径 265 mm 的电力机车车轴，其制造工艺为：电炉冶炼→锻打→粗成形→调质处理(920℃加热 10 h，水淬，660℃回火 10 h)→精加工。在对某调质处理后的车轴进行车削精加工时，车轴发生断裂，断件整体实物照片见图 4-44。

　　车轴横断面的断口形貌见图 4-45，宏观可见断面垂直于车轴轴向，断面较平坦起伏不大，四周无剪切唇,在断口外周约 25～35 mm 宽度的外圈呈细瓷状,而内圆呈自中心发散的放射状,两者之间有明显的交界线。可见断裂起始于心部,快速扩展至外圈时发生瞬时脆断。

经过无损探伤检验,在上述断口邻近的部位仍发现有裂纹存在,切开后的裂纹形貌见图 4-46,裂纹开裂面与上述断面平行,即垂直于轴向。

化学成分:

依据 BS. EN13261 标准,制造车轴所用 EA4T 钢,其标准化学成分以及断裂车轴取样分析结果见表 4-1,对比可见车轴化学成分符合标准要求。

表 4-1　断裂车轴化学成分($w/\%$)

EA4T 钢	C	Si	Mn	P	S	Cr	Ni	Mo	Cu	V
标准值	0.26～0.29	0.28～0.40	0.65～0.80	≤0.020	≤0.015	1.10～1.20	≤0.30	0.20～0.30	≤0.30	≤0.05
断　件	0.28	0.31	0.77	0.011	0.010	1.13	0.05	0.26	0.10	0.04

力学性能:

依据 BS. EN13261 标准取样,作相关力学性能分析,结果见表 4-2,可见除纵向冲击功未达到标准要求外,其余各项均满足标准要求。

表 4-2　力学性能

项　目	抗拉强度/MPa	屈服强度/MPa	伸长率/%	冲击功(KU5)/J					
				纵　　向			横　　向		
实测值	767.9	609.4	18.5	30.0	31.0	19.0	28.0	29.0	27.5
标准值	650～800	≥420	≥18	≥50			≥25		

微观特征:

对图 4-45 所示完全断开的断口,从中心至边部(瓷状外圈断面)截取长条试样进行扫描电镜观察,可见中心疏松孔洞较多,见图 4-47a,而边部约 25～35 mm 的瓷状断口上未见明显的疏松孔洞,微观形貌呈浮云状特征。

将图 4-46 中探伤所发现的裂纹打开后,在中心放散状部位切取小块试样并清洗后可见:中心部位疏松孔洞较多,在断口的扩展区局部可见少量准解理特征,准解理撕裂棱变得模糊。

为观察疏松孔洞在断口两个侧面的分布,在液氮低温下制取了垂直于主断面的低温断口(即沿轴向的脆断面),在扫描电镜下仍可见断口上有较多的疏松孔洞,且较集中,局部还可见内部疏松与主断口连通,见图 4-47b,而远离断口部位几乎看不到此类疏松孔洞,二者致密度的差别明显。

在断口部位的金相抛光面上,仍可见一些疏松孔洞分布(图 4-48),而远离断口部位则无此类疏松孔洞。

分别在轴中心、1/2 半径处及外圈取金相试样观察,心部组织为贝氏体(回火),1/2 半径处为回火索氏体(马氏体和贝氏体回火组织);外圈部位组织为回火索氏体(淬火后的马氏体经回火)。

分析判断:

车轴的断裂属脆性开裂,断裂起源于车轴心部,向四周扩展至外圈引起瞬时脆断。根据无损探伤所查出的裂纹判断,车轴在脆断前,其内部业已存在裂纹。

在主断口上和金相抛光面上均观察到大量疏松孔洞,表明内部裂纹的产生与车轴局部存在较多的疏松孔洞有关。

EA4T钢标准组织应为调质态回火索氏体,而失效车轴仅外圈部位为回火索氏体,心部组织则为贝氏体(回火),表明心部未淬透。从力学试验值看,纵向冲击功远未达到标准要求,从而也反映了未淬透组织对性能的影响。

车轴直径265 mm,对于截面较大的工件,在淬火冷却时,内部的应力分布为热应力型,即表层受压、心部受拉,且心部的轴向应力最大。心部疏松孔洞易造成应力集中而成为淬火裂纹的起源点,当淬火拉应力叠加由残留气体产生的应力而超过其心部断裂强度时,即会产生垂直于拉应力的横向淬火裂纹,也就是形成图4-46所示的横向内部开裂面。

在后续的精加工过程中,由于有效承载面积减少,加工过程中又存在加工应力,当这些应力达到一定的临界值时,便产生瞬时脆断。

图4-44　车轴断件实物照片

图4-45　宏观断口

图4-46　内部探伤裂纹

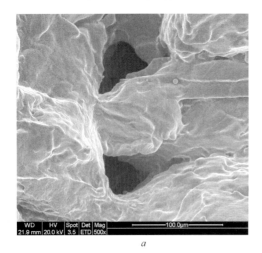

a

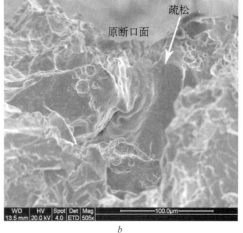

b

图4-47　主断口中心疏松孔洞(*a*)和与主断口连通的内部疏松(*b*)

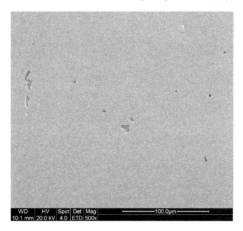

图 4-48　金相抛光面上的疏松孔洞

实例 185：表面脱碳引起的支承轴淬火裂纹

材料名称：40Cr

情况说明：

材质为 40Cr 的支承轴，宏观形貌如图 4-49 所示。该轴经淬火后齿端内孔壁出现裂纹。

沿支承轴轴向剖开作磁粉探伤检验，内壁有数条长短不一的纵向细裂纹（图 4-50）。

取横截面试样作酸浸检验，内壁裂纹沿内环呈辐射状，深度为 3 ~ 5 mm，见图 4-51。

微观特征：

磨制支承轴横截面金相试样观察，内壁表层凹凸不平，裂纹由内壁面沿径向延伸，呈锯齿状，见图 4-52。

试样经试剂浸蚀后，支承轴截面组织分布不均匀，内壁表层脱碳严重（脱碳层深度约 0.2mm），脱碳区组织为单一铁素体，晶粒度为 6 级，见图 4-53；次表层为屈氏体 + 马氏体（该层深约 0.4mm）；中心组织为马氏体 + 贝氏体 + 少量网状铁素体；外壁表层组织为马氏体，无脱碳特征。

裂纹起源于内壁脱碳区，沿奥氏体晶界扩展，扩展区组织无脱碳，见图 4-54。

试样奥氏体晶粒度多数为 9 级，少数为 8 级。

分析判断：

40Cr 支承轴内壁裂纹具有淬火裂纹特征。该轴奥氏体晶粒较细小，说明淬火加热温度并不高，裂纹的形成主要与内壁脱碳严重相关。由于淬火时奥氏体转变为马氏体，体积膨胀，而表层因脱碳不发生马氏体转变，无体积膨胀。因而内部体积变化产生的应力导致淬火内表层产生裂纹。

支承轴内壁脱碳层铁素体晶粒异常粗大，说明该脱碳层在淬火之前已经存在。

图 4-49　支承轴宏观形貌

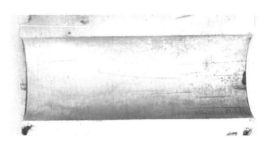

图 4-50　支承轴纵剖面内壁裂纹特征

图 4-51　支承轴横截面低倍特征

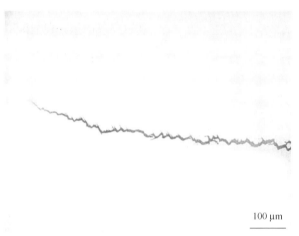

100 μm

图 4-52　裂纹尾端特征

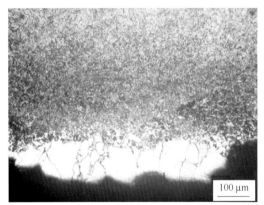

100 μm

图 4-53　内壁表层组织脱碳特征

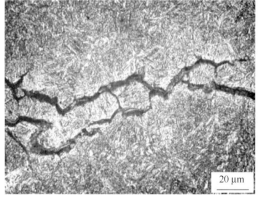

20 μm

图 4-54　裂纹及周围组织特征

实例 186：热处理工艺原因引起的螺纹吊杆断裂

材料名称：50Cr

情况说明：

　　某 BF 传感器螺纹吊杆在使用过程中发生断裂。该螺纹吊杆材质为 50Cr，尺寸为

$\phi35\,mm \times 300\,mm$。断裂发生在吊杆与螺母旋合处。从断裂面开始,吊杆与螺母旋合的丝扣依次定为第一道,第二道,示意图见图 4-55。断面宏观形貌特征见图 4-56。断面大部分区域较光滑,约占整个断面的 90%,且存在明显的海滩状条纹(也称贝壳状疲劳弧线),由此可以判断断裂属于疲劳断裂,该区域为疲劳裂纹扩展区。海滩状条纹收敛于断面的边部,处于第一道螺纹的根部,该处为断裂疲劳源。断面另一端边部有一区域表面较粗糙,有明亮的金属光泽,约占整个断面的 10%,该区域为最终瞬断区。

化学成分:

对断裂螺纹吊杆取样作化学成分(质量分数,%)分析,结果见表 4-3。分析结果表明螺纹吊杆的化学成分符合 GB/T3077—1999《合金结构钢》标准中对 50Cr 钢的成分要求。

表 4-3　断裂螺纹吊杆的化学成分($w/\%$)

元　素	C	Si	Mn	Cr	S	P
实测值	0.500	0.28	0.63	1.07	0.0083	0.020
标准值	0.47～0.54	0.17～0.37	0.50～0.80	0.80～1.10	—	—

微观特征:

螺纹吊杆断口经超声清洗后用扫描电镜观察,断裂疲劳源和疲劳裂纹扩展区表面较光滑,有明显的表面磨损特征。疲劳裂纹扩展区和最终瞬断区均呈解理特征,在疲劳裂纹扩展区的部分解理面上还可观察到渗碳体片层结构的特征,如图 4-57 所示。另外,螺纹吊杆断裂疲劳源对应第一道螺纹根部,在该处可观察到明显的加工刀痕,如图 4-58 所示。

分别在螺纹吊杆断口处取纵、横截面样磨制后观察,加工刀痕在纵截面表层呈很浅的小凹坑,此外未发现其他缺陷。断口及裂纹附近组织为珠光体 + 铁素体,铁素体呈白色网络,沿原奥氏体晶界断续分布,网络勾画了原奥氏体晶粒尺寸的轮廓,如图 4-59 所示。经检验,原奥氏体晶粒度级别为 6 级。

分析判断:

BF 传感器螺纹吊杆的断裂属疲劳断裂。断裂面疲劳裂纹扩展区面积较大,最终瞬断区面积较小,且最终瞬断区与断裂疲劳源在断口上呈对称分布,由此可以判断,该断口属于低负荷小应力集中的挤压或单向弯曲疲劳断裂。

螺纹吊杆在使用过程中要承受一定的交变负荷,所使用的材质 50Cr 属调质钢,该钢经调质处理后的组织应为细小均匀的回火索氏体,以获得良好的综合力学性能和较高的疲劳强度。而该螺纹吊杆组织为珠光体 + 铁素体,铁素体呈网状分布,原奥氏体晶粒未充分细化,属未经调质处理的原材料组织,这种组织加工的吊杆其力学性能和疲劳强度不能满足吊杆的使用要求,它是引起吊杆断裂的主要原因。

断裂起源于螺纹吊杆第一道螺纹根部,该处存在的加工刀痕是引起疲劳断裂的诱因。

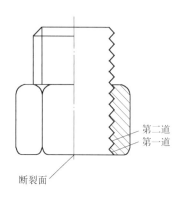

图 4-55　断裂件示意图

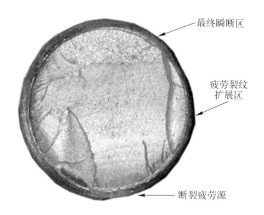

图 4-56　断面宏观特征

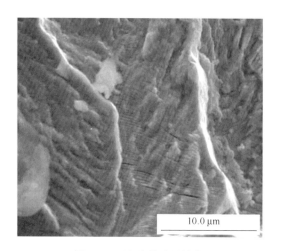

图 4-57　渗碳体片层结构

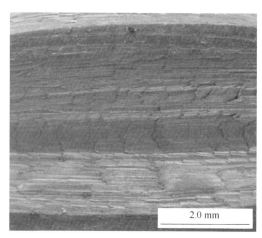

图 4-58　螺纹根部的加工刀痕

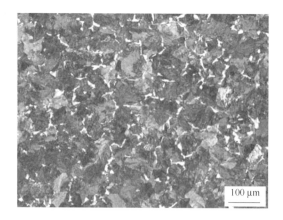

图 4-59　螺纹吊杆组织

实例 187:热处理工艺原因引起的重载车轮轴断裂

材料名称:40Cr

情况说明:

某重载汽车轮轴采用 40Cr 钢制造,轮轴制造工艺为:电炉冶炼→锻打成形→调质处理→精加工→表面高频淬火。在运行至 13000 公里时其中一组轮轴发生断裂。

断裂轮轴外形见图 4-60,断裂发生在轮轴根部与轮盘接近的 R8 部位,分别编为 1 号(轮盘)、2 号(轮轴)。图 4-61 为轮盘一侧断口特征,A 部位断面新鲜,有金属光泽,为最终破断区。该区以外的断面可见明显的海滩状疲劳扩展纹路,疲劳裂纹最初从 B 处的轴根开始,其扩展方向是自轮轴四周向内扩展,最后在 A 区域发生瞬时破断,具有典型的旋转弯曲疲劳断裂特征。

微观特征:

轮盘断面经除锈并超声清洗后用扫描电镜观察,海滩状扩展区有疲劳挤压磨损特征(图 4-62),而最终破断的 A 区域为穿晶解理断裂特征,河流花样明显,解理单元较大,见图 4-63。

对应图 4-61 中 B 处的轴根表面,存在明显的机械磨损条带和毛疵,见图 4-64。

用金相显微镜观察断裂轮轴纵、横截面试样,轮轴内部组织为珠光体 + 网状铁素体(图 4-65);轴干表面有一层深度为 0.5～0.8 mm 的淬硬层,淬硬层组织为马氏体,见图 4-66;与轮盘临近的 R8 根部则无此淬硬层,其交界部位组织为马氏体 + 珠光体 + 网状铁素体,见图 4-67。

图 4-64 毛疵下截面有微裂纹,裂纹处无异常夹杂物和高温氧化现象(图 4-68),该处组织有冷变形特征。

分析判断:

重载车轮轴的断裂属典型的旋转弯曲疲劳断裂。疲劳裂纹起源于轮轴 R8 根部,由于该处存在机械磨损条带和毛疵,且又正好处于淬硬层与非淬硬层的交界部位,成为薄弱环节,因此萌生了疲劳裂纹。

该轮轴所使用的材质 40Cr 钢属调质钢,而断裂轮轴非淬硬层部位的组织为珠光体 + 网状铁素体,属非调质态组织,这种组织在一定程度上降低了材料的疲劳性能,是轴件产生疲劳断裂的重要因素。

萌生于轮轴根部的裂纹随载荷的周期性变化逐渐扩展,最终导致车轮轴断裂。

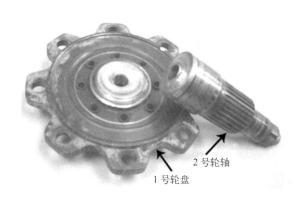

图 4-60　断裂轮轴外形

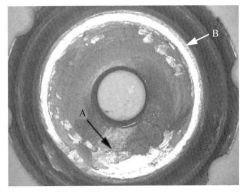

图 4-61　轮盘断口特征

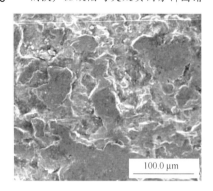

图4-62 疲劳挤压磨损特征

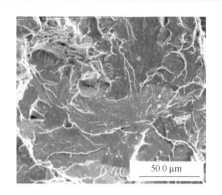

图4-63 穿晶解理特征

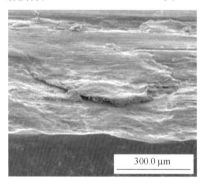

图4-64 B处磨损条带处毛疵

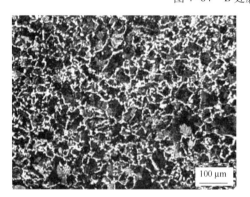

图4-65 断裂轮轴基体组织

图4-66 轴表面淬硬层

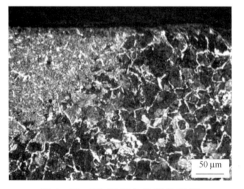

图4-67 R8根部交界部位组织

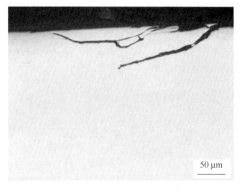

图4-68 毛疵下截面微裂纹

实例188:焊接缺陷引起的机车轮箍断裂

材料名称:机车轮箍

情况说明:

铁路车辆的行走装置一般采用装配式车轮,车轮由车轴、轮芯和轮箍组成,图4-69为示意图。轮箍采用热配合的方式套装在车轮轮芯外圈上,外径表面与钢轨接触,内径表面与轮芯接触。为了防止轮箍松脱造成的机车脱轨事故,轮箍内径表面安装一条扣环。扣环在安装后通过焊接连成一个圆,防止脱落,扣环的安装示意图见图4-70。

某机车轮毂在运行了约30万公里时发生崩箍。断裂轮箍试样宽约14cm,厚度(外径与内径之差)约6cm。扣环安装槽宽约1cm,深约1cm。扣环在断口处也发生断裂,断裂部位位于焊接区。轮箍断口宏观形貌见图4-71和图4-72。

断口上有一小部分区域平坦光滑且存在明显的贝壳状疲劳弧线,约占整个断口的10%,属于疲劳裂纹扩展区(简称疲劳区)。其余90%的区域断口面粗糙且有金属光泽,具有收敛于疲劳扩展区的放射状条纹,为瞬断区。该光滑区域疲劳弧线的圆曲率中心在不断变化,最终收敛于轮箍内径表面扣环安装槽的外侧,此处为疲劳源。

化学成分:

对断裂轮箍进行钻孔取样,做化学成分(质量分数,%)分析,结果表明该轮箍的化学成分符合技术条件(TJLG—01—H97)的要求,见表4-4。

表4-4　断裂轮箍的化学成分(w/%)

项　目	C	Si	Mn	Cr	P	S
实测值	0.620	0.22	0.83	0.19	0.020	0.0083
标准值	0.57 ~ 0.65	0.20 ~ 0.42	0.60 ~ 0.90	≤0.20	≤0.035	≤0.040

微观特征:

用扫描电镜对轮箍断口进行观察。疲劳源处存在明显的沿晶断裂特征和二次裂纹,见图4-73。疲劳扩展区和瞬断区断口形貌均呈解理特征。疲劳区的断口上还可以观察到短窄而紊乱的疲劳辉纹,见图4-74。

在断口疲劳源部位取金相试样,磨制断口面进行观察。疲劳源处的磨面上有较多裂纹,裂纹均由轮箍内径表面伸入钢基,且具有沿晶开裂特征。

试样经试剂浸蚀后观察,疲劳源处存在焊接组织,上述观察到的裂纹均位于焊缝和焊接热影响区内,见图4-75。焊缝组织为贝氏体+马氏体;焊接热影响区组织为马氏体+下贝氏体+少量残余奥氏体(图4-76),显微硬度为658HV0.1;轮箍本体组织为珠光体+少量铁素体(图4-77),显微硬度为326HV0.1。

分析判断：

该轮箍断裂属于疲劳断裂。疲劳源位于扣环安装槽外侧的内径表面,该区域经过焊接,存在焊接产生的马氏体淬硬组织及裂纹。在火车运行过程中,此处裂纹逐渐扩展,从而造成轮箍有效承载面积大幅减小,致使轮箍断裂。

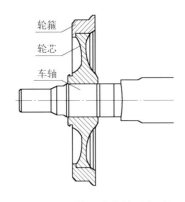

图 4-69　装配式车轮示意图

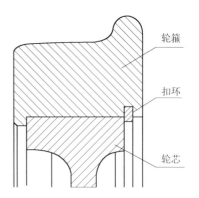

图 4-70　轮箍扣环示意图

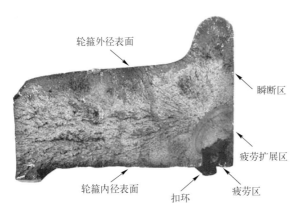

图 4-71　轮箍断口宏观形貌

图 4-72　图 4-71 断口局部放大

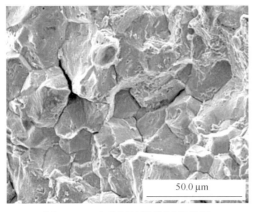

图 4-73　疲劳源处沿晶断裂特征

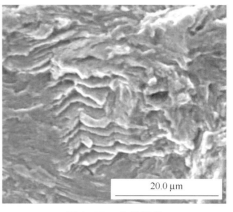

图 4-74　疲劳辉纹

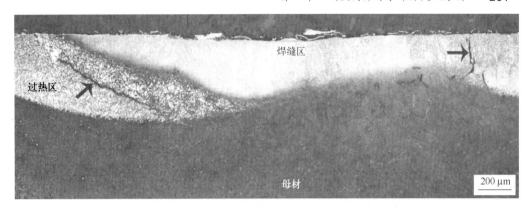

图 4-75　疲劳源处的焊接组织及裂纹(箭头所示)

图 4-76　焊接热影响区组织与裂纹

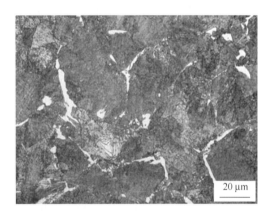

图 4-77　轮箍本体组织

实例 189:焊接缺陷引起的汽车大梁裂纹

材料名称:WL510

情况说明:

板厚为 6.5 mm 的 WL510 热轧板用于生产汽车大梁,当加工成副车架纵梁(1 号板)和副车架横梁连接板(2 号板)后进行搭接焊,焊后仅使用 1 个月即发现裂纹,裂纹起源于焊接处,然后沿 1 号板母材横向扩展,见图 4-78 和图 4-79。

取 1 号、2 号钢板试样作力学性能试验,试验结果表明:钢板力学性能均符合相关技术条件要求。

微观特征:

将裂纹打开直接磨制开裂面,肉眼观察到抛光面上有微裂纹、气孔和夹渣。裂纹位于焊接熔合线部位,气孔和夹渣分布在焊缝区,见图 4-80。

用金相显微镜观察试样抛光面,裂纹起源于熔合线,然后沿母材扩展,深度约 1.1 mm,见图 4-81。焊缝气孔最大尺寸为 1.4 mm×0.5 mm,微观形貌如图 4-82 所示。母材组织无异常,均为铁素体和珠光体。

分析判断：

WL510 焊件焊接质量较差,熔合线处有裂纹,焊缝处存在气孔和夹渣,可见焊件宏观裂纹是由焊接缺陷引起的。

从焊缝特征可以看出,副车架纵梁与副车架横梁连接板属单道手工搭接焊,焊缝设计不合理,焊后在两板之间存在较大的缝隙是导致熔合线产生裂纹的主要原因。

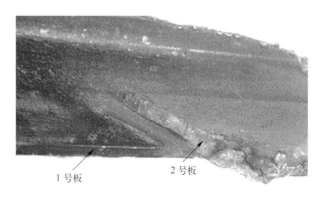

图 4-78　焊接试样宏观形貌

图 4-79　焊接试样表面裂纹宏观形貌

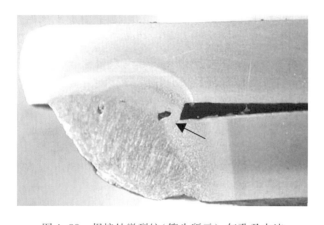

图 4-80　焊接处微裂纹(箭头所示)、气孔及夹渣

图 4-81　焊接裂纹微观特征

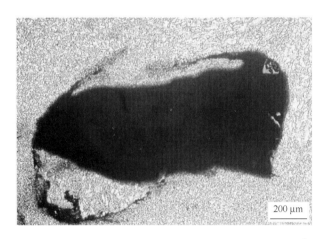

图 4-82　焊缝气孔

实例 190：焊接裂纹引起的端轴断裂

材料名称： 40Cr

情况说明：

　　焊接在挖掘机上的端轴（材质为 40Cr），仅使用一个月就沿焊缝断裂。端轴断裂端外圆直径为 ϕ150mm，内圆为 90mm，外形见图 4-83。

　　端轴断口宏观形貌如图 4-84 所示，图中上侧为快速撕裂区，该区较粗糙，约占整个断面的 2/5，断面上有放射状条纹指向下侧平滑区，平滑区约占整个断面的 3/5，断面上有明显的海滩状条纹，从条纹的走向可以判断，断裂起源于图 4-85 箭头所示的外圆边缘凸包处。

化学成分：

　　对断裂端轴取样作化学成分（质量分数，%）分析，结果见表 4-5。分析结果表明该轴的化学成分符合 GB/T3077—1999 标准中对 40Cr 钢的成分要求。

表 4-5 化学成分（$w/\%$）

项　目	C	Si	Mn	Cr	P	S
实测值	0.411	0.27	0.62	0.97	0.008	0.026
标准值	0.37 ~ 0.44	0.17 ~ 0.37	0.50 ~ 0.80	0.80 ~ 1.10	≤0.035	≤0.035

微观特征：

在断裂源区沿经过轴线的纵向取样，磨制纵截面且经试剂浸蚀后，对应裂源区呈现出颜色不同的三个区域，如图 4-86 所示的 1、2、3 区。1 区（外表层）颜色较浅；2 区（次表层）颜色较深，犹如热影响区；3 区为正常区。

经显微观察，1 区为焊缝区，组织为针状铁素体 + 等轴铁素体 + 珠光体（图 4-87），与正常部位相比，铁素体含量偏多；2 区为热影响区，组织为马氏体 + 贝氏体；3 区为正常部位，组织为回火贝氏体 + 少量铁素体（图 4-88），从铁素体勾画的轮廓可以看出原始奥氏体晶粒比较粗大。

焊缝与母材交界处呈直角状，该处有一条起源于尖角部位的细裂纹，裂纹长约 0.6 mm，见图 4-89。经试剂浸蚀后，可以观察到裂纹起始于焊接熔合线，并沿着热影响区扩展，见图 4-90。

经硬度检测，试样热影响区硬度平均值为 442 HV10；正常部位为 276 HV10。

分析判断：

端轴化学成分符合标准要求。该宏观断口有明显的 3 个区域（即裂纹源区、扩展区和瞬断区），属典型的疲劳断裂。断裂主要是由焊接裂纹引起的。

焊缝与母材交界处呈直角状，使用过程中造成在尖角处应力集中而萌生疲劳裂纹。由于热影响区存在硬度高、脆性较大的马氏体组织，裂纹沿该区快速扩展，最终导致端轴产生疲劳断裂。

断裂轴使用前经过调质处理，经调质处理后的正常组织应为回火索氏体，而该端轴为回火贝氏体，且原始奥氏体晶粒比较粗大，属于不正常的调质组织，对端轴的使用寿命亦有一定影响。

图 4-83　断裂端轴外形

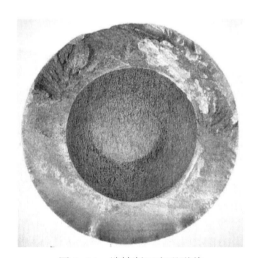

图 4-84　端轴断口宏观形貌

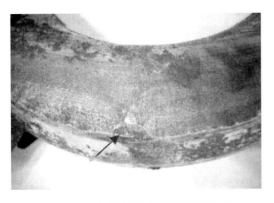

图 4-85　断裂源(箭头所示)局部放大

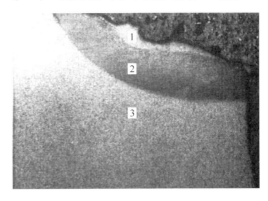

图 4-86　断裂源纵截面特征

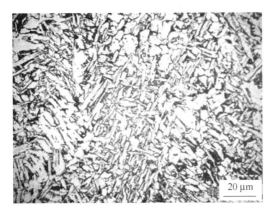

图 4-87　焊缝区组织

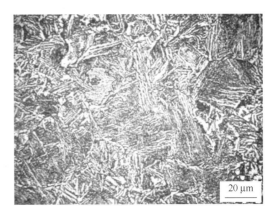

图 4-88　正常部位组织

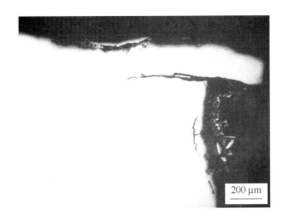

图 4-89　裂纹特征

图 4-90　裂纹附近组织特征

实例 191：焊接裂纹引起的吊车主梁断裂

材料名称：Q390C

情况说明：

　　某厂投产 15 年的 125 t 吊车主梁在吊运脱硫铁水时突然发生断裂。吊车主梁总长

25 m,断成两段,断裂部位距东头约 14.1 m,约位于主梁总长的 3/5 部位,其中一段断裂面宏观特征见图 4-91。经宏观分析确认,图 4-92 工字梁下盖板断面是主断面(板宽 500 mm,厚 25 mm),在下盖板的右侧上方焊有一块薄钢板。

图 4-92 主断面从左至右可分为六个区(A→F),如图 4-93 所示。

A 区宽度为 5 mm,表面光滑。

B 区宽约 10~15 mm,有金属光泽,明显可见海滩状花纹。

C 区为瞬时破断区,宽度为 120 mm,断口表面粗糙且有金属光泽,具有人字花纹,其尖端指向 AB 区,说明 A 区是疲劳裂纹起始区之一。

D 区宽度约 210 mm,有一定金属光泽,但粗糙程度不如 C 区。隐约可见人字花纹的尖端指向 E 区。

E 区宽度约 150 mm,平坦光滑,有氧化色,应为两个相匹配的断口相互严重摩擦所致。

F 区宽约 13 mm,光滑平坦,表面有较模糊的疲劳贝壳状弧线,紧靠侧边的第一条弧线最明显,这说明该区也是疲劳裂纹起始区,并且早于 A 区。从贝壳状条纹的扩展方向判断,断裂起源于钢板侧边焊缝处,向板宽方向即 E 区→D 区扩展。从断口污染程度判断,由 F 区疲劳源导致的裂纹扩展区占整个断面 2/3 左右,应属主断裂源。

化学成分:

取下盖板断裂试样作化学成分分析,分析结果表明,下盖板的化学成分符合 GB1591—1994 标准中对 Q390C 钢的成分要求(具体成分略)。

力学性能:

分别在下盖板断裂附近(编号 A)和距断裂处 3.5 m 部位(编号 B)取样作性能检验,试验结果列于表 4-6,由表可见,下盖板常规力学性能符合 GB1591—88 标准要求。

表 4-6 力学性能

试 样	σ_s/MPa	σ_b/MPa	δ_s/%	ψ/%	冷 弯
A	410/405	545/545	34/34	73/73	—
B	405/415	535/535	36/34	72/72	完好
标准	370	490~650	20	—	$d=3a$

微观特征:

根据主断裂面宏观断口分析,确认图 4-93 右端(F 区)为主断裂源,左端为次断裂源(A 区)。以下对这两个区域作显微分析。

在 F 区取金相试样,磨制与断面垂直的侧面观察,侧面有裂纹(图 4-94),裂纹中有大量灰色锈蚀物,附近也有一些锈蚀点,表明裂纹形成的时间较长。

经试剂浸蚀后,侧面呈现多道焊缝的低倍组织。裂纹起始于熔合区,沿熔合区扩展约 4 mm 后,折向过热区,然后沿板厚方向延伸,总长度约 12 mm,见图 4-95 和图 4-96。焊缝组织为先共析铁素体 + 针状铁素体;熔合区组织为板条马氏体 + 先共析铁素体 + 针状铁素体;过热区组织为板条马氏体。

平行 F 区断口面磨制金相试样观察,与侧面裂纹相交处有一条长度约 0.4 mm 的细裂纹(图 4-97)。裂纹位于焊接熔合区。母材组织为铁素体 + 带状珠光体,晶粒度 10.5 级。

平行 A 区断口面磨制金相试样观察,端部有一层深度约 0.47 mm 的淬硬层,淬硬层组织为板条马氏体;次表层为铁素体 + 索氏体(深度约 1.2 mm);正常部位组织为铁素体 + 珠光体。

分析判断:

吊车主梁下盖板材质为 Q390C,组织正常,其常规力学性能优于 GB1591—88 标准。金相宏观分析结果表明,吊车主梁断裂属裂纹疲劳扩展引起的断裂,裂纹源有两个,主疲劳源位于工字梁下盖板一端焊接接头处,次疲劳源位于下盖板另一端头。

微观分析结果表明,主疲劳源区(即焊接接头处)有裂纹,该裂纹属焊接中的延迟裂纹,它是焊后在淬硬组织、氢和焊接应力共同作用下形成的。由裂纹处锈蚀严重也可以看出,该裂纹形成的时间也相当长。

吊车主梁每次吊运脱硫铁水时要承受约 125 t 的重量。焊接裂纹的存在,不仅降低局部的屈服强度,且造成较大的应力集中。于是,在工作应力共同作用下,该处萌生疲劳裂纹,随吊运次数的增多,裂纹不断扩展,当扩展到一定程度,材料有效截面缩小而强度不够,这时引起瞬时超载断裂。

盖板另一端次疲劳源区组织为马氏体,与正常部位不同,说明疲劳裂纹的形成与马氏体组织有关。这种马氏体组织很可能是盖板局部区域受到高温加热,而后又快冷所形成的。由该疲劳源导致的裂纹扩展区仅占整个断面的 1/3,断口面粗糙且有金属光泽,说明该区形成的时间很短,因而不是引起大梁断裂的主要因素。

综上所述,125 t 吊车主梁断裂的性质属疲劳断裂。其主要原因是工字梁下盖板一端焊接接头部位存在延迟裂纹,造成了严重的应力集中而过早萌生疲劳裂纹,随吊运时间的延长,裂纹不断扩展直至最终断裂。

图 4-91　工字梁断裂面宏观特征

图 4-92　工字梁下盖板主断面宏观照片

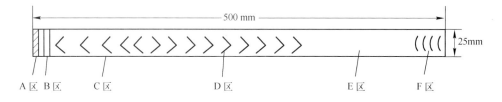

图 4-93　主断面六个区示意

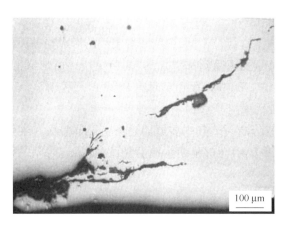

图 4-94　F 区侧面裂纹微观特征

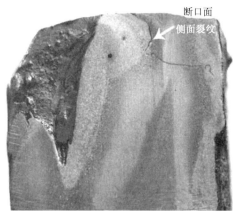

图 4-95　F 区侧面焊缝及裂纹宏观形貌

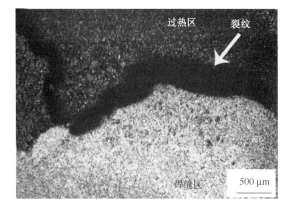

图 4-96　图 4-95 熔合区裂纹局部放大

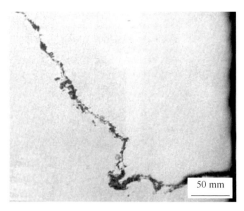

图 4-97　F 区断裂起源处细裂纹

实例 192:磨削工艺不当引起的轴承内套圈裂纹

材料名称:G20Cr2Ni4

情况说明:

某公司酸轧机组支承辊轴承内套圈与支撑辊装配后的实物形貌如图 4-98 所示。内套圈轴承材料为 G20Cr2Ni4,经渗碳→淬火 + 高温回火→二次淬火 + 回火处理。

采用磁粉探伤、着色和荧光检验发现内套圈外表面存在大面积分布的细小裂纹,裂纹形状不一,分布无规律,大多数呈放射状,少数呈分散条状。热酸蚀后的表面裂纹更加明显,如图 4-99 所示。

对轴承内套圈化学成分进行分析,成分符合 G20Cr2Ni4 标准要求(分析结果略)。

微观特征:

浅磨内套圈外表面试样(保留磨削加工过程中的磨痕)进行显微观察,裂纹与原磨痕方向呈一定角度或近似垂直(图 4-100)。磨去试样表面磨痕后,裂纹呈细条状(图 4-101)。

制备截面金相试样观察,裂纹呈曲折状向内扩展,其内无氧化,尾端较细且有分叉(图 4-102),深度在 0.048 ~ 0.158 mm 范围内。

内套圈外表面有一层热影响区,其中裂纹区表层组织为回火屈氏体 + 隐晶马氏体 + 细粒状碳化物,见图 4-103 右侧"黑色"区,该层组织深度在 48.9 ~ 55.6 μm 范围;无裂纹区表层组织以回火马氏体居多,屈氏体很少,其深度较浅,仅为 19.8 ~ 25.7 μm;次表层组织为回火隐晶马氏体 + 细粒状碳化物;心部组织为回火马氏体 + 贝氏体。

对轴承内套圈内表面进行检验未发现裂纹,内表层组织为回火针状马氏体 + 细小弥散分布的颗粒状碳化物。

硬度测量:

对内套圈截面金相试样进行硬度测量,结果见图 4-104 和图 4-105。

外表层硬度曲线中,在 0.2 mm 和 0.3 mm 处都出现了一个峰值,表层硬度低于次表层,其中裂纹区的硬度低于无裂纹区,结合金相组织可以看出,外表层存在回火屈氏体组织,且裂纹区的屈氏体量较无裂纹区多且层厚,而次表层主要为马氏体组织,可见表层硬度偏低与屈氏体组织相关。

分析判断:

轴承内套圈外表面产生的裂纹深度较浅(在 0.2 mm 以内),大多数裂纹呈放射状,裂纹与磨削加工的磨痕方向呈一定角度或垂直,其内无氧化,裂纹产生于表层屈氏体较多的区域。根据这些特征可以判断,该裂纹属磨削裂纹。

内套圈外表面经渗碳→淬火 + 回火处理后,外表层组织应为回火隐晶马氏体 + 碳化物,但在外表层出现了屈氏体,屈氏体组织的形成与磨削工艺不当(如磨削过烈、冷却不良等)产生摩擦热,引起轴承内套圈外表面局部受热(温度在 Ac_1 以下),表面组织产生高温回火烧伤,马氏体分解转变为屈氏体。

屈氏体组织使材料表面断裂强度降低,在磨削应力和组织应力的作用下,材料表面拉应力超过承载极限而产生了磨削裂纹。

图 4-98　轴承内套圈与支撑辊装配示意图

图 4-99　热酸蚀后的表面裂纹特征

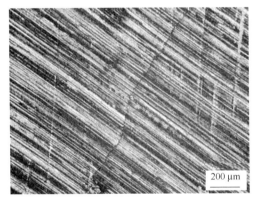

图 4-100　试样表面裂纹与磨痕

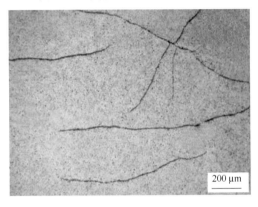

图 4-101　试样表面裂纹特征

图 4-102　试样截面裂纹特征

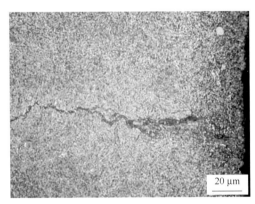

图 4-103　截面表层裂纹及"黑色"组织

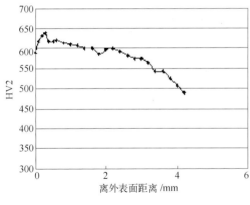

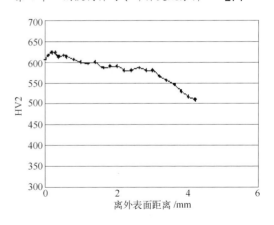

图 4-104　裂纹附近硬度分布曲线　　　　图 4-105　远离裂纹处硬度分布曲线

实例 193：氯离子腐蚀引起的镀锡罐穿孔

材料名称：镀锡板

情况说明：

　　0.20mm 厚镀锡罐出现穿孔，除穿孔外，内壁表面还存在如图 4-106 所示的腐蚀斑点。

微观特征：

　　用电子探针能谱仪对镀锡罐内壁腐蚀斑点和穿孔周边进行分析，检测到较高含量的氯（$w(Cl) = 4.77\% \sim 5.80\%$）和氧元素，元素分布形态见图 4-107 和图 4-108。

分析判断：

　　镀锡罐穿孔是由于氯离子腐蚀引起的。

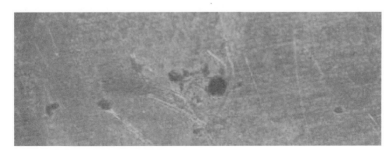

图 4-106　镀锡罐内壁表面腐蚀斑点及穿孔特征

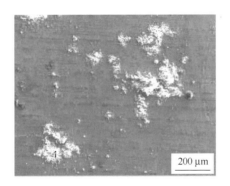

200 μm

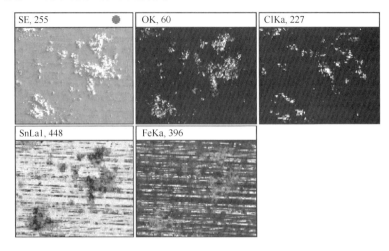

图 4-107 腐蚀斑点形态及元素分布情况

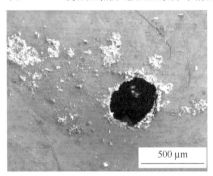

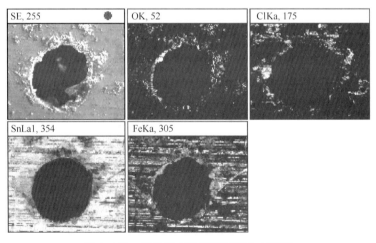

图 4-108 穿孔形态及周围元素分布情况

实例 194：疏松及沿晶腐蚀减薄引起的炉底辊鼓包

材料名称： Cr25Ni20Si2

情况说明：

某厂在检修热处理炉时发现多根炉底辊外壁鼓包，图 4-109 为炉底辊外壁表面鼓包宏观形貌。

炉底辊为空心辊,材质为 Cr25Ni20Si2,长 4340mm,直径 320mm,辊壁厚度为 28mm。炉内通焦炉煤气,加热温度在 500～950℃范围,保护气体为 N_2,压力大于+10MPa。

将炉底辊鼓包切开,鼓包处壁厚减薄到 15mm(图 4-110),内壁表面较为粗糙且存在严重的疏松和裂纹,有的疏松聚集区尺寸达到 $\phi40mm$,见图 4-111。

低倍特征:

取炉底辊横截面试样作低倍检验,试样经 1:1 盐酸水溶液热浸蚀后,从酸蚀面上可见疏松和裂纹,其中鼓包区域较严重,疏松和裂纹多分布于内壁一侧,见图 4-112。

微观特征:

在鼓包处取截面金相试样观察,炉底辊内壁表层除大量的疏松聚集外,还有沿晶界腐蚀引起的晶界裂纹,晶内也有点腐蚀,该区域组织为奥氏体+碳化物,碳化物呈粗颗粒状沿晶内和晶界析出,其中在晶界处呈链状分布,奥氏体晶粒度为 4 级,见图 4-113 和图 4-114。

观察非鼓包区域,疏松较少,无沿晶腐蚀裂纹和点腐蚀,组织与鼓包区域相同。

分析判断:

金相分析结果表明,炉底辊铸造质量较差,存在严重的疏松。组织中出现数量较多的粗颗粒状碳化物,晶界处碳化物呈链状分布,奥氏体晶粒较粗大,这种组织使得材料的性能变坏,引起沿晶腐蚀裂纹。

炉底辊长期工作在高温状态下,炉内气体沿内壁疏松和腐蚀裂纹往里渗透,随着沿晶破坏区的扩大,壁厚有效面积减少,导致减薄部位的变形而产生鼓包。

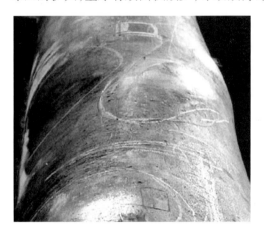

图 4-109　炉底辊外壁表面鼓包宏观形貌

图 4-110　炉底辊横截面特征(箭头所示处为鼓包区)

图 4-111　炉底辊内壁疏松和裂纹

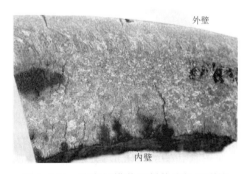

图 4-112　炉底辊横截面低倍疏松和裂纹

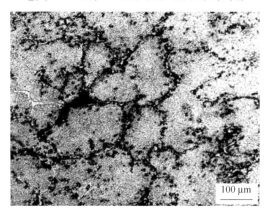

图4-113　炉底辊内壁表层疏松和网状裂纹

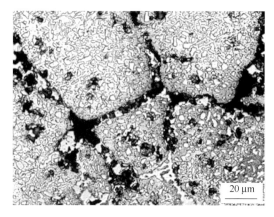

图4-114　炉底辊内壁表层组织、疏松和裂纹

实例195：晶间腐蚀引起的高炉布料溜槽边部开裂

材料名称：1Gr18Ni9Ti

情况说明：

　　某炼铁厂的6BF炉顶布料溜槽，材质为1Cr18Ni9Ti，工作环境温度为400~600℃，工作介质为煤气，在定期检修时发现承力外壳有局部损坏，布料溜槽整体实物形貌见图4-115。

　　从承力外壳的中部到边部，其厚度有逐渐减薄的现象，边部弯曲不平、厚薄不均，多处有穿透板厚的裂纹（图4-116），且内侧锈蚀严重（图4-117）。

化学成分：

　　取溜槽试样作化学成分（质量分数，%）分析，结果见表4-7。分析结果表明，溜槽实际化学成分所有元素含量均在GB/T4237—1992标准范围内。

表4-7　化学成分（$w/\%$）

元　素	C	Si	Mn	P	S	Cr	Ni	Ti
实测值	0.028	0.54	1.65	0.027	<0.001	17.46	9.02	0.31
标　准	≤0.12	≤1.00	≤2.00	≤0.035	≤0.030	17.00~19.00	8.00~11.00	5(C-0.02)~0.80

微观特征：

　　在承力外壳的边部取裂纹的开裂面观察，断面经酒精清洗后，其上有一厚层腐蚀产物，扫描电镜能谱分析结果表明，腐蚀产物主要以铁的氧化物为主，此外还有少量的K、Si、Cl、Ca、Na、S、Mn等元素，见图4-118。

　　将外壳的边部裂纹尖端掰开后用扫描电镜观察，断口以沿晶特征为主，在靠近裂纹尖端部位，沿晶裂纹有起源于板面的迹象，见图4-119。

　　在承力外壳的边部取截面金相试样观察，表层均有较厚一层氧化层，部分因剥蚀与基体分离，紧邻氧化层的钢基有微裂纹，裂纹具有网状分布特征。经试剂浸蚀后，表层奥氏体晶界上有第二相析出,裂纹沿晶扩展,见图 4-120 和图 4-121。上述特征说明承力外壳边部具有晶间腐蚀的倾向。

采用电子探针对奥氏体晶界上的第二相进行定量分析,分析结果为:$w(Cr) = 54\%$,$w(Fe) = 37\%$,$w(Ni) = 3\%$。

钢的显微组织为奥氏体 + 呈带状分布的 α - 铁素体,其中板厚中部 α - 铁素体较表层多,约 12% ~ 20%(图 4-122),而钢板表层 α - 铁素体相对较少,约不大于 2%。

分析判断:

溜槽承力外壳边部微观特征显示,边部存在晶间腐蚀裂纹,可见晶间腐蚀是溜槽外壳边部锈蚀、减薄、开裂的主要原因,引起晶间腐蚀的因素分析如下:

(1) 1Cr18Ni9Ti 奥氏体不锈钢在 400 ~ 850℃ 温度范围内再加热时从过饱和的奥氏体中会沉淀出 $M_{23}C_6$ 碳化物,而该失效溜槽工作环境温度为 400 ~ 600℃,正好在奥氏体不锈钢的敏化温度范围,因此从过饱和的奥氏体中沉淀出铬含量达 50% 以上的碳化物。它的沉淀造成晶界附近区域贫铬,使晶间抗介质腐蚀的作用显著降低。

(2) 溜槽工作介质为工业煤气,溜槽腐蚀产物中含有腐蚀性较强的氯化物和硫化物,可见该环境为腐蚀提供了介质条件。

(3) 奥氏体不锈钢中适量的 α - 铁素体(一般要求控制在 5% ~ 15% 的范围)会提高钢的抗晶间腐蚀的能力,而该溜槽样品中 α - 铁素体分布不均匀,表层 α - 铁素体较少,因此弱化了钢材表层抗晶间腐蚀的能力。

图 4-115　布料溜槽整体实物形貌

图 4-116　承力外壳边部裂纹(箭头所示)

图 4-117　承力外壳内侧锈蚀特征

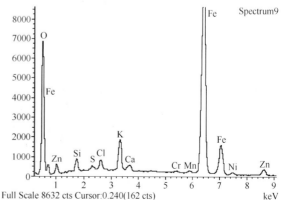

图 4-118　开裂面腐蚀产物及能谱

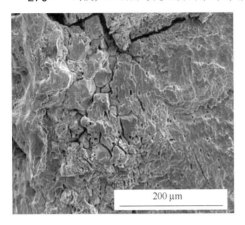

图 4-119　起源于外壳表面的沿晶裂纹

图 4-120　外壳表层沿晶裂纹

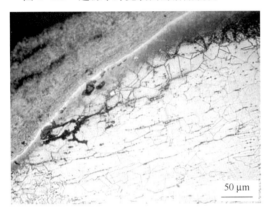

图 4-121　外壳表层沿晶裂纹及组织

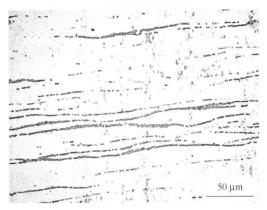

图 4-122　板厚中部的 α-铁素体

实例 196：晶间腐蚀引起的裂解炉封头纵裂纹

材料名称：1Gr18Ni9Ti

情况说明：

　　材质为 1Cr18Ni9Ti 的裂解炉封头在使用过程中产生纵裂纹，裂纹穿透壁厚，其内壁有一厚层腐蚀物，宏观形貌见图 4-123。试样经盐酸水溶液浸泡去除腐蚀层后，内壁出现数量颇多且长短不一的纵裂纹（如图 4-124）。

　　封头实测厚度约 12 mm。使用中内壁曾与 $(C_2H_4)_n$（聚乙烯）接触。

　　取封头试样作化学成分复验，结果表明，其化学成分符合 GB1220—92 标准中对 1Cr18Ni9Ti 钢成分的要求（分析结果略）。

微观特征：

　　沿壁厚方向取截面试样磨制后用显微镜观察，内壁有一厚层灰色腐蚀物，裂纹呈网络状由内壁向壁厚方向扩展，其内充满同样的腐蚀物，见图 4-125。

　　试样经王水浸蚀后，壁厚中心组织为奥氏体 + 沿晶界分布的白亮色链状析出物（图 4-126），晶粒度按 GB/T6394—2002 评定为 3.5 级。内壁约 2.5 mm 的区域白亮色析出物数量较其他部位多，析出物在晶界处多呈粗颗粒状和条状，在晶内呈细粒状，裂纹沿晶界析出物扩展，见图 4-127。

用电子探针能谱仪对金相试样作微区成分(质量分数,%)分析,结果表明:图 4-125 中内壁及裂纹中灰色腐蚀物主要为铁和铬的氧化产物;图 4-126 奥氏体中铬、锰、镍元素的成分与 1Cr18Ni9Ti 钢标准成分相接近;图 4-126 和图 4-127 中的链状、粗颗粒状和条状白亮色析出物为含铬的碳化物;晶界附近为贫铬区(铬的质量分数仅为 6.07%)。微区成分见表 4-8,内壁表层碳、铬、铁元素的面分布情况见图 4-128。

表 4-8　微区成分分析结果(w/%)

元　素	Si	Cr	Mn	Fe	Ni	O
图 4-125 中灰色腐蚀物	0.23	17.35	1.09	64.04	7.60	9.68
图 4-126 中奥氏体	0.40	17.77	1.03	72.31	8.48	—
图 4-127 中白亮色析出物	0.14	56.45	1.26	41.46	0.69	—
图 4-127 晶界附近奥氏体	0.49	6.07	0.94	81.67	10.84	—

分析判断:

裂解炉封头材质为 1Cr18Ni9Ti,正常组织应为单一奥氏体,但该试样组织中有碳化物沿晶界析出,尤其是内壁表层碳化物数量颇多,晶界和晶内均有析出,在晶界处碳化物呈粗颗粒状和条状。可见裂解炉在使用过程中封头温度不但处于敏化温度范围(即碳化物析出区间),而且封头内壁表层发生增碳。

裂解炉在运行中内部装有$(C_2H_4)_n$,可见增碳是由于高温下$(C_2H_4)_n$分解后其碳原子向封头内壁渗入所致。

碳对耐晶间腐蚀是最不利的。由于碳与铬的亲和力很强,因此增碳的结果导致封头内壁表层形成大量铬的碳化物。电子探针分析结果表明,沿晶界析出的碳化物中铬的含量高达 56.45%,比奥氏体基体中的铬含量高得多,而晶界附近的一薄层奥氏体铬含量仅为 6.07%,这是由于在析出过程中碳向晶界扩散比铬快,因而形成铬的碳化物时必定要消耗晶界附近的铬,这样在晶界附近就形成了抗氧化能力较弱的贫铬区。晶界碳化铬与贫铬区化学成分的差异,导致电化学性质不同,从而引起封头内壁在晶间区发生氧化和腐蚀,并且产生晶间裂纹,裂纹进一步扩展即形成图 4-123 所示的纵裂纹。

综上所述,裂解炉封头纵裂纹是由于晶间腐蚀引起的,封头内壁增碳是产生晶间腐蚀裂纹的主要原因,增碳是由于高温下$(C_2H_4)_n$分解且向封头内壁渗入所致。

图 4-123　试样内壁裂纹及腐蚀物宏观形貌

图 4-124　酸浸试样内壁裂纹特征

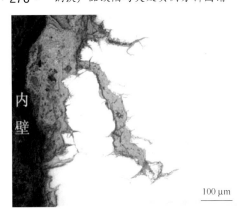

图 4-125　内壁表层网络状裂纹及腐蚀物

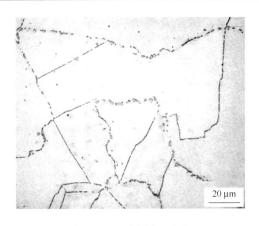

图 4-126　壁厚中心组织

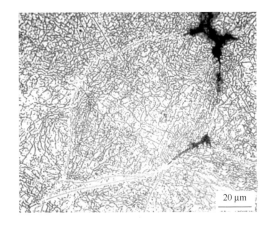

图 4-127　内壁表层沿晶裂纹及析出物

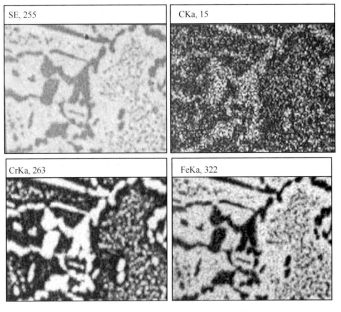

图 4-128　内壁表层元素面分布情况

实例 197：应力腐蚀引起的钢索断裂

材料名称：82MnA

情况说明：

悬挂某桥的部分横向钢索在使用过程中发生早期断裂现象，该钢索由 19 股钢绞线通过锚头固定在一起组成，每股钢绞线又由 7 根 $\phi5$ mm 的 82MnA 钢筋拧成。断裂钢索宏观形貌见图 4-129，图中锚头右侧为钢索断裂端，断头参差不齐。

钢筋断口宏观形貌可粗略分为三类：劈裂状（约占 26.5%）、斜断状（约占 59.0%）、杯锥状（约占 14.5%），三者特征照片见图 4-130。

对钢筋表面进行清洗后，发现图 4-129 中锚头右侧盘绕在钢绞线表面的部分钢筋呈暗褐色，表面腐蚀较严重，上面有许多腐蚀坑，有的腐蚀坑已经连在一起形成沟槽，如图 4-131 所示。而盘绕在钢索内部的钢绞线表面光滑且有金属光泽，宏观上也无腐蚀坑。

用热盐酸水溶液浸泡去除钢筋表面腐蚀层后，除严重的腐蚀坑外，还发现一些横向裂纹（图 4-132）。

微观特征：

（1）用扫描电镜观察典型断口形貌，劈裂状断口劈裂部位均无塑性变形，劈裂起始部位的钢绞线表面有裂纹（如图 4-133a 所示）。劈裂面微观特征呈条带状（如图 4-133b 所示），与钢筋拉长变形的组织相对应。说明劈裂是钢绞线表面较深、较长的横向微裂纹在低应力作用下在钢绞线内部沿冷拔形变组织扩展所致。劈裂状断口端部的半圆形断面均呈由中心向外的放射状（如图 4-133c 所示），其高倍特征为韧窝，说明此半圆断口是劈裂面扩展到一定程度（达到某一临界值）使得有效截面积减小而过载断裂所致，此类断口是最早发生的。

斜断口低倍下均为从边部某处发散的放射状，高倍下为韧窝特征，断口附近的钢绞线表面均存在明显的横向表面裂纹，如图 4-134 所示。可见该断口是由于钢筋表面出现横向裂纹而被拉裂所致，它属于表面缺陷造成的机械拉伸断口。

杯锥状断口有明显颈缩，断面清洁，无腐蚀产物，高倍下均为韧窝特征，且钢绞线表面清洁、无腐蚀坑和裂纹，属正常钢筋的过载拉伸断口。

（2）分别在劈裂状、斜断状和杯锥状断口附近制备纵、横截面金相试样进行显微观察，上述三种断口的钢筋组织均为冷拔形变索氏体和少量珠光体。另外，劈裂状断口附近能观察到较深较长的横向裂纹，裂纹在纵剖面上曲曲折折沿冷拔形变组织扩展（图 4-135），与扫描电镜观察到的劈裂状断口裂纹特征相同。

从劈裂状、斜断状断口附近的金相试样上观察到大量腐蚀坑和裂纹，这些腐蚀坑的宽度方向远大于深度方向，说明它们是在表面较大范围逐渐腐蚀而成的。裂纹起源于腐蚀坑，其内附有灰色腐蚀产物（图 4-136），有的裂纹和腐蚀坑已深入到距表面 0.6 mm 的钢筋内部。

用电子探针对金相试样中的腐蚀坑和裂纹中的腐蚀产物以及钢基成分（质量分数，%）进行定点分析，分析结果见表 4-9，从表中可以看出，腐蚀产物中含有 O、Si、S、Cr、Mn 元素。

表4-9 腐蚀产物和钢基各元素含量（w/%）

分析部位	O	Si	S	Cr	Mn	Fe
腐蚀产物1	20.86	0.18	0.61	1.82	1.55	74.99
腐蚀产物2	21.68	0.52	1.46	0.86	0.74	74.73
腐蚀产物3	17.33	0.29	0.24	0.50	0.90	80.74
腐蚀产物4	26.11	0.14	0.33	0.74	1.03	71.66
钢　基	—	0.26	—	0.19	0.80	98.74

分析判断：

82MnA钢筋表面存在较严重的腐蚀坑和由此引发的裂纹是导致钢索断裂的主要原因。腐蚀坑和裂纹内的腐蚀产物主要为铁的氧化物,另有较高的硫、铬含量,表明钢筋周围存在腐蚀环境。

现场调查发现,该段钢索涂油后裸露在外,湿大气、雨水以及从油中分解出的硫对钢索形成了腐蚀环境,为应力腐蚀提供了介质方面的条件。

锚头右侧钢索在工作状态下主要受拉应力,持久拉应力和腐蚀介质的共同作用下,导致钢索产生应力腐蚀断裂。

钢索断口中有一定比例的低应力脆性断裂断口(如劈裂状断口),其余大部分为过载断口,说明钢索断裂是一个渐进的过程,先是一部分钢筋由于受到腐蚀介质和钢筋所承受的应力共同作用而逐渐腐蚀断裂并失去载重能力,相应其他钢筋的工作应力逐渐增大,如杯锥状断裂的钢筋,腐蚀断裂过程逐渐加速,直至发生过载断裂。

为了防止应力腐蚀断裂,钢索表面涂油后要进行密封处理,防止与湿大气和雨水接触;保证涂油质量。

图4-129 钢索断裂试样宏观形貌

劈裂状断口　　　　斜断状断口　　　　杯锥状断口

图4-130 三种典型断口宏观特征

图 4-131　钢筋表面腐蚀坑

图 4-132　酸蚀后的钢筋表面腐蚀坑和裂纹

a

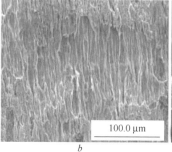

b

c

图 4-133　劈裂状断口形貌

图 4-134　斜断口附近表面横向裂纹

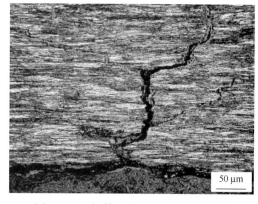

图 4-135　钢筋纵截面组织及裂纹特征

图 4-136　钢筋横截面表层腐蚀坑及裂纹特征

实例198：应力腐蚀引起的换热器壳体开裂

材料名称：16MnR

情况说明：

某炼油厂生产中换热器壳体运行不足 10 个月即发生开裂，导致大量蒸汽介质向外泄漏，影响了生产的正常进行。该设备壳体材料为 16MnR 钢板。运行中设备壳体的环境介质为蒸汽，设计压力为：1.18 MPa，设计温度 270℃。

经磁粉探伤检验，换热器壳体泄漏部位有纵向裂纹和环形焊缝，裂纹穿透壁厚，中间粗，两端细，较粗的一段位于焊缝部位，两端沿母材扩展，其分布方向与焊缝相垂直，长度约 80~350 mm，宏观形貌见图 4-137 和图 4-138。

酸浸检验：

在换热器壳体焊缝部位取样，试样经盐酸水溶液浸泡去除锈蚀物和氧化铁皮后观察，焊缝内、外壁特征不一样，内壁表面较平滑，无焊缝余高，焊缝处机械打磨的痕迹清晰可见，在磨痕处有大量细小而密集分布的微裂纹（图 4-139），这些裂纹多半与磨痕方向呈一定角度。外壁焊缝余高较高，该处未经过打磨，也未发现小裂纹。

断口特征：

沿裂纹打开，宏观可见断口大部分区域锈蚀严重，整个断口齐平，周边无剪切唇及塑性变形痕迹，断口上有放射状条纹，根据条纹的走向判断，裂纹起源于内壁侧的焊缝处，沿焊缝和母材向外壁扩展，见图 4-140。

断口经丙酮冲刷再加弱酸清洗去除锈蚀后置于扫描电镜下观察，断裂起源于焊接部位的内壁表面，该部位存在一些表面凹坑（图 4-141）。较洁净的区域可观察到穿晶解理特征及带分枝的二次裂纹。

从断口上发现某些部位堆积有大量的腐蚀产物。这些产物经能谱定性分析主要以铁的氧化物为主，此外还有少量的 Si、C、Ca、S、Al、Mg、K、Na，见图 4-142。

微观特征：

浅磨内壁焊缝打磨处观察，该处存在直线状磨痕、大量腐蚀坑和微裂纹，微裂纹均起源于磨痕和腐蚀坑处，然后向四周扩展，见图 4-143。经试剂浸蚀后，该区域组织冷变形严重（图 4-144）。

磨痕、蚀坑和微裂纹内均嵌有灰色腐蚀产物，经扫描电镜能谱定性分析，这些腐蚀产物与断口上的性质相同。

垂直焊缝取截面金相试样观察，靠内壁一侧的焊缝组织为先共析铁素体（沿柱状晶晶界分布）和针状铁素体以及少量珠光体，焊缝内壁打磨处微裂纹分枝且沿先共析铁素体分布。

观察试样过热区、母材以及外壁焊缝区均未发现微裂纹，说明焊缝内壁裂纹的形成与打磨相关。

分析判断：

上述检验结果表明，换热器壳体属脆性开裂。裂纹产生于内壁焊缝打磨处，该处存在腐蚀坑以及由腐蚀坑诱发的微裂纹，裂纹分枝，其内有腐蚀产物，这些特征说明裂纹是由于应力腐蚀造成的，引起应力腐蚀开裂的因素分析如下：

（1）换热器内壁接触的是水蒸气，通常锅炉给水需经过严格的处理，这种处理包括脱盐、脱氧、消垢,使水质达到高纯级。而开裂面腐蚀产物中除铁的氧化物外,还存在 Si、Ca、Na、S 等元素,这些元素是水中常见垢物中的主要成分,这样的水质加之蒸汽温度又在270℃左右,因而为腐蚀提供了介质和温度方面的条件。

(2)换热器壳体内壁焊缝经机械打磨产生了一些类似缝隙的划痕,介质进入到缝隙之中,造成缝隙内外的介质产生浓度差,在电化学作用下发生缝隙腐蚀,形成腐蚀坑和微裂纹。

(3)在蒸汽压力、焊接接头拉应力以及内壁焊缝打磨处的残余应力的共同作用下,由腐蚀坑诱发的微裂纹进一步扩展即造成换热器壳体开裂。

为避免换热器壳体产生应力腐蚀开裂,对焊缝进行打磨时应采用细砂轮片,以减小划痕的深度;打磨后应进行局部去应力退火,以消除因焊接和打磨过程中所产生的残余应力;提高水质纯度,减少结垢等。

图 4-137　换热器壳体外壁裂纹(箭头所示)

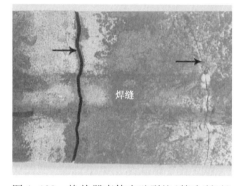

图 4-138　换热器壳体内壁裂纹(箭头所示)

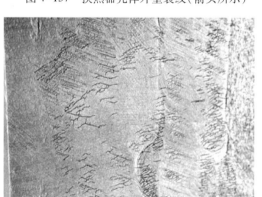

图 4-139　换热器壳体内壁打磨处微裂纹及磨痕

图 4-140　断口宏观形貌(箭头所示处为裂源)

图 4-141　裂源处凹坑

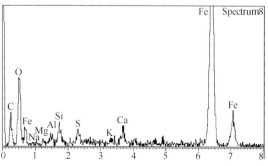

图 4-142　断口腐蚀产物能谱分析图

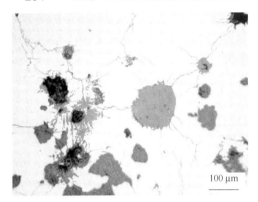

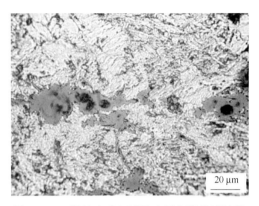

图 4-143　焊缝内壁腐蚀坑和微裂纹　　　　　图 4-144　焊缝内壁打磨处变形组织及腐蚀坑

实例 199：应力腐蚀引起的煤气鼓风机转子损毁

材料名称： 13Ni5A

情况说明：

　　1200—25 型焦炉煤气鼓风机转子由一级、二级风轮组成，风轮内叶片全部采用材质为 13Ni5A 的铆钉连接，其中轮盘上的铆钉用热铆，而盖板上铆钉用冷铆。该风机在正常运行情况下发生突发性的损毁。

　　事故发生后解体检查，发现风机转子二级风轮内一个短叶片的铆钉全部断裂，叶片飞出。盖板上的铆钉杆几乎全部脱落，而轮盘上的铆钉杆尚留在其上。盖板和风轮损坏严重，图 4-145 为二级风轮的损坏特征。

　　在制作铆钉前对铆钉钢进行过调质热处理。热铆接采用高频感应加热（温度约为 800℃），用 40 t 油压机铆接。

　　取断裂铆钉作化学成分分析，结果表明，铆钉成分与厂标要求基本相符（分析结果略）。

酸蚀检验：

　　取残留在二级风轮轮盘上（即脱落叶片处）的断裂热铆铆钉 7 个，用 30% 盐酸水溶液短时间浸蚀刷洗后，断口宏观特征见图 4-146。断口分为裂纹扩展区和瞬断区，扩展区颜色呈灰黑色，断口起伏不平且被油污污染；瞬断区未见污染物，表面平整光滑。图中 3 号（轮盘外缘铆钉）裂纹扩展区所占比例很大，而 4 号（轮盘内缘铆钉）瞬断区几乎占整个断口面。

　　分别在一级、二级轮盘不同部位的叶片上取未断裂的热铆铆钉 18 个，用上述方法洗刷后，其中 14 个铆钉有环形裂纹，裂纹靠近热铆端，典型裂纹照片见图 4-147。

　　选择有严重环形裂纹的铆钉，沿环形裂纹打断，发现断口面有明显的、几乎占满整个断面的灰黑色裂纹扩展区。表明在未脱落的叶片中，铆钉已存在严重隐患。

　　取一级风轮盖板上（即无损坏短叶片处）的冷铆铆钉 6 个，用上述方法刷洗后观察，铆钉断口光亮且无灰黑色区，杆部无裂纹缺陷，见图 4-148。

微观特征：

　　取有裂纹的热铆钉数个，沿轴向剖开制备金相试样观察，铆钉杆部组织为索氏体和少量铁素体，原奥氏体晶界有颗粒状碳化物聚集，见图 4-149a。

　　裂纹均从铆钉杆部表面向杆心部扩展，逐渐变细并分叉形成树根状（图 4-149b），裂纹具有沿原奥氏体晶界扩展特征（图 4-149c）。

　　从铆接头部至杆部显微组织依次为板条状回火马氏体（图 4-150a）→细针状回火马氏

体(图 4-150b)→索氏体 + 铁素体(图 4-150c)→热铆接前的调质组织。

在冷接铆钉中,铆接头部为冷变形组织。

用扫描电镜观察热铆钉断口试样,裂纹扩展区内有泥状花样、腐蚀坑、腐蚀产物以及沿晶断裂特征,见图 4-151。瞬断区则成韧窝状,未见腐蚀斑痕。

取有严重环形裂纹的铆钉沿裂纹打断观察,其断口形貌与上述结果一致。

分析判断:

检验结果表明,热铆铆钉断口及杆部裂纹具有应力腐蚀的典型特征,可见铆钉应力腐蚀开裂是造成风机煤气鼓风机转子损毁的主要原因。

图 4-145　二级风轮内损坏特征

图 4-146　热铆钉断口宏观特征

图 4-147　铆钉杆部裂纹特征

图 4-148　冷铆铆钉宏观特征

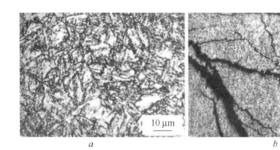
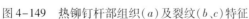

图 4-149　热铆钉杆部组织(a)及裂纹(b、c)特征

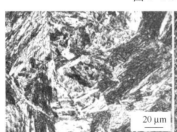

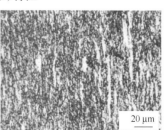

图 4-150　热铆接头部至杆部组织特征

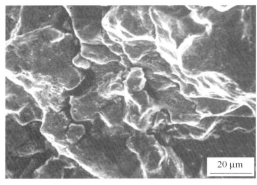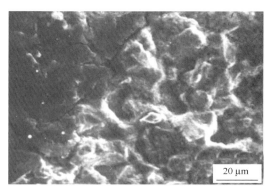

图 4-151　热铆钉断口特征

实例 200：应力腐蚀引起的压裂车活动弯头爆裂

材料名称： 20CrNiMo

情况说明：

　　某油田在一次打井操作中，用于压裂车上的一只 3″×105 MPa－50 型活动弯头在压裂作业时突然发生爆裂。该活动弯头材质为 20CrNiMo，仅使用 1 年左右。经复验，其化学成分符合标准要求。

　　弯头生产工艺流程为：锻件→正火→粗加工→渗碳淬火→低温回火→机加工。出厂前按《高压流体控制产品出厂实验程序》的要求进行过压力值为 158 MPa 的本体强度实验，实验结果符合要求。在压裂作业时弯头接触的介质为酸化液(20% HCl＋1.5% HF＋粘合剂)，打一口井的酸化压裂要压入的酸性介质体积为 400~1000 m³，压裂的压力在 50~90 MPa 之间。

　　图 4-152 为拼复的破裂弯头宏观照片。断口锈蚀严重，但脆性断裂特征仍十分明显，图 4-153 为匹配的弯头横向断裂面，属主要断裂面。从图中可以看出，断裂发生在密封止口处，比较明显的断裂源有 3 个，如图 4-153 箭头所示的 A、B、C 三个部位。

　　A 区：有一条穿透壁厚的纵裂纹，纵裂面覆盖一层严重的腐蚀产物，用热盐酸水溶液清洗后断口形貌如图 4-154 所示。纵裂面断口分为 2 个较明显的区域：靠内壁一侧较平坦，放射状花样从内壁表面向壁厚方向扩展，表明裂纹起源于内壁；靠外壁一侧断口较粗糙呈纤维状，该区域是最后撕裂区。同时在内壁表面发现多条纵向微裂纹，可见该纵裂纹的形成与内壁表面微裂纹相关。

　　B 区：与 A 区特征大致相同。

　　C 区：该区约占整个断面 1/5，断面上有多个层状小平台，平台上有明显的放射状条纹，条纹收敛于外侧的密封止口底部，该处壁厚较薄。

　　根据上述特征可以看出断裂的发展顺序为：A、B 内壁表面微裂纹向纵、横向扩展，当扩展到一定程度，在 C 部位密封止口底部产生横裂纹，截面有效承力面积减小，最终导致截面承力过载产生横向断裂。

微观特征：

　　用扫描电镜对图 4-153 所示的主断口和 A、B 部位纵裂面进行分析，断口覆盖有腐蚀产物，产物中富集 Cl 元素($w(Cl)$ ＝17.11%)。

　　用丙酮溶液清洗去掉主断口腐蚀物后观察，弯管内、外壁表层（深度约 0.84 mm 的范围)以沿晶断裂为主,局部有二次沿晶裂纹,显示出明显的冰糖状花样。其余部位为准解理+解理特征,并有少量细小二次裂纹。

沿断裂件轴向取 A、B 区纵截面金相试样观察,细条状硫化物夹杂颇多(图 4-155),按 GB/T10561—2005 标准评定达 A3 级。

磨制内壁表面试样观察,裂纹处及其附近有一些腐蚀坑,这些腐蚀坑常萌生于硫化物夹杂处,见图 4-156。

取 A、B 区横截面试样,试样经磨制抛光后用扫描电镜观察,内壁表层有一些腐蚀坑和锯齿状微裂纹,裂纹起源于腐蚀坑底部,沿壁厚方向扩展,尾端分叉,其内有腐蚀产物。

能谱分析结果表明:图 4-156 中硫化物为硫化锰,夹杂中富集氯元素(图 4-157);腐蚀坑内除铁、硅的氧化物外,还富集氯元素和少量硫元素(图 4-158);裂纹中除铁的氧化物外,亦有氯元素(图 4-159)。

试样内、外壁表层组织均为粗片状回火马氏体 + 残余奥氏体,奥氏体晶粒度为 8 级,裂纹沿奥氏体晶界扩展(图 4-160),终止于渗碳层内部;心部为马氏体与贝氏体的回火组织。

经测量,试样内、外壁渗碳层深度为 1.2～1.4mm,符合相关技术条件要求。

分析判断:

根据上述检验结果,可认为某油田压裂车上的活动弯头在压裂作业时发生爆裂事故,属于应力腐蚀破裂。

应力腐蚀破裂是金属构件在拉应力(外应力或残余应力)和腐蚀介质的共同作用下,引起的一种破坏形式。引起爆裂的因素分析如下:

(1)扫描电镜能谱分析结果表明,在弯头内壁腐蚀坑内、裂纹中及硫化锰夹杂处均富集氯,沿晶破坏是应力腐蚀破坏的一个特征,这说明引起弯头应力腐蚀的介质是氯化物,它是一种很强的应力腐蚀介质。该活动弯头仅使用 1 年左右,接触的介质为酸化液(20% 的 HCl + 1.5% 的 HF + 粘合剂),可见氯化物来源于酸化液中的 HCl。

(2)打一口井的酸化压裂要压入的酸性介质体积在 400～1000 m³,压裂的压力在 50～90 MPa 之间。因此,弯头在工作过程中要承受很大的拉应力,为应力腐蚀提供了应力方面的条件。

(3)该活动弯头材质为 20CrNiMo,其化学成分、力学性能均符合有关标准的要求。金相检验结果表明,材料中硫化锰夹杂颇多,按 GB/T10561—2005 标准评定达到了 A3 级。这表明该钢的纯净度较差,数量较多的夹杂物会显著降低钢的耐应力腐蚀性能。从金相检验中发现,腐蚀坑产生于硫化锰夹杂处,而裂纹萌生于腐蚀坑底部,可见弯头材质中严重的硫化锰夹杂是应力腐蚀裂纹的诱发点,它是促使应力腐蚀、破坏的因素之一。

图 4-152　拼复的破裂弯头宏观照片

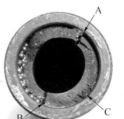

图 4-153　破裂弯头匹配断口特征

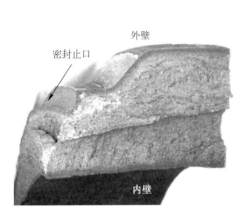

图 4-154 A 部位纵裂缝断面形貌

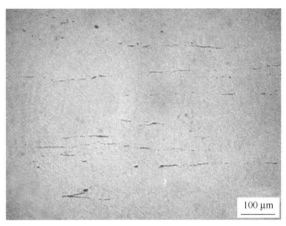

图 4-155 截面试样硫化物夹杂

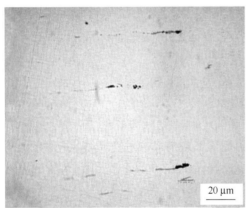

图 4-156 内壁表面硫化物夹杂与腐蚀坑

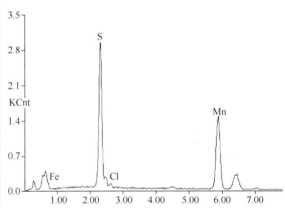

图 4-157 硫化物能谱分析图

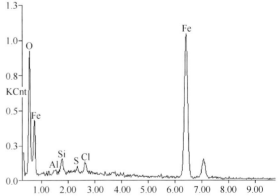

图 4-158 截面内壁表层腐蚀坑形貌及能谱分析图

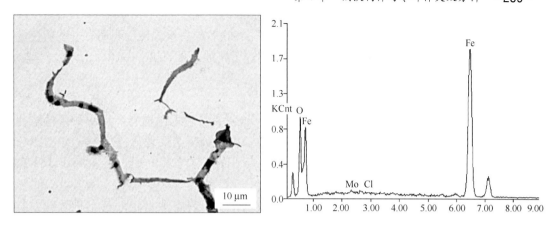

图 4-159　裂纹内腐蚀产物能谱分析图

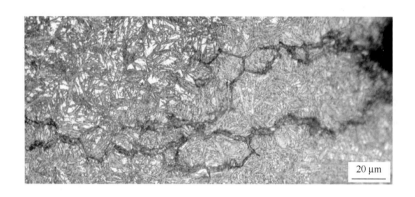

图 4-160　裂纹沿奥氏体晶界扩展

实例 201：应力腐蚀引起的锅炉过热器蛇形管爆裂

材料名称：12Cr1MoVG

情况说明：

　　某电厂锅炉高温过热器蛇形管在运行 2 个月后其中一根管子爆裂，爆裂发生在弯管处，裂口呈舌状，见图 4-161。检查管子外径为 φ42 mm，壁厚 3.52 mm，爆裂处管径无胀大，壁厚也没有明显减薄，断口具有脆断的特征。

　　管壁设计温度为 400℃左右，满负荷条件下过热器出口压力为 12～13 MPa。

化学成分：

　　取爆管试样作化学成分（质量分数，%）分析，结果见表 4-10。分析结果表明，管材的化学成分符合 GB5310—1995 标准中对 12Cr1MoVG 钢成分的要求。

表 4-10　12Cr1MoVG 爆管试样化学成分（w/%）

元　素	C	Mn	Si	Cr	Mo	V	S	P
实测值	0.096	0.52	0.21	1.00	0.28	0.18	0.0046	0.012
标准值	0.08～0.15	0.40～0.70	0.17～0.37	0.90～1.20	0.25～0.35	0.15～0.30	≤0.030	≤0.030

低倍检验：

将爆管沿轴线剖开，其中一块经热盐酸水溶液浸蚀后观察，发现内壁表面有一些灰白色的腐蚀坑和纵裂纹，裂纹长度为 3 ~ 10 mm，多数起源于腐蚀坑处，见图 4-162。

观察外壁表面无裂纹和腐蚀坑。

微观特征：

用扫描电镜对另一块未酸蚀的爆管试样进行观察，裂口附近内壁有一层灰褐色粉末的覆盖薄层，覆盖层中有大量的结晶颗粒（图 4-163）。能谱分析结果表明，结晶颗粒主要成分为 O、Na、Al、Si、Cl，非结晶颗粒部位除含有上述元素外，还含有 Ca、P 等元素，见图 4-164 和图 4-165。

用金相显微镜观察钢管横截面试样，内壁裂纹均起源于表层腐蚀坑处，然后向外壁方向扩展，裂纹分枝，其内充满腐蚀产物，见图 4-166。试样组织为铁素体 + 珠光体 + 粒状贝氏体，晶粒度 6 ~ 7.5 级。

扫描电镜能谱分析结果表明，上述腐蚀坑及裂纹中的腐蚀产物其成分与内壁覆盖层相同。

分析判断：

锅炉高温过热器蛇形管爆裂发生在弯头处，该处管径无变化，组织无过热特征，说明爆管不是超温引起的。

弯头内壁表面存在灰褐色腐蚀物、腐蚀坑以及由腐蚀坑诱发的微裂纹，裂纹分枝，这些特征说明裂纹是由于应力腐蚀造成的。

腐蚀物含 Na、Al、Cl、Si、O、C 等元素，与饱和水蒸气所携带的杂质（NaCl、NaOH、Na_3PO_4、Na_2SiO_3 和 Na_2CO_3 等）基本相同，说明锅炉蒸汽水质较差，腐蚀物是由这类杂质的沉积造成的。

在弯头处流通较直管困难，易沉积腐蚀性较强的积盐，加之蒸汽温度又在 400℃ 左右，因而在内壁产生腐蚀坑。在蒸汽压力以及弯管残余应力的共同作用下，由腐蚀坑诱发的微裂纹进一步扩展即造成弯管爆裂。

图 4-161　爆裂管宏观特征

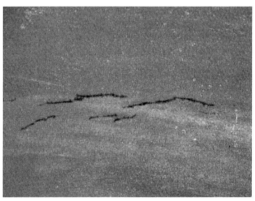

图 4-162　爆管内壁细裂纹

图 4-163　覆盖层二次电子像形貌

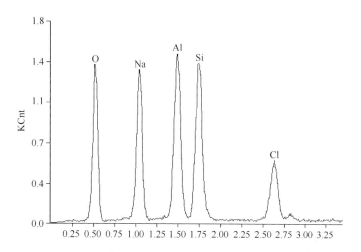

图 4-164　结晶颗粒能谱分析图

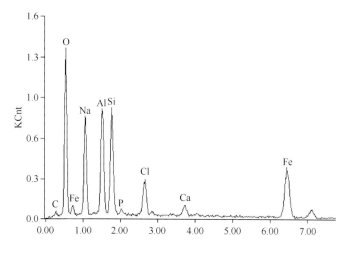

图 4-165　非结晶颗粒部位能谱分析图

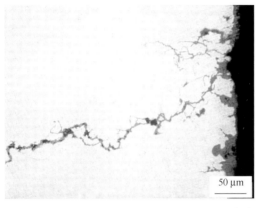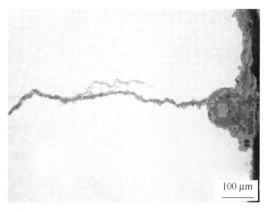

图4-166 内壁表层腐蚀坑与裂纹

实例202：高温烟气冲蚀引起的再热管爆裂

材料名称：12Cr2MoWVTiB

情况说明：

某电厂高温再热器为管状结构，管材质选用12Cr2MoWVTiB，规格 ϕ64 mm×4 mm，入口管内蒸汽温度317~322℃，压力3.9 MPa，出口温度541℃，压力3.71 MPa。经过一段时间使用后，再热器 B11-5 管发生泄漏爆管。

图4-167下方为爆裂管宏观照片，破口呈鱼嘴状（图4-168），长约210 mm，最宽处约60 mm，破口位于迎烟气侧，边缘管壁有明显减薄，附近外表面有材料剥落现象，剥落坑表面可见鱼鳞状痕迹，见图4-169。

在爆管破口附近不同位置截取圆环试样（取样位置和编号见图4-167），分别测量圆环不同点的壁厚，测量结果表明：1-0 至 1-2迎烟气侧局部区域壁厚明显减薄，其中1-1位置 A 点处最薄仅0.9 mm，减薄区约占管道环向的1/3，而背烟气侧减薄不明显，见图4-170。

化学成分分析：

取钢管试样作化学成分（质量分数，%）分析，结果见表4-11，成分符合12Cr2MoWVTiB钢国家标准的要求。

表4-11 化学成分（w/%）

元素	C	Si	Mn	Cr	Mo	W	V	Ti	B	S	P
爆管	0.142	0.61	0.55	1.69	0.54	0.38	0.32	0.12	0.0012	0.014	0.025
标准	0.08~0.15	0.45~0.75	0.45~0.65	1.60~2.10	0.50~0.65	0.30~0.55	0.28~0.42	0.08~0.18	≤0.008	≤0.035	≤0.035

微观特征：

（1）剥落坑形貌：对图4-169剥落坑进行扫描电镜观察和能谱分析，坑表面有高温熔蚀特征（图4-171），坑内检测到氧和硫的腐蚀产物。

（2）氧化层：取截面试样观察氧化层，1-1 和 1-2试样壁厚明显减薄区的外表面氧化层已基本脱落，内表面有较厚的氧化层，其他试样内、外表面均有较厚的氧化层。内氧化层厚度范围为0.35~0.48 mm，外氧化层范围为0.12~0.30 mm。能谱分析结果表明，氧化层成分主要为铁和氧。

（3）裂纹：在试样壁厚明显减薄区域，外壁表层存在一些呈网络状向钢基内扩展的裂纹，裂纹最深达 0.38 mm，裂纹中含有硫化铁腐蚀产物，周围有大量细密的氧化圆点，见图 4-172 和图 4-173。

减薄区内壁表层以及非减薄区域外壁，裂纹较细小，深度一般仅有几十微米。

（4）金相组织：试样壁厚明显减薄区组织为铁素体＋碳化物，碳化物呈球粒状集聚分布，外壁表层有严重的脱碳现象，脱碳区组织为铁素体，且晶粒长大，见图 4-174。壁厚没有明显减薄的区域组织为铁素体＋碳化物，碳化物大部分沿晶界呈链状分布。

分析判断：

高温再热管材料 12Cr2MoWVTiB 属贝氏体低合金热强钢，使用前热处理态的组织为贝氏体。所检验的 B11-5 管组织主要为铁素体＋碳化物，碳化物大部分沿晶界呈链状分布，在爆管破口附近碳化物呈球粒状集聚分布，说明再热管在高温、高压蒸汽下长期运行后，金相组织发生变化，碳化物长大并聚集，这些变化将会弱化晶界，有利于裂纹形成与扩展，从而影响钢的强度、塑性和冲击韧性。

再热管内部为高温蒸汽，外部为高温烟气，检验结果表明使用过程中管的内、外壁均发生了氧化腐蚀和硫的腐蚀作用，腐蚀会使钢管表层或晶界的一些强化元素渐渐贫化，促使表面或沿晶裂纹的萌生。另外，破口附近外表面迎烟气侧有高温熔融特征，氧化铁皮大量脱落，说明该管局部位置存在较高温烟气冲蚀作用。

因此，B11-5 管爆裂原因是局部区域的"热腐蚀＋冲蚀"作用，即高温下腐蚀介质的化学作用和高速烟气的冲蚀作用同时发生于钢管迎烟气侧局部外表面，使材料不断腐蚀、脱落，钢管局部壁厚明显减薄，该部位钢管承载能力大大降低，在压力作用下产生爆管。

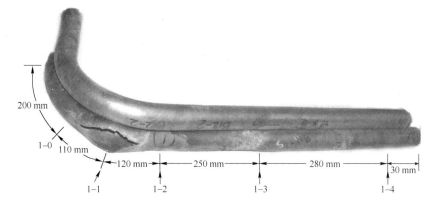

图 4-167　再热管宏观照片及取样部位

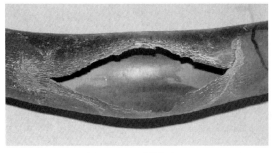

图 4-168　爆管破口

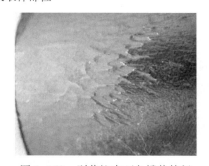

图 4-169　剥落坑表面鱼鳞状特征

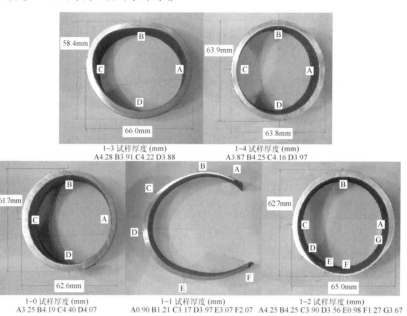

1-3 试样厚度 (mm)
A4.28 B3.91 C4.22 D3.88

1-4 试样厚度 (mm)
A3.87 B4.25 C4.16 D3.97

1-0 试样厚度 (mm)
A3.25 B4.19 C4.40 D4.07

1-1 试样厚度 (mm)
A0.90 B1.21 C3.17 D3.97 E3.07 F2.07

1-2 试样厚度 (mm)
A4.25 B4.25 C3.90 D3.56 E0.98 F1.27 G3.67

图 4-170　不同位置的壁厚及外径尺寸

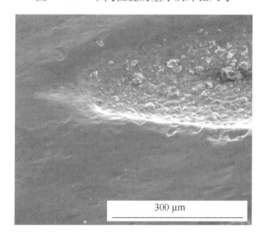

图 4-171　外壁表面剥落坑形貌

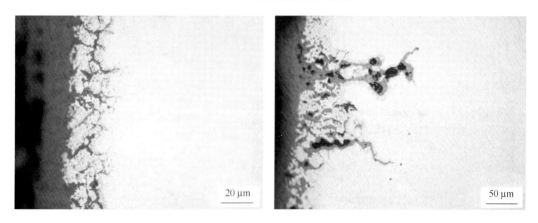

图 4-172　减薄区外壁表层裂纹及氧化特征

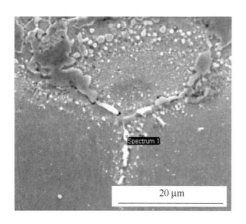
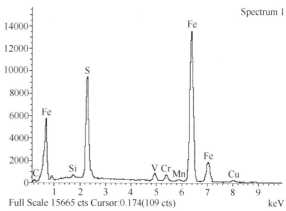

图 4-173　外壁表层裂纹内硫化铁腐蚀产物

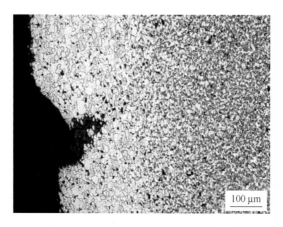

图 4-174　外壁表层组织、裂纹和孔洞特征

实例 203：高温烟气冲蚀引起的屏式过热器管泄漏

材料名称：SA-213TP347H

情况说明：

　　某电厂屏式过热器管材质选用 SA-213TP347H（相当于 1Cr19Ni11Nb），规格 ϕ50.8mm ×9mm，管内介质温度 571℃，额定蒸汽压力 25.4MPa。正常情况下使用时间为 10 万小时，而该管仅使用 1 万多小时即发生泄漏事故，检查相邻管也有泄漏。

　　泄漏管宏观照片见图 4-175。泄漏发生在管子内弯侧局部区域，该区域有气蚀冲刷形成的剥落坑（面积约 230mm×70mm），在管壁明显减薄的部位有两个穿透管壁的孔洞，孔洞直径分别为 4mm 和 8mm。孔洞周围有较深的气蚀冲刷沟槽，沟槽以孔洞为中心呈放射状分布。两孔洞之间有一条长度约 60mm 的横裂纹，裂纹两侧隐约可见气蚀冲刷条纹。

　　在泄漏管不同位置截取圆环试样，试样编号为 1 号（ϕ4mm 孔洞处）、2 号（横裂纹处）、3 号（ϕ8mm 孔洞处）和 4 号（沟槽处），见图 4-175 箭头所示。为作对比分析，在正常部位取样一件（编号为 5 号）。

　　分别测量 1 号~5 号圆环在图 4-176 中箭头所示各点的壁厚，结果见表 4-12。从测量结果可看出:泄漏管内弯侧局部区域出现壁厚明显减薄现象,其中1号、3号孔洞位置最薄,仅0.3~0.5mm,而外弯侧减薄不明显。图4-176还显示,管子的内径无明显变化。

表4-12 试样横截面壁厚测量结果

试样编号	测量点	壁厚/mm	试样编号	测量点	壁厚/mm
1号	1号-1(内弯侧)	0.3	3号	3号-2	8
	1号-2	8	4号	4号-1(内弯侧)	1.1
2号	2号-1(内弯侧)	4.6		4号-2	8
	2号-2	8	5号	5号-1(内弯侧)	8.5
3号	3号-1(内弯侧)	0.5		5号-2	8.5

微观特征:

用扫描电镜观察管子内弯侧泄漏部位,外壁表面仅残留少量的氧化物,内壁则有一层较厚的氧化物,见图4-177。经能谱仪分析,该氧化物为氧化铁。观察圆环横截面抛光面,图4-176中1号-1、3号-1孔洞边缘内壁有一层氧化铁及沿晶裂纹(图4-178),氧化铁厚度在0.05~0.08mm范围。1号-2、3号-2内壁氧化层较薄,仅0.01~0.02mm,且无裂纹缺陷。

用金相显微镜观察,1号-1、3号-1孔洞边缘奥氏体晶粒较细,晶粒度为8级(按GB/T6394—2002评定),内壁裂纹沿奥氏体晶界扩展,见图4-179。

4号-1沟槽处较光滑且无裂纹,氧化铁已脱落。此处内壁表层奥氏体晶粒度为8~9级(图4-180),外壁表层晶粒度为5级。

取2号-1纵截面试样观察,图4-175所示的表面横裂纹由外壁向内壁方向沿晶扩展,附近无严重的夹杂物及高温氧化特征,裂纹所对应的内壁氧化层较厚且有微裂纹。

5号为正常部位试样,其内壁氧化层较上述试样薄且无裂纹,内表层奥氏体晶粒度为7级,其他部位晶粒度为3~4级,晶粒较内弯侧粗。

分析判断:

屏式过热器管材料SA-213TP347H是一种奥氏体不锈热强钢,管内通高温蒸汽,外部为高温烟气,泄漏发生在管子弯曲部位的内侧局部区域,与正常部位相比,该部位奥氏体组织发生了再结晶,内壁存在较厚的氧化层,且出现沿晶裂纹,说明管子的局部曾在严重超温的情况下运行过一段时间。由于超温导致金相组织发生变化,晶界强度降低且产生沿晶裂纹。

温度升高将使金属的氧化速度显著增大,尤其是在水蒸气中的氧化比在空气中的氧化要严重得多,因此在内壁形成了较厚的氧化层。

泄漏管内弯侧外表面局部区域有严重的剥落坑及沟槽,出现穿孔的部位壁厚明显减薄,可见管子的泄漏是由高温下腐蚀介质的化学作用和高速气流的冲刷作用所导致的。钢管的腐蚀主要以氧化为主,在高速气流的冲刷下,材料表面不断腐蚀、脱落,钢管局部壁厚明显减薄,承载能力大大降低,在压力作用下产生穿孔,导致管子泄漏。

与其他部位相比,泄漏管内弯侧局部区域壁厚明显减薄,但管子的内径无明显变化,孔洞附近的沟槽以孔洞为中心呈放射状分布,根据以上特征判断,管子内弯侧的破坏是:局部区域受到外界较强烈的高温烟气冲刷(不排除相邻管泄漏引起的强气流)→材料表面不断腐蚀、脱落→减薄区域产生孔洞和裂纹→管内高温蒸汽向外泄漏。

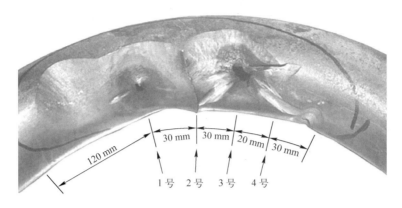

图 4-175　泄漏管内弯侧缺陷宏观特征及取样部位

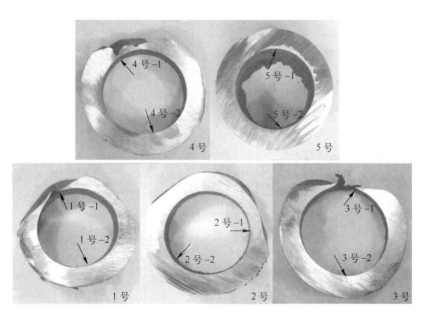

图 4-176　试样横截面壁厚特征

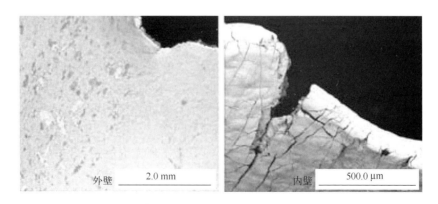

图 4-177　1 号 -1 孔洞附近内、外壁表面氧化物特征

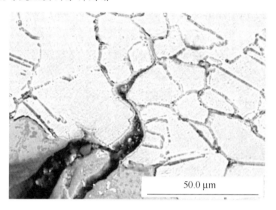

图 4-178　1 号 -1 孔洞边缘内壁表层沿晶裂纹

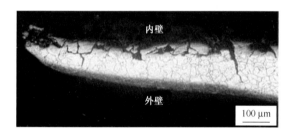

图 4-179　1 号 -1 孔洞边缘组织及裂纹特征

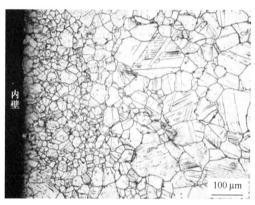

图 4-180　4 号样内壁表层晶粒特征

实例 204:超温引起的转炉移动烟罩管爆裂

材料名称:10 钢

情况说明:

　　某厂新安装的转炉移动烟罩无缝钢管,仅使用 130 炉次即出现局部爆裂。该管外壁直径 38 mm,壁厚 4.5 mm。外壁工作环境温度为 20~200℃(烟尘),管内通脱盐水和汽化水混合物,水的正常温度为 20~250℃。

　　爆管局部宏观形貌见图 4-181。破口有两处,长度分别为 14 mm 和 17 mm,最宽处约 2 mm。破口边缘明显减薄(小于 1 mm)且很锋利。图 4-182 为破口附近横截面试样,可见爆管壁厚不均,破裂一侧管壁已减薄到 2 mm,且内壁有一层很厚的赤褐色氧化物,另一侧厚度变化不大,仍为 4.5 mm。

　　检查同批次未使用的新管,管壁厚度均匀,内壁未发现赤褐色的氧化物,说明爆管内壁赤褐色氧化物并非原料带来的,而是在使用过程中产生的。

化学成分:

　　分别取爆管和新管试样作成分(质量分数,%)分析,结果列于表 4-13。从表中结果可以看出,爆管与新管除 Cu、Cr、Ni 稍有差别外,其余成分无明显差异。管子成分与 GB/T699—1999 标准中 10 钢成分相近。

表 4-13 化学成分(w/%)

元 素	C	Si	Mn	Cu	Cr	Ni
爆 管	0.072	0.230	0.527	0.125	0.167	0.146
新 管	0.072	0.230	0.508	0.161	0.130	0.106
标 准	0.07 ~ 0.13	0.17 ~ 0.37	0.35 ~ 0.65	< 0.25	< 0.15	< 0.30

微观特征:

从爆管上取金相分析试样在金相显微镜下观察,内壁赤褐色氧化物在金相显微镜明视场下呈浅灰色,厚度约 0.8 mm,见图 4-183。经试剂浸蚀后,组织为铁素体 + 珠光体,晶粒度 9 级。在氧化物与钢基交界处有沿原奥氏体晶界分布的白亮色富集相,见图 4-184。

对新管试样的检验结果表明,该管金相组织同爆管,但内壁未见浅灰色氧化物及白亮色富集相。

用电子探针对金相试样上的浅灰色氧化物以及白亮色富集相进行分析,结果表明:浅灰色氧化物为氧化铁,富集相中:$w(Cu) = 0.53\% \sim 0.57\%$,$w(Ni) = 0.33\% \sim 0.50\%$;而钢基中:$w(Cu)$ 仅为 0.14%,$w(Ni) = 0.18\%$。氧化层及其附近钢基面扫描元素分布情况见图 4-185。

分析判断:

烟罩管爆管壁厚不均,破裂侧管壁明显减薄且内壁有一层很厚的氧化铁,说明该管在使用过程中局部发生了严重的氧化腐蚀现象。

从 Fe-O 平衡图看出,氧化铁只有在高于 570℃ 的条件下才能形成,由此推断该管爆裂前局部区域温度已超过 570℃。由于超温,管内壁产生蒸汽腐蚀,形成一层很厚的氧化层。该氧化层导热性差,使管壁的传热性能降低,又促使管壁温度进一步的升高,加速内外壁的氧化速度使管壁减薄,内部压力增大,爆前内径已经在减薄部位变形了(见截面图 4-182),最后不能承受管内压力而爆管。

另外,在氧化铁与钢基交界处观察到高出钢基铜、镍元素好几倍的铜、镍富集相。这一结果进一步证实该管局部区域温度过高,因为这种富集相也只有在高温下才能形成。高温下铁对氧的化合力较铜和镍强,故在生成氧化铁的同时,铜及镍元素又被铁还原而富集在钢的表面,并沿晶界渗入。

图 4-181 爆管局部宏观形貌

图4-182 爆管横截面宏观特征

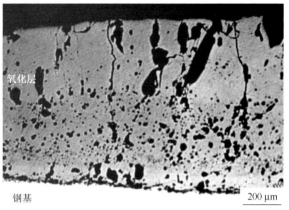

图4-183 爆管内壁氧化物

图4-184 内壁表层白亮色富集相(箭头所示)

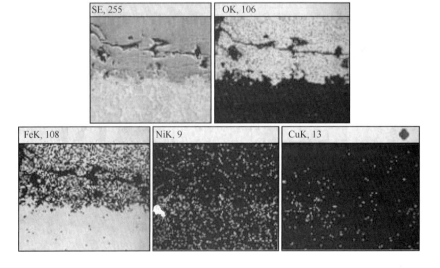

图4-185 氧化层及富集相元素分布情况

实例 205：超温引起的锅炉水冷壁管爆管

材料名称：20 号钢

情况说明：

某电厂一台材质为 20 号钢的锅炉水冷壁管，蒸汽温度为 400℃，运行仅一年发现管道爆裂。爆裂部位呈鼓包状，破口长度方向与管子轴向平行，长约 20 mm，开口宽度约 2 mm，断面粗糙且边缘较钝，管壁稍有减薄，其延伸处有一些纵向细裂纹，宏观形貌见图 4-186。破口处管外壁氧化铁皮已剥落，内壁则有一层黄白色水垢。

微观特征：

分别在管子破口、破口附近的纵裂纹处及远离破口处取横截面试样观察，破口边缘氧化脱碳较严重，且存在数量颇多的显微裂纹和孔隙，组织为铁素体和少量沿晶界分布的球状碳化物，珠光体已完全消失，裂纹和孔隙均沿铁素体晶界分布，见图 4-187；破口附近的纵裂纹具有沿晶分布特征，组织为铁素体和沿晶界分布的球状碳化物（图 4-188），该部位亦有沿晶分布的显微孔隙（图 4-189）；远离破口部位组织为铁素体和细片状珠光体（图 4-190），该组织属 20 号钢的正常组织。

分析判断：

由金相检验结果可知，远离破口部位组织为铁素体和细片状珠光体。与正常部位组织相比，破口处微观组织已蜕化，珠光体蜕变为球状碳化物，大颗粒的碳化物聚集在晶界上，在晶界上还有数量颇多的显微孔隙和裂纹，这些都是在 Ac_1 以下温度长期超温运行所产生的蠕变特征。

根据以上特征判断，锅炉水冷壁管爆裂的原因是由于局部管壁温度长期超温（$<Ac_1$）运行，组织发生蜕化，产生蠕变孔隙和裂纹导致管子爆裂。

图 4-186　爆管破口宏观形貌

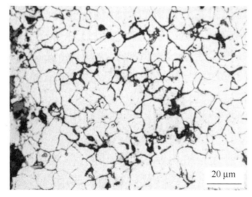

图 4-187　破口边缘组织、裂纹和孔隙

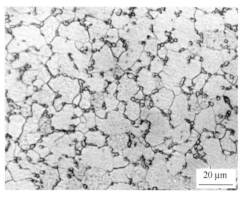

图 4-188　距破口稍远处组织特征

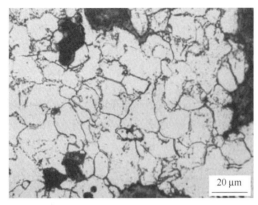

图 4-189　距破口稍远处沿晶孔隙特征

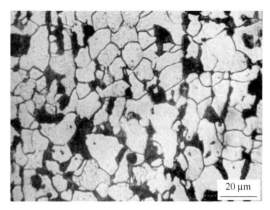

图 4-190　正常部位组织特征

实例 206：焊接缺陷引起的螺旋水冷壁管泄漏

材料名称：SA－213T2

情况说明：

　　某电厂两根并行的螺旋水冷壁管仅使用一个月即发生泄漏事故。该管材质为 SA－213T2，规格 ϕ38.1 mm×7.5 mm，全部采用六头、上升角 60°的内螺纹管。管子之间采用鳍片连接，鳍片与管子之间采用双面坡口形式焊接，鳍片厚度为 6.4 mm，材料为 15CrMo，焊条为 R317。正常使用时管外烟气温度最高 480℃，管内介质温度 270～400℃，压力 28 MPa。

　　泄漏管分别编为 1 号、2 号，迎烟气侧约 300 mm 长的管外壁上有气蚀冲刷形成的冲蚀坑，坑表面有冲刷条纹和穿透壁厚的孔洞，孔洞有多个，直径在 2～10 mm 范围，其边缘的金属向外翻起，一般分布在因冲刷严重明显减薄的部位，见图 4-191 和图 4-192。

　　另外，位于鳍片与 1 号管的焊缝附近有 1 个穿透壁厚的孔洞，孔洞直径约 2 mm，边缘减薄不明显，见图 4-191 和图 4-192 箭头所示 1 点。

　　冲刷条纹及大致路径呈图 4-191 箭头所示的折射状，根据其分布特征判断，1 号管 1 点孔洞是最先泄漏的部位。

微观特征：

　　用扫描电镜观察，图 4-192 中 1 点孔洞在钢管外、内壁的形貌如图 4-193 和图 4-194 所示，可见孔洞在外壁略呈矩形；在内壁左侧呈直线状，右侧呈喇叭口状的孔隙，孔隙贯通壁厚。

　　沿图 4-191 中的 1（最先泄漏的 1 点孔洞）、2（边缘明显减薄的孔洞）、3（正常处）部位截取钢管横截面金相试样观察：1 点存在贯穿钢管壁厚的焊缝区，焊接区域宽为 10～15 mm，为多道焊，在内壁一侧熔合区有一条长度约 1.3 mm 的未焊透缺陷，宏观特征见图 4-195。焊缝区组织为针状铁素体＋少量先共析铁素体；过热区为魏氏组织＋沿晶屈氏体；母材组织为铁素体＋珠光体。

　　第 2 个部位的孔洞边缘壁厚明显减薄，组织为铁素体＋珠光体，外壁表层组织有脱碳及晶粒长大特征，见图 4-196。

　　第 3 个部位的剖面经过硫酸氨水溶液浸蚀后，钢管与鳍片焊接处无缺陷，壁厚均匀，焊肉约占管子壁厚的 1/3，低倍特征见图 4-197。焊缝、热影响区以及母材部位的组织与 1 点基本相同。

分析判断:

根据螺旋水冷壁管冲刷条纹的大致路径判断,图 4-191 中 1 号管 1 点孔洞是最先泄漏的部位。由于该处钢管已焊穿且存在未焊透缺陷,在高温高压蒸汽的作用下产生穿孔,导致管内蒸汽首先在此处泄漏。

该孔洞发生泄漏后,从管内喷射出的高温高压蒸汽与管外高温炉气混合,形成一股强大的气流。由于管壁的阻挡,气流在两钢管间不断折射前进(如图 4-191 中箭头所示)。气流的氧化冲蚀使管壁不断减薄,最终因管壁承受不住内部蒸汽的压力而破裂,形成边缘向外翻起的孔洞,导致螺旋水冷壁管发生早期泄漏事故。

图 4-191　泄漏管宏观特征及取样部位

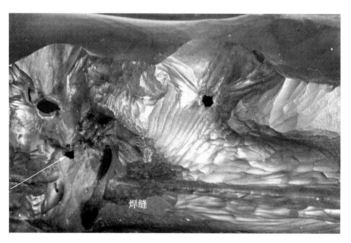

图 4-192　冲刷条纹及孔洞局部放大特征

图 4-193　管外壁 1 点孔洞形貌

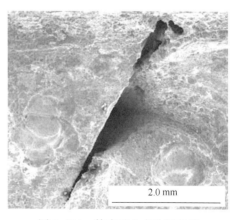

图 4-194　管内壁 1 点孔洞形貌

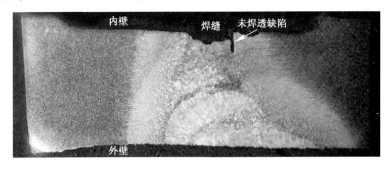

图 4-195　1 点剖面贯穿钢管壁厚的焊缝及未焊透缺陷宏观特征

图 4-196　2 点剖面孔洞附近组织特征

图 4-197　3 点剖面低倍焊缝特征

附录　缺陷实例索引

参 考 文 献

[1] 许庆太,王文仲. 连铸钢坯低倍检验和缺陷图谱[M]. 北京:中国标准出版社,2009.

[2] 任颂赞,等. 钢铁金相图谱[M]. 上海:上海科学技术文献出版社,2003.

[3] 上海市金属学会. 金属材料缺陷金相图谱[M]. 上海:上海科学技术出版社,1975.

[4] 陈德和. 钢的缺陷[M]. 北京:机械工业出版社,1977.

[5] 朱日彰,等. 金属腐蚀学[M]. 北京:冶金工业出版社,1989.

[6] 王广生,等. 金属热处理缺陷分析及案例[M]. 北京:机械工业出版社,2009.

[7] 胡世炎,等. 机械失效分析手册[M]. 成都:四川科学技术出版社,1989.

[8] 上海交通大学金属断口分析编写组. 金属断口分析[M]. 北京:国防工业出版社,1979.

[9] 吴连学. 失效分析技术[M]. 成都:四川科学技术出版社,1985.

[10] 孙盛玉,戴雅康. 热处理裂纹分析图谱[M]. 大连:大连出版社,2002.

[11] 肖纪美. 材料的应用与发展[M]. 北京:宇航出版社,1988.

[12] 冶金部钢铁研究总院,北京钢厂,齐齐哈尔钢厂. 合金钢断口分析金相图谱[M]. 北京:科学出版社,1979.

[13] 上海市机械制造工艺研究所. 金相分析技术[M]. 上海:上海科学技术文献出版社,1987.

[14] 李炯辉,施友方,高汉文. 钢铁材料金相图谱[M]. 上海:上海科学技术文献出版社,1994.

[15] 张德堂,施炳弟. 钢中非金属夹杂物图谱[M]. 北京:国防工业出版社,1980.

[16] 卢盛意. 连铸坯质量[M]. 北京:冶金工业出版社,2000.

[17] 陆世英,张延凯,康喜范,等. 不锈钢[M]. 北京:原子能出版社,1995.

[18] 中国机械工程学会焊接学会. 焊接金相图谱[M]. 北京:机械工业出版社,1987.

[19] 第一机械工业部哈尔滨焊接研究所. 焊接裂缝金相分析图谱[M]. 哈尔滨:黑龙江科学技术出版社,1981.

[20] 赵坚,赵琳. 优质钢缺陷[M]. 北京:冶金工业出版社,1991.

[21] 王志道. 低倍检验在连铸生产中的应用和图谱[M]. 北京:冶金工业出版社,2009.

[22] 济南钢铁集团总公司,东北大学轧制技术与连轧自动化国家重点实验室. 中厚板外观缺陷的种类、形态及成因[M]. 北京:冶金工业出版社,2005.

[23] 姚鸿年. 金相研究方法[M]. 北京:中国工业出版社,1963.

冶金工业出版社部分图书推荐

书　　名	定价(元)
高温合金断口分析图谱	118.00
低倍检验在连铸生产中的应用和图谱	70.00
铝合金材料组织与金相图谱	120.00
中厚板外观缺陷的界定与分类	150.00
中厚板生产与质量控制	99.00
中厚板生产实用技术	58.00
中厚板生产知识问答	29.00
中国中厚板轧制技术与装备	180.00
高精度板带材轧制理论与实践	70.00
冶金行业职业教育培训规划教材——板带冷轧生产	42.00
板带材生产原理与工艺	28.00
板带冷轧机板形控制与机型选择	59.00
高精度板带钢厚度控制的理论与实践	65.00
冷热轧板带轧机的模型与控制	59.00
板带材生产工艺及设备	35.00
中国热轧宽带钢轧机及生产技术	75.00
热轧薄板生产技术	35.00
热轧带钢生产知识问答	35.00
冷轧带钢生产问答	45.00
热轧生产自动化技术	52.00
冷轧薄钢板生产(第2版)	69.00
板带冷轧生产	42.00
冷轧生产自动化技术	45.00
冷轧薄钢板精整生产技术	30.00
冷轧薄钢板酸洗设备与工艺	28.00
冷轧带钢生产	41.00